木工雕刻技术与传统雕刻图谱

路玉章　著

中国建筑工业出版社

图书在版编目（CIP）数据

木工雕刻技术与传统雕刻图谱/路玉章著. -北京：中国建筑工业出版社，2000.9
ISBN 978-7-112-04067-4

Ⅰ.木… Ⅱ.路… Ⅲ.①装饰雕塑：木雕-技法（美术）②装饰雕塑：木雕-中国-图集 Ⅳ.TU767

中国版本图书馆 CIP 数据核字（1999）第 64677 号

本书内容由两部分组成，在第一篇“木工雕刻技术”中，主要内容有：雕刻用材的基本知识，包括木材知识、木材的分类、雕刻选材及配料技术等；雕刻画线基础，包括量具的使用、雕刻绘画与放样、雕刻的设计构思等；雕刻制作技术，包括雕刻拼缝技术、雕刻制作工艺和顺序等。在第二篇“传统雕刻图谱”中，作者将多年潜心收集整理的我国民间木雕图谱展现给广大读者，其内容非常广泛，有人物、龙凤、狮子、麒麟、花鸟、鱼虫等等，读者可从中选择自己喜欢的图谱应用到实际木雕中去，大大节省了寻找和自己构思的时间。

本书可谓是对我国传统木雕技术的发掘整理，有较高的学术性、技术性和实用价值，有益于我国传统木雕技术的继承和发展。本书可供从事木雕、古建木工、家具木工以及从事石雕、砖雕、彩绘工作者参考使用。

责任编辑：周世明

木工雕刻技术
与传统雕刻图谱
路玉章 著

*

中国建筑工业出版社出版、发行（北京西郊百万庄）
各地新华书店、建筑书店经销
北京中科印刷有限公司印刷

*

开本：787×1092 毫米 1/16 印张：22⅛ 插页：24 字数：541 千字
2001 年 1 月第一版 2016 年 8 月第十二次印刷
定价：**59.00** 元
ISBN 978-7-112-04067-4
(9470)

《木工雕刻技术与传统雕刻图谱》

参编人员　　路晓红
冯喜明
路　涛
路晓庆
路　平
路晓荣

序

有缘与路玉章同志相识，甚感高兴。

玉章同志年轻时曾拜师学艺从事木工制作。后来他入学、毕业、从事教育管理工作，但却一直保持着对木工制作的浓厚兴趣，并随着时间的推移将这种兴趣发展为对传统木工雕刻的研究。多年来，他利用大量的业余休息时间，刻意搜集、整理大量有关资料，深入学习、研究传统木工雕刻。在前两年与人合著、出版《三晋古木雕艺术》的基础上，又独自撰写了长达几十万字的《木工雕刻技术与传统雕刻图谱》一书。其高雅的“业余爱好”令人钦佩，而他对事业的执著追求、不懈探索以及异常勤奋的钻研精神，尤其值得提倡。这是玉章同志约我为其书作序而我欣然应允的主要原因。

传统木工雕刻既具有很强的实用性，也具有很高的艺术欣赏性。无论是居室陈设中的桌、凳、椅、柜的雕刻点缀，或是建筑装饰中的斗拱、雀替、室内暖阁，还是木雕艺术品等等，都会给人以赏心悦目之感。好的木雕品，尤能以巧妙的构思、娴熟的技法，表现出神秘典雅、华丽精美的艺术风格，更令人遐思无限，其艺术价值远胜于其实用价值。玉章同志经过多年的研究，对传统木工雕刻技术的匠心深入挖掘，将其成果编撰为《木工雕刻技术与传统雕刻图谱》，对木材理论、加工基础、制作技术等，进行了较为全面的论述，并有独特的见解，还通过辑集的大量图片和资料，对建筑、家具、工艺品等，进行了较为详细的介绍。可以说，这部图文并茂的总结性专著，是有较高学术性、技术性和实用价值的。它的出版，不但有益于我国传统木工雕刻技术的继承和发展，而且有益于木工雕刻者、古建木工和家具木工制作者研究与制作，还有益于雕刻工艺爱好者和从事石雕、砖雕及彩绘的人员学习与参考。

木工雕刻技术与传统雕刻图谱是一座宝藏，该书对其挖掘是有限的。作者表示，将进一步对其工艺进行全面、系统、深入、细致的研究。我们热切期待玉章同志新的研究成果问世。

孙水生

1999年3月于阳泉

目　录

第一篇　木工雕刻技术

第二篇　传统雕刻图谱

第一篇

木工雕刻技术

概 论

一、木工雕刻技术

木工雕刻技术是木工制作和雕刻工艺紧密结合，以木材为质地进行加工刻制的工艺。这种技术有广义和狭义之分。广义的木工雕刻技术包括：木工建筑雕刻技术、木工家具雕刻技术、木雕工艺品或传统供奉神像、神器的雕刻技术等方面。狭义的木工雕刻技术是专指从事雕花工艺的某一方面；或是利用木材雕刻一些花板及艺术品的技术；或是专指建筑木工制作的雕刻技术；或是专指家具木工制作的雕刻技术。

在生活和工作实践中，只要从事木工制作，总想掌握一点雕刻工艺。反过来只要从事雕刻工艺，总得掌握一定的木工制作技术。因为传统木工雕刻技术有实用性和艺术性的特点。例如家庭生活中有几件典雅别致、精雕细刻的木制品在你家庭一角落陈设摆放时，永久的美会给你生活带来一种别有韵味的情趣。因此为满足从事雕刻方面读者和艺术家们的需求，本书从广义的内容进行编写。

传统木工雕刻技术，大都是从工匠们师徒承递和父子口手授受相传下来的。古人的记载大多是只言片语、零碎不整，或以欣赏的角度加以品头论足。现在虽有一些技术书籍出版，却对传统技术的匠心也难以挖掘。

科学技术的不断发展，机械作为生产工具日益减少了，人们的手工劳动。随着机械自动化工业发展和计算机的出现，传统的木雕技术大部分会被现代科学技术所代替。在人口众多的我国以及世界各国，家庭木制品，始终是消费热点。科学技术的发展，短期内还难于替代传统技术的方便性和工艺性。而且在我国改革开放和市场经济发展中，一方面有必要对传统技术加以保护、整理，为培训雕刻技术人才提供必要的技术资料；另一方面，对加工木工雕刻产品的应用研究和木雕机械工业的发展研究，更有必要提供一定的理论依据，同时还有利于新产品开发。

二、木工雕刻技术的特点

木工雕刻技术的特点大体有如下几个方面：

1. 技术性。人们往往通过双手来表现技能，然而这种技能都是基本功和智能的相互融合。技能来源于勤学苦练，手脑并用，融会贯通，精于创造。

2. 艺术性。雕刻是一种艺术，木工雕刻技术有木结构的技术美、木质的质地美、雕刻的形式美。木工雕刻通过阴刻阳雕、透雕、圆雕的各种形式，用巧妙的刀功，精雕细刻出人们生活中的人物、动物、飞鸟鱼虫、花果树木、山川风景、生活娱乐、名人戏曲等等方面耐人寻味的图形。

3. 益智性。从事木工雕刻，是手脑并用的过程。社会的存在决定人们的社会意识，雕刻艺术并不例外。业精于勤、心到手到，从木结构部件的巧妙组合到制作构件的产品形式，直到设计构思的画线技能，可以随意造型，创造性地按主观意志发挥自我特长，又可以根据客观条件，按样、按图展现结构和产品的再现艺术。

4. 规矩性。俗有“凿四方眼不带弯处”之说。说明木工雕刻技术有其自身技术的规范性、规矩性。其一，以方为规，即方正。四边方正、棱角齐正，横竖方正，斜坡严谨。旧时木工雕刻制作中木质的根梢还应分清才符合规矩。其二，以圆为矩，即轨迹。内圆外方、内方外圆，曲线均匀，圆凸大方。建筑方面的上梁、竖柱、搁檩、斗拱的坐斗插飞都应符合一定的规律。家具制作更是如此，比例协调，线形圆方规律，方正匀称，高低大小适中。雕刻时还要按其实用造型的大小，用精美的刀功表现物件的图样。

5. 统一性。各种建筑造型，或是家具雕刻制作材料和加工都具有统一的造型组合方式。例如选配材料尺寸时竖横较统一，选配材料宽窄也较统一。画线组合时应根据宽窄大小面的变化情况颠倒使用即可。又如画线时按各种线型要求及规定（见画线技术），一人画线众人施工也很少出错。

6. 规律性。这里的规律性指使用寿命的规律性和结构制作的规律性。如生活中活动的雕刻品技术结构要求严、加工难度大，而固定物技术要求则相对容易些。如建筑物的稳固几百年不动，室内陈设的柜子一般好几年不动。而建筑方面的门一用几十年不容易损坏；家庭用的椅子东搬西放用几十年不被损坏。这样木雕产品的制作就需要遵循结构制作的规律达到使用寿命。

7. 健身性。木工雕刻制作是一种健身技术，好处是常在室内工作，体力轻重适当。如木工加工制作的整个过程是一种无规则的多种运动，站立、蹲下、锯木、刨料就是全身的多姿态运动。如体力感觉累时，还可以自行调节进行雕刻、画线或做榫。有些雕刻艺人虽已年长但仍能继续从事制作。

8. 体系性。木工雕刻技术是一种系统工程，如一座木结构建筑物，其梁、柱以及檩、椽、垫、板、斗、枋等等就有上千个部件，简易的一把清式官帽椅，就有大小件四十二根木料组合而成，曲线造型十七个部位，榫眼结合二十多处，所以传统木工雕刻是构件和体系的结合。

三、木工雕刻技术的内容

（一）木工雕刻技术的材质

材质是雕刻技术的重要内容。只有认识木材，运用木材，懂得材质的变化规律，才能保证雕刻质量的提高。不仅要从生态学认识，从形态方面区分，从木质好劣进行辨别，还要从软硬方面，雕刻选配材的加工去理解，把材料选好、用好、搭配好。

分析木材的好劣取决于匠心的挖掘。要从心材、中材、边材区分，又要从梢材、中材、根材分析，大到每种树木的材质，小到每块木料的好劣，应懂得最好的木质在什么地方。

木工雕刻的选材、配料取决于雕刻作品的用途，决定做建筑物构件用什么材，怎么用。决定做家具用什么材，怎么用。这样就能在锯割凿刻加工中，最大限度地降低和缩小变形。

（二）雕刻画线技术

传统雕刻画线技术是很规范的，因为画线必须达到制作精度和制作目的。小到一个部件，大到一个建筑物构件，画线最终还是要达到组合与装配的效果。画线工具的自制、使用和精度，一定要严格掌握。随着科学技术发展，目前已实现锯、刨、凿、刻机械化，有些画线程序可以省略，但画线的要求必须懂，这样才能丰富自己制作的技能。

（三）雕刻锯割、刨削、凿刻基础

“是匠不是匠专比好作杖[1]”。新的机械代替了很多手工工具，但是由于雕刻工艺的多样性，加工制作的变化性，还要求手工工具的使用。一个好的雕刻工匠无几件得心应手的工具，是不能保证技艺的自我表现的，同样也难以完成制作任务。

雕刻锯割、刨削、凿刻的熟练程度有待于技能训练和工具维护。高技术的人才有动手动脑能力，即实践和理论运用能力。想加工一件好的雕刻品，必须始终如一，坚持勤学苦练，循序渐进提高自己。过去常被人们看不起的木工“雕虫小技”，殊不知其基础的、理论的、专业的知识是极其丰富和深奥的。

（四）雕刻制作技术

雕刻制作技术是加工质量的保证。“看线是木匠的眼”，衡量面的平直与否，成品规矩匀称与否是靠人们自身的眼力。会看、会做、会运用，横竖平直、圆方曲直，是制作的基本功。初学时较难掌握，只要常练习就会掌握其规律。

吃线与留线也叫误差的配合，是加工技术的质量保证。拼缝、做榫、胶合是个人技巧的表现。技能差的工匠，虽也能从样式方面完成，但是质量和使用寿命较差。技能好的工匠在实践中还会看其物，懂起理，治其艺，除能完成样式制作，还能保证使用寿命。

（五）加工实例和油漆

按照制作实例练习，不仅从样式和形式组合的实践中学习和熟悉操作技术，而且还能提高其技能训练水平。

油漆技术是雕刻技术的互补技巧。如能在实践中掌握，懂其油漆原理及效果，就能从样式、材质、齐正、干净、光洁、审美等方面提高技能。

总之，木工雕刻技术的内容是多方面的，要提高自己的技术水平，必须在勤学苦练中，吸收各方面营养，丰富自己，完善自己。这样我们才能从材质的内容上，从雕刻艺术的形式上和木结构技术本身去构建一种雕刻美，从而服务于社会，服务于人民。

---

[1] 作杖——雕刻工具的俗称。

第一章　雕刻材质

材质知识是指木工雕刻技术中从认识木材到合理选材配料的全过程。包括木材知识、木材的分类、木材的构造特征、木材和木工雕刻相关的性质、木材的识别及其缺陷矫正、雕刻选材技术、雕刻配料技术和下料的加工余量等。

第一节　木材知识

木材知识是人们对木材变化规律和木材利用的认识。包括木材的种类、构造、特征及其干缩湿涨、质量软硬、变形矫正等内容。这是从事木工制作加工时匠心发掘的理论范畴。运用木材知识在实践中辨别木材的变化状态，有利于雕刻工艺的全面提高。

一、木材的含义

木材是树木经采伐后得到加工利用的成材部分。就是说，人们把树木采伐后的树桩、树枝用来雕刻或加工某种木件、工艺品或用具的成材部分，都称作木材。

木材主要取材于树桩部分，如果能合理利用可以降低消耗，节约木材。合理利用木材一般包括两个方面，一是合理下料，是从树种或是材质方面运用木材；二是雕刻工匠高超的技艺和善于分析问题和解决问题的能力，是从制作形状或是工艺水平方面利用木材。合理利用木材的例子很多，例如人们常说什么木材制作出的木器好，就是对木材的合理选择。人们常常还要把采伐后的树木根的下部锯成肉墩，雕刻成工艺品。又把树枝加工成镢把、锤把、擀面杖等等，更有从事古建的工匠把细树枝截断为7寸多长、用斧砍成二片或三片钉于房子的两椽之间做撒板（屋面板）等等。

随着科学技术迅速的发展，成形板材的种类也越来越多。因此，雕刻工艺还要掌握胶合板、刨花板、纤维板、压缩板等木材知识。这对提高木材的利用率、增加木工制作品种和降低成本会产生很好的经济效益。

总之，木工在制作时不但要懂得加工技术要求，而且要懂得木材材质的运用，这样才能成为一个合格的木工制作技术人员。俗话说，“三分下料七分做”，就是告诉人们只有学懂木材知识才能下好料，做好产品。

二、认识木材的方法

认识木材首先应认识树木。

树木的生长状态对树木成材的质量是有关系的。高质量的雕刻工艺必须选好树木，从树木的生长状况中了解和掌握其质量。

树木生长环境优劣不同，其材质是有差别的。我们观察发现这样一个事实，某种树木生长在环境较暖，土质湿润肥沃的地方，其材质纹顺而松软，变异较小；同种树木如果生长在环境较寒冷而且又干燥，土质也贫瘠的地方，其材质粗糙紧密而且较硬，变异性也大。从树木的材质运用分析，传统技术中就有“根部易开裂，梢部多弯曲；心材易开裂，边材易弯曲”的口诀。因此，这些现象同样需要我们从树木生长的状态，遗传育种，木材构造，木材加工过程中的多种相关因素多学习、多实践、多观察。

1. 多学习。就是学习木材知识的相关理论。如木材的分类知识；木材的构造特征；木材和木工雕刻相关的性质；木材的识别与缺陷矫正等等。

2. 多实践。就是在学习木工雕刻技术时，不但要掌握加工件或者工艺品的构造方法和技艺，而且必须在实践中反复应用木材知识，进行合理选择材料，搭配材料，使制作成品做工技艺表现好，质量材质运用好。

3. 多观察。就是在实践中，对各种木材材质的优劣进行对比观察；对木材木纹的顺逆进行对比观察；对木材的木质粗细进行对比观察；对木材的颜色进行对比观察；对木材的木纹形状进行对比观察；对木材的重量等方面进行对比观察。只有这样才能学用结合提高木工雕刻技术。

口　诀：

木材本是树木生，
关键是否会运用。
生产实践得经验，
制作工艺要求精。
三分下料七分做，
木材知识记心中。
材质优劣看环境，
按材用料分软硬。
掌握理论多学习，
实践观察讲应用。

第二节　木材的分类

木材的分类应根据材质运用目的进行分类。一般从认识树木的花、果、枝、叶的主要形态特征方面划分为针叶树和阔叶树；从用途方面划分为圆木、板材、板枋材；从木工雕刻使用的质量方面划分为好材、次材、劣材；从木工雕刻过程中的选材配料方面分为硬材、软材；从雕刻或加工的板面去认识木材分为粗糙材、细质材等等，现分述如下。

一、从形态特征方面分类

树木的种类很多，就我国的树种而言就有7000多种。其中材质优良，经济价值高的树种也有千余种。根据树木的主要形态特征，将树木分为针叶树和阔叶树两大类。

1. 针叶树。叶呈针形，叶脉平行，多为常绿树。从锯材截面观察，纹理多直顺，材面年轮明显匀净，木质的木纹空很小，材质多为松软木质，如红松、落叶松、杉木、柏木等。

2. 阔叶树。网状叶脉，叶子大小不同，多为落叶树。从锯材截面观察，木质多粗硬，年轮纹理明显，细胞孔较大，材质多为硬木，如楸木、桦木、槐木、榆木、杨木、柳木等。

二、从木材的用途方面分类

树木经采伐后要根据雕刻加工的用途按木材的运用分类为圆木、板材、板枋材。

1. 圆木。树木采伐后经修枝并截成一定长度的木材称为圆木。圆木可直接使用，也可加工使用。为此，圆木又可分为大径木、小径木。直径大的主要加工成板材，直径小的多用于枋、檩、椽，或者木柱、架杆等。圆木的长度：大径木是指 ϕ 260mm 以上的圆木，并多取 4～6m 长；小径木是 ϕ 60～260mm 之内的，多取 2～8m 长。

2. 板材。一般规定宽度为厚度的三倍以上者常称为板材，厚度在 18mm 以下的为薄板；20～40mm 的为中板；45～70mm 的为厚板。板材的长度根据用途而确定。

3. 板枋材。指断面宽度不足厚度三倍的木材，一般规格要求断面常为 80～300mm 范围的方形和矩形材。

三、从木材质量的优劣方面分类

1. 好材。木材木纹顺直，年轮粗细均匀，无节疤，无腐朽，而且心边材的颜色区分不太明显的中材（见后章节），基本上是好材。

2. 次材。木材的木纹不太直顺，年轮又欠均匀，有节疤或节疤略多，略带腐朽。心边材的木质部分基本上是次材。

3. 劣材。节疤多，且木纹不直顺，扭纹多而带腐朽病，加之木纹粗糙，一般木工雕刻不应选用。

四、从雕刻的选材配料方面分类

1. 硬性材。木材材质硬，且紧密，受力强度高，如槐木、椿木、水曲柳、榆木、枣木等。

2. 软性材。木材材质松软，其木纹匀净稀松，而且木质不紧密，受力强度低，如红松、椴、杨等木。

3. 中性材。木材材质介于中软之间为中硬材质，木纹均匀略紧密，木质好而受力强度适中，如核桃楸、樟木、柳木、黄菠罗、落叶松等。

五、从木材雕刻加工板面形状分类

1. 粗糙材。多为硬木，板面粗糙，细胞壁坚硬，木材纹路不太顺，又不规则，受力强度略高，主要用于拉框和内衬辅助材料。

2. 细质材。有硬木、有软木，其材质表面纹路细又很规则，很均匀，并且受力强度良好，变异性较小，主要用于雕刻主体和装饰板面。

总之，木材的分类，只要从以上五个方面正确划分，就能从形态特征、用途、质量优劣、硬软木质、粗细材质等方面选好材，用好材。

口　诀：

木材分类有标准，
五个方面讲实用。
认识按着生态学，
针阔两类看特征。

如以用途来划分，
圆、板、枋材任选用。
若按质量来划分，好材劣材搭配用。

若要选取加工料，
硬材软材要适中。
板面形状看好坏，
细质制作粗材衬。

第三节　木材的构造与特征

对树木采伐后的树干进行全面、细致的构造分析，就能很好地掌握其特征。

一、木材的构造

木材的构造是在树木生长过程中自然形成的，其共性特征和组织结构可以从树干的纵切面和横切面进行分析。

树木采伐后的横截面（断面形状）呈不规则的圆形，能清楚地看到树皮、形成层、年轮、髓心、髓线的排列状况。加工利用中把靠髓心部分的木材称心材，靠树皮部分的木材称边材，心材和边材中间部分称中材（俗称“二道皮”），如图 1-1。而材质最好的地方就是中材部分。

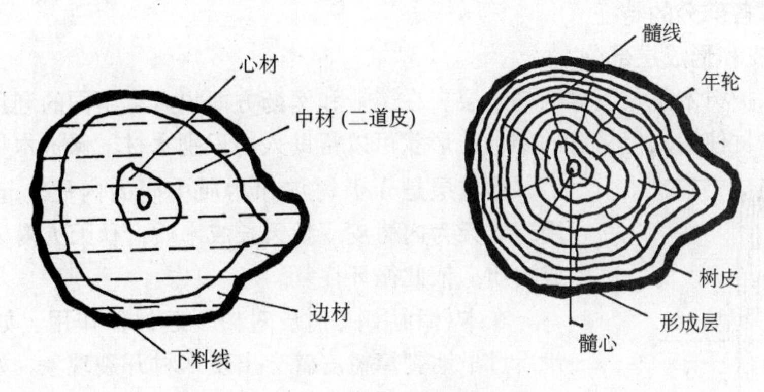

图 1-1　树木横截面

树木采伐后的纵截面（径截面）同样可以看到树皮、形成层、年轮、髓心，其髓线不很明显。加工利用中把靠树梢部分称梢材，树根部分称根材，梢材和根材中间部分称中材。如果把树桩或板材分段锯截后，常常又把这些木材分为根材和梢材，如图 1-2、图 1-3。纵截面的材质同样还是中材好。

口　诀：

木材构造要分清，
纵横截面有名称。
横截心、边和中材，
纵截中材和梢根。
树皮年轮形成层，
髓心髓线规律清。

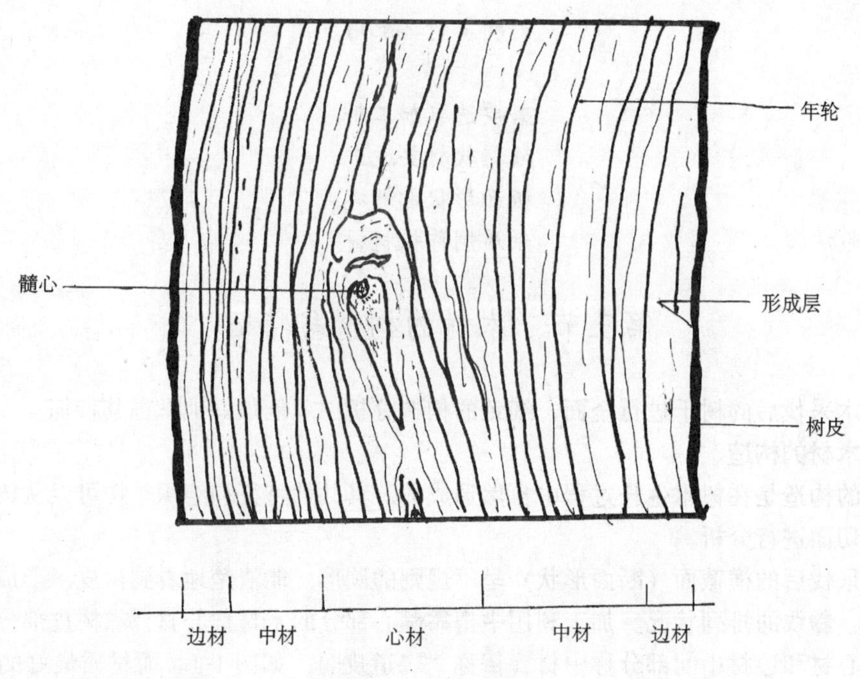

图 1-2　树木纵截面

二、木材各部分的特征

（一）树皮和形成层部分

树皮是保护树木生长发育的韧皮层。在工业和医药方面也具有不同的利用价值，虽很少作为雕刻木材使用，但树皮的颜色、形状可以帮助人们识别木材、保护木材。

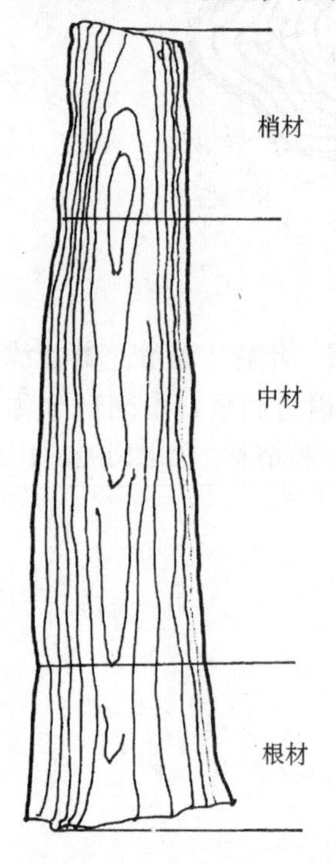

图 1-3　根材、中材、梢材

形成层是介于树皮和木质中间的内皮，起分生木质作用，春天为内树皮，秋天长成木质；秋天为内树皮，冬春长成木质，依此循环往复。

在木材利用中，树皮对树干起保护作用。如果木材在采伐后过早地剥掉树皮就会出现木材开裂现象。如果采伐后带树皮的木材不剥树皮放在不通风潮湿的地方，木材更容易腐烂，更容易虫蛀，致使木材损失增大。实践经验，树木冬春两季采伐最好，采伐后的木材最好存放于阴凉干燥处。如果在夏季的末伏开始剥掉树皮（一般在北方地区），加工板材最适时、最好。因为这时蛀虫在形成层内刚刚形成或正处在未形成阶段，而且树木形成层和边材中活的细胞也已死亡。所以只要正确地利用树皮对木材的保护作用，就可以很好地利用木材。

口　诀：

树木采伐冬春好，
树皮不易早剥掉。
末伏剥皮锯板料，
自然干燥存放好。

(二）心材、中材、边材

心材取材于髓心范围，其色深而比其它部分质硬。这是因为树木生长过程中心材部分活的细胞逐渐死亡和减少，木质中细胞的贮藏物质如淀粉等已经消失，水分输导管也已逐渐堵塞。树木本身的树脂沉积和树木本身的色素渗入，使心材部位逐渐形成颜色较深的木质，由于这些原因心材一经干燥，木质纤维分裂快，造成木工制作加工时容易开裂的现象。

边材范围的木质其色浅而脆。这是因为在树木生长中，边材是由形成层的生长而逐渐转化为木质的。边材中活的细胞大量存在，水分含量高，木质生理性活动能力还很强，树木的水分输导管畅通，树木本身的树脂和贮藏物质在继续活动，边材木质还未达到一定的成熟程度，表现为质软又嫩。因此，在木工制作中，边材一经干燥就使木质纤维积聚收缩，其收缩量大于其它部分，造成边材容易弯曲和翘曲。

中材。因取材范围在心材和边材中部，所以中材在树木生长中活的细胞存活数、水分输导管形成、树脂和树脂沉淀物、水分含量等等都在适中状态，材质中年轮和木质纤维的形成均匀。在木材雕刻中它是取材范围最好的部分。

口 诀：

心材边材要区分，
中材木质最适中。
心材常裂边材曲，
取材用料搭配用。

(三）梢材、中材、根材

梢材因取材于树干最上部分，故材质中的管状细胞壁嫩软且不匀称。

其一，树木生长过程中，这部分形成层的活力很强，树干和树枝的生理活力及输导管部分还十分健全，活的细胞和贮藏物质在这个范围内循环和积聚。当树木采伐后，不匀称的木质管状细胞壁积聚收缩，枝梢越多，收缩越紧密，纹路越乱，利用价值越低。

其二，梢材部分若有枯死的树枝，自然水分菌害等一经侵蚀，就通过管状细胞壁和细胞腔一直可以侵蚀到树的根部，俗话有“梢空空到底”之说就是这个道理。

根材指树木生长时树干离地面 1m 范围的材质。由于木材根部靠近地面，各种水分靠近形成层在边材内进行循环，而根部活的细胞逐渐死亡，有的材质甚至受到内部菌害侵蚀，造成空洞腐烂的现象。俗话有“底空三尺”的说法很有道理，就是说菌害从树木根部向上侵蚀，一般木质损坏离地面 1m 左右，较难再向上侵蚀。另一方面，根材部分支撑整个树木的生长，其管状细胞壁相应增厚、增硬，其木质较重，并且粗糙，干燥后容易开裂。

中材介于树木中间部分，材质纤维匀称，水分含量适中，输导管和管状细胞壁粗细均匀排列，变异性较小。

口 诀：

梢、中、根材位置分，
纵横中材都适中。
根材易裂质粗重，

梢材易曲质细轻。
木材梢空空到底，
根腐多是三尺“洞”。

(四) 年轮、髓心、髓线

年轮是圆木从树干的横断面上看到的各种不规则的同心圆。树木生长中，形成层分生发育成木质由春季树木开始生长，一直到夏季细胞分生能力增强，迫使形体逐渐增大，这时细胞壁较薄，材质疏松，年轮色较浅而且也宽；又由秋季至冬季形成层分生能力减慢，细胞壁增厚，形体逐渐变小，年轮色深而且也硬，并且又窄。正常生态的树木每圈明显的年轮代表一年生长。有的树木因气候和水分影响，向阳一侧生长较快木质疏松，背阴面生长迟缓，木质紧密。人们可以通过年轮掌握木材变形、收缩的规律和木材木质的好劣。

髓心是树木的中心部分，可以根据髓心的颜色、软硬来区分材质的质量，区分材质的粗细。

髓线是树木年轮中形成的，是髓心向外成长增粗的射线，有的树种常常从树木的髓线处因干燥开裂。髓线是否开裂也是辨别木材材质特征的一个条件。

口 诀：

年轮髓心和髓线，
区分特征有条件。
春夏疏松色浅淡，
秋冬质硬色明显。

三、木材的缺陷

木材的缺陷是指木材固有的缺陷，如节子、腐朽、虫害、弯曲等现象。

(一) 节子

是木材的主要缺陷之一。靠近节子的年轮形成弯曲状纹理，这种木材纹理在加工时较难锯刨。

节子可分为活节、死节、漏节三种。

1. 活节。指和树木木质同样成活时采伐，木细胞和纤维等和树木的木质相同。活节常见于梢材部分的材面上，多数由树木生长中树干的分散生枝形成。其材质硬，构造正常，木纹和周围材质紧紧相联系在一起。活节影响木材质量，但损失小。

2. 死节。由树枝枯死而成，死节周围干枯或者是腐烂。坚硬的死节在白松木材中一般较明显而且又多。

3. 漏节。多为树木生长中生枝枯死和损坏形成。漏节多出现在梢材部分，而且一旦有水分和菌害一直向根部侵蚀腐烂后必然形成空洞。“梢空空到底”的说法就是指漏节而言。

(二) 腐朽

腐朽有的是因为存放不良所造成，也有由于漏节腐朽的变色菌侵蚀木材，使木质分解，逐渐使空洞扩大或者大面积材质腐烂，使木材造成损坏。

（三）虫害

一般指蛀虫（北方叫木狼）。虫害会使树木在生长期间，发育状况不好，死枝和树皮的内生蛀虫逐渐增多，蛀虫侵蚀树干内部后木材不能利用。另外，存放的木材因不通风，树皮内受潮生虫，蛀虫逐渐侵入木材内部，侵蚀的木材形成条状空，或成圆空状，大小不等，严重时导致木材不能利用。

（四）裂纹

木材受到外力或气候条件影响造成裂纹。如圆木干燥不匀会形成断面与髓心垂直的径向开裂；或者因树干枯干后的沿年轮方向弦裂；又如板材干燥不均匀形成板面根梢两端头的开裂。

（五）斜纹

是树木在生长中扭转方向产生的，也有因圆木根梢粗细差别太大在加工中产生。斜纹的受力状况不良，加工中刨削、凿削、锯割都存在困难。

（六）弯曲

弯曲是树木生长中的构造缺陷，一般阔叶树种比针叶树种严重些。有的弯曲是因为树木生长期间顶芽死亡，内侧枝代替生长造成弯曲的；有的是因为树干太细，树冠太重受力不均弯曲的；还有的是因为树木接受阳光不正常或者外伤形成的。要合理地选材配料弯曲木材才能合理利用。

口　诀：

活节不活可利用，
死节活动变坚硬。
漏节腐朽加虫害，
弯曲材质合理用。
木材存放要通风，
避免腐烂和裂纹。
虫害防止早处理，
合理锯材避斜纹。

第四节　木材和木工雕刻相关的性质

木材和木工制作相关的性质主要是木材的物理性质，包括木材的含水率和重量；木材的干缩和湿涨应注意的问题；木材的收缩率和变形情况等内容。掌握这些知识对研究木材、认识木材、利用木材是大有益处的。

一、木材的含水率和重量

（一）木材的含水率

木材的含水率直接影响着木材本身的重量，并会引起木材发生变化。例如，树木砍伐后，或者是新购的木板，放一段时间，水分蒸发后，木材重量就减轻，木材的形体就发生了变化。有的弯曲，有的开裂，直接影响到木材的合理利用。

木材的水分蒸发快慢对材质也有不同的影响，快干的木材水分蒸发快，而弯曲、开裂程度也较严重；慢干的木材水分蒸发缓慢，而弯曲、开裂程度不太严重。

木材的含水率是指木材中所含水分的重量，占烘干后木材重量的百分比。水分重量=湿木材重量-干燥后木材重量。含水率=水分重量÷干燥木材重量×100%。

根据有关资料测定，新采伐树木的木材大多数含水率在30%以上。含水率大于25%以上的木材为潮湿木材；含水率在18%～25%之间的木材为半干木材；含水率在18%以下的木材为干燥木材。木工制作使用的木材含水率一般在10%～15%之间，属于加工干燥的木材。而自然干燥木材含水率在15%～20%之间也可使用。因木材产地和树种不同，干燥地区和潮湿地区不同，木材含水率要求也存在差别。而且木材干燥后其细胞壁和细胞腔还会吸附水分存在于内，或多或少会继续影响着木材的利用。

木工雕刻加工中可依据经验确定木材含水率，干燥的木材用手指弹击时，可发出“当当”清脆的响声；潮湿的木材发音不脆而声闷。如接各地区使用要求，北方的木材冬春季大约含水率平均10%～13%为好。夏秋季大约含水率平均13%～18%为好。

（二）木材的重量

木材的重量是指木材的表观密度❶，是以单位重量（g/cm^3）衡量的，常常在木材含水率15%时测定其表观密度。

根据重量可以帮助人们合理利用木材。

1. 木材因树种不同，其重量不同。这是因为树种的木质软硬各自有别，一般较重的木头硬，较轻的木头软。

2. 同种木材因树木生长的环境和地区不同，其重量也不相同。如果在干燥的山区生长的木材，细胞壁紧而密，就重；如果在湿润的平原地区生长的木材，细胞壁均匀而相对疏松，就轻。

3. 同种木材，因部位的不同重量也不尽相同。如木材根部较重，梢部较轻，因为根部细胞壁紧密而厚，梢部细胞壁嫩而疏松，所以俗语有“根梢分不清，师傅拿秤称”的说法。传统木工雕刻工艺在建筑中，房梁、檩、椽、门框等长度在1m以上用料时都要分清根梢，根部向下，把木材根部安放在低位置，使受力状况和工艺趋于合理。

口　诀：

木材砍伐材湿重，
水分蒸发会减轻。
弯曲开裂会出现，
掌握含水要适中。
干燥木材清脆响，
潮湿木材发声闷。
木材重量指密度，
根重梢轻要分清。
轻材质软重材硬，
软硬材质合理用。

---

❶ 表观密度——指材料在自然状态下单位体积的重量，以前称为容重。

二、木材干缩湿涨应注意的问题

木材的干缩是指木材含水率随着木细胞的死亡而逐渐减少，木材逐渐干燥和收缩的状况。木材湿涨是指干燥的木材吸收水分后形体发生潮涨的状况。木材干缩和木材湿涨都会不同程度地引起木材材质发生一系列变化。

例如，木材干缩发生的变形、开裂、歪斜、翘曲等现象给木工制作加工带来许多困难。又如日常生活中的桌面、柜橱等家具制成品使用一段时期后会出现裂缝、榫头松动。木门、窗扇在大雨过后不好开启和关闭。这大都是因干缩和湿涨引起了木材性质变化，所以有必要弄清干缩和湿涨的原因。

根据木材干燥理论的研究表明，木材的干缩和湿涨的原因是木质的管状细胞变化产生的。

木质有管状细胞，管状细胞可分为细胞壁和细胞腔两部分。木质细胞壁和细胞腔对水分蒸发排出和吸收，会引起干缩和湿涨。

例如，木质管状细胞壁内含有水分，其水分向外蒸发排出，木材形体并不发生变化。管状细胞腔内的水分排完后，细胞壁内的水分开始蒸发排出，木材细胞壁就出现收缩和变化。干燥越快，其细胞壁靠拢越快，越紧密，木材变异收缩也越大，重量相继减轻。

又如，木材管状细胞腔内含有的水分全部失去，只留下细胞壁内所含水分的时候，常称为纤维饱和点。其含水率一般在23%～30%。当木材干燥至纤维饱和点以下时，木材细胞壁就开始收缩靠拢。当木材吸湿或者是浸入水中吸水膨胀时，细胞壁内的水分含量增加，形体就会变大，木材湿涨引起变形，重量增加。

因此，理解木材干缩和湿涨现象，掌握管状细胞的知识，对木质纤维粗细和木纹的观察，为的是掌握木材的变形情况，这有助于木工雕刻技术对材质的合理运用。

口　诀：

木材湿涨和干缩，
水分排出和吸湿。
饱和点指细胞腔，
细胞壁靠拢是收缩。

三、木材的收缩率和变形情况

木材收缩率是木材含水率在逐渐减少情况下，木材在绝对干燥状态的范围内，以试块测定形体变化的系数。在实践中人们通过收缩率能掌握木材收缩的变化情况。

木材的收缩率：

径向收缩急火一般为3%～6%；自然干燥0.1%～0.35%。

弦向收缩急火一般为6%～12%；自然干燥0.2%～0.45%。

纵向收缩急火一般为0.1%～0.3%；自然干燥0.01%。

可见自然干燥的收缩率很小，木工雕刻常采用自然干燥的木材。

木材急火干燥，木材急剧收缩，而且收缩状况不很均匀，其形体变异性很大。

木材自然干燥时间较长，干燥缓慢进行，但收缩状况是均匀的，其形体变动较小。

根据木材收缩的形态变化，下面介绍断面变形和纵向板面变形的几种情况。

（一）断面变形

断面变形主要有以下几种情况，见图 1-4。

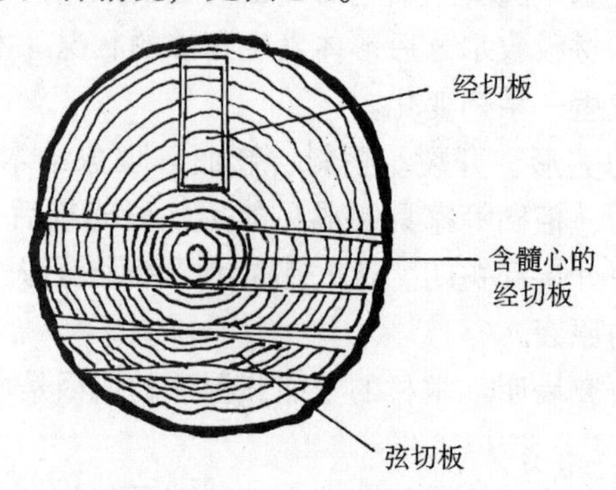

图 1-4　断面变形

如果把年轮比作圆，那么根据锯材方向，把圆木加工的木板，称作弦切板和径切板。

1. 弦切板。因弦切年轮的方向收缩大，干燥后两端逆年轮方向向外收缩形成反翘曲形状。

2. 径切板。因径切年轮的方向，不含髓心，即年轮木纹垂直于板面，干燥后收缩大都均匀，形状变动小。

3. 含髓心的径切板。因径切年轮的髓心，两端收缩略大，髓心处收缩较小，其收缩略不均衡，常形成中间厚两边薄的形状。

4. 在中材部分切的圆柱体，因径向收缩较大，弦向收缩较小，往往形成椭圆形形状。

5. 径切正方块。径向收缩率略大，弦向收缩略小，其收缩呈均匀形状。

6. 与年轮 45°切的长方块。随年轮收缩，其形态缩成略带弯形状态的形状。

7. 与年轮 45°切的正方块。因径向和弦向收缩不均，容易形成菱形形状。

以上情况，所截取木块的形状越大，其收缩的形状变化越明显。另一方面断面变形还要和板面纵向变形结合起来认识木材。

（二）纵向变形

板面纵向变形的几种情况，见图 1-5。

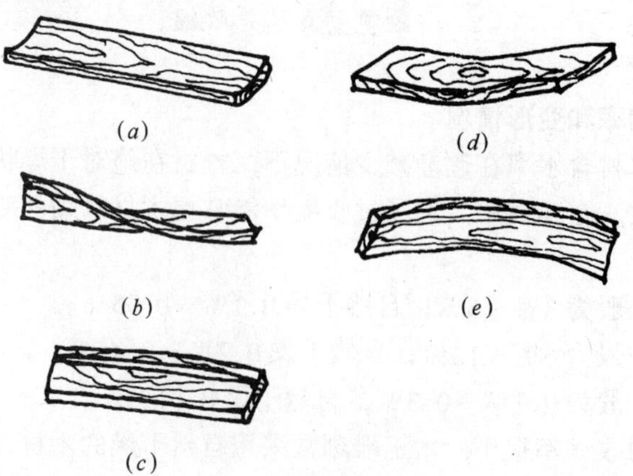

图 1-5　纵向变形

（a）瓦翘；（b）扭曲；（c）边弯；（d）瓦弯；（e）弓弯

1. 瓦形翘曲。木板视为弦切板，干缩后形成瓦曲状，即顺木纹方向两边缘两角反方向翘起的瓦形状态。

2. 弓形弯曲。木板干燥后中间形成弓形，多为堆放不良原因和边材收缩不匀称所致。

3. 瓦形弯曲。同样来自弦切板。多出现于弦切中材的木板，干燥后两端头形成瓦状。其纵向中间木质是边材部分，或者是木纹弯曲，干燥后中间容易形成弓形弯状。

4、扭曲。木板干燥后呈现扭曲形状，四边不在同一平面上。两边缘反方向弯曲。多因干燥堆放不良，或者是扭转纹圆木本身造成的。

5. 边弯，也叫应力弯曲。在木材急剧干燥后随锯割木材的分开时间，木材立即发生弯曲。这种弯曲是由于木材干燥过快或外干内湿，板边和中心部分干缩不均匀，使内部应力受到表层应力的牵制或压缩，表面强度增加胀力，木材造成弯曲。这种弯曲如干燥处理得当可以避免。

口　诀：

木材形变因干燥，
横缩量多纵缩少。
收缩太大因急火，
自然干燥收缩小。
长方正方都变形，
径切均匀弦切翘。
瓦状多因弦切板，
弓翘多是未堆好。
扭曲来自扭转纹，
纵横木纹注意到。

第五节　木材的识别及其缺陷矫正

我国的疆土十分辽阔，有丰富的森林资源，有7000余种树木，木工制作中不可能全部识别清楚这么多树种。只有在实践中不断学习，不断认识，不断丰富自己的知识，才能正确地识别木材。

不过，识别木材也是有规律可循的。木工雕刻加工中，一般是从圆木外表特征和板材外表特征两个方面识别木材的。

一、木材的识别

(一) 圆木的外表特征

圆木的外表特征要观其树皮的颜色、形状，并要结合断面年轮的色、形、味进行识别。下面介绍几种常用树种的外表特征（见附录1彩图）。

1. 红松：树皮红褐色，其沟槽浅，表皮鳞片开裂状，能轻易剥落。断面木质年轮均匀严密，质轻、质软、质较细，有松脂香味。边材和中材间有明显的油脂圈。材色，边材淡黄，略带绿；中材心材略带肉红色。

2. 水曲柳：树皮灰白带有微黄，其树皮沟槽深一些，皮硬。断面木材年轮粗硬而明显。木材色浅带黄白，心边材色差不太明显，气味小。

3. 白桦：树皮灰白颜色，表面光滑而树皮成横纹状并能成片剥落。断面的年轮，木质均匀细而硬，并且质脆，木质呈灰白色和微黄红色，桦皮有香气味。

4. 柳木：树皮暗灰黑色，成材树木的树皮沟槽深而宽、皮厚、断面木质绵软成毛绒状，不刺手。年轮较明显，材面呈浅黄白，中材心材略有灰褐色。加工的锯末气味很臭。

5. 槐木：树皮灰褐色，树皮厚而沟槽宽深。断面木质年轮均匀，但木质粗而硬，心边材区分不太明显，木材材色浅黄或深褐色，味不明显。

6. 椿木：树皮外层灰褐色，较光滑。刮薄皮外层显深绿色，向内淡黄色。质重而木质硬，断面木质匀净，年轮粗硬，树心有微小空洞。心边材颜色区别不太明显，呈浅黄色，树皮剥落有臭味。

7. 白松：树皮灰褐或棕褐色，树皮也常以鳞片状剥落。横断面的木质年轮不明显，心边材区分也不太明显。其材质略黄白，秋材色深。树桩分散生枝的活节多而硬。

8. 楸木：树皮暗灰褐，皮厚呈交叉纵裂沟槽的形状。断面内皮棕褐色，木质光滑而年轮形状明显。心材灰褐色略紫红，材质均匀。

9. 黄菠萝：树皮灰褐色，内皮鲜黄。断面年轮疏松明显，心边材区分不太明显，而且材质好，材色淡黄，树皮味苦。

10. 东北榆木：树皮灰褐，沟槽浅呈带状开裂。内皮微灰黄，断面木质均匀年轮也明显，髓线易裂，其材色暗黄。

11. 杨木；树皮灰绿色，根下段灰褐色，并沟槽深，断面木质浅黄褐，年轮不明显(杨木种类多，木雕加工应选硬而脆的和材质好的)。

(二) 板材的外表特征 (见附录1彩图)

1. 红松：木纹大都直顺，结构细而均匀。板材面手摸感觉绵软，材色刨光后光亮，红松质轻，易加工，边材淡黄，或略带绿，中心材略带肉红色。

2. 白松：木纹直顺，结构细，板材面手摸感觉略有刺，材色刨后光亮，质轻，活节多。边材心材浅黄白，色差不明显。白松质软而受力强度好，有弹性，但收缩性比较大。

3. 椴木：木纹多直顺，结构细而密，手摸板面，绵软略刺手，刨后光亮，材质比红松、白松木质略硬，易加工。材色浅红褐至红褐色，有腻子味。

4. 柳木：纹略有直、有曲，木质细而不均匀，手摸感觉绵软。刨后光亮，仅次于椴木。木质中软而边材浅褐色，中材、心材带微红，臭味大。

5. 水曲柳：木纹大都通直或是弯曲，构成圆和椭圆形的封闭图案，具有天然的粗而美观的木纹。手摸锯材面，粗而刺手，刨光后光亮纹美，质硬，质重。边材黄白色，中材心材黄褐色。

6. 柞木：木纹斜行，结构纹粗而美观，和水曲柳木纹有相似处，但边材淡黄褐，中心材红褐色略带紫色。

7. 核桃木：木纹通直均匀，结构中等纹直而美。手摸据割面硬而不刺手，材质刨光后匀净而亮，质略轻，心材灰褐色略带紫色，味不太明显。

8. 桦木：木纹直或扭转，木质细而均匀。手摸锯材而略刺手，材质刨光后光滑质硬重，质细而脆。边材灰白色，中心略带微红。

9. 槐木：木纹通直均衡，结构略粗，手摸锯割面光而不刺手。材面刨光后光亮，纹粗直，质硬重。边材浅黄，中心红褐色。

口 诀：

识别木材多观察，
圆木特征要记下。
皮色木质联系看，
相似相仿也有差。

红白松皮多鳞状，
红松红褐白松灰。
榆木水曲柳沟槽深，
曲柳微黄榆木灰。

椿木槐木质略同，
椿木灰光槐沟深。
杨木柳木色略同，
杨木沟浅柳木深。

板材识别纹路清，
先看木质观色深。
红松白松纹直细，
椴木柳木绵细匀。

水曲柳柞木纹粗美，
黄菠萝楸木均匀纹。
色木桦木质细硬，
槐木质粗纹理顺。
先看材质后看色，
综合比较区别清。

红松黄白肉红纹，
白松浅白略黄纹。
柏木肉红微带黄，
黄菠萝黄色质微红。
核桃楸紫红略带褐，
桦木灰白红褐纹。
椴木黄白微带红，
水曲柳黄白黄褐纯。
东北榆略黄灰暗紫，

色木灰褐带淡红。
黄檀浅黄心黄褐，
槐木皮浅心材深。

木材气味助识别，
锯材加工好辨别。
松木固有松脂味，
樟木、柏木药香气。
水曲柳、黄菠萝味觉苦，
椴木有股腻子味。
桦柞杨楸不明显，
柳木锯材浓臭气。

二、缺陷矫正

一般情况下，木材表面缺陷和内在缺陷自然会降低使用效果，但是对木材缺陷应进行分类矫正，也可达到使用目的。

木材的缺陷矫正包括两个方面内容，即木材干缩矫正和破料矫正。

（一）木材干缩矫正

木材干缩矫正一般指含水率在13％～30％内的弯曲木材。利用木材干缩情况，使木质纤维细胞壁加大和加快收缩，使得形状变化达到矫正之目的。

其矫正方法如下：

1．瓦形翘曲。木板在10～25mm厚时容易矫正，用温火先烤制两端凸面，并横向移动，使瓦状凸面细胞壁急剧收缩和逐渐缩平。再用温火纵向烤制中间凸棱，并手摸反面有较热感觉，及时用力压直木板，瓦形翘曲基本能调整好。

2．弓形弯曲。弓形弯曲比瓦形弯曲较好处理，因为弓形弯曲在同一平面上，多是中部边心材木板和两端头干缩不一造成。用温火烤制凸弯位置，并纵横移动，不要烧焦木板，用力加压木板两端头，待一段时间即可平直。

3．扭曲。扭曲状是两缘弯曲反方向，矫正较难，如果是薄板，只能沿着木纹方向或对角线用温火烤中间凸弯部分。扭曲先烤两端头弯度，然后再烤中部较容易矫正。

（二）木材破料矫正

木材的破料矫正分为板材破料矫正和圆木破料矫正。

板材的破料矫正，一般是瓦形弯曲下长料，弓形弯曲截短料，扭曲长短不确定，多下框料或短料。

圆木的破料矫正，一般指木材的节子、弯曲、斜纹、扭转纹、裂纹、偏心、虫眼等下料锯割时的画线。

树木生长自然形成的各种缺陷；树木采伐时人为造成不同的损伤，圆木破料矫正就是利用和克服这些缺陷看材下料的。

在圆木使用方面利用缺陷进行选料，如在一般加工中需做弯曲形状的梁、檩、圆圈用材时，选择带弯曲形状的圆木下料；如果加工中需用一头大、一头小的用材，就找大头粗，小头细的圆木下料。

在克服圆木缺陷方面可看材下料：

1. 有节子的圆木破料。节子多而均匀的木材，多锯薄板，用于内凳板或装板。节子多而不均匀的木材，尽量把大的节子和多的节子集中锯在一块板上，增加无节子木板的数量。

2. 弯曲圆木的破料。要看木材弯曲的程度，弯曲程度小，要和弯曲度形成垂直锯割，也叫腹背下锯，锯出弯曲程度小的弯板；弯曲程度大，要依弯截断再锯料。如果弯曲圆木，有方向不一的两个以上弯曲度想要锯板材，必须选较直的面直锯，这样才能多出板材。

3. 斜纹。斜纹缺陷要在锯圆木时尽量减少，锯锥形圆木时尽量以中轴线下线，克服一边锯料现象，因为一边锯几乎所有的木板都呈斜纹。

4. 扭转纹破料。木材扭转纹是生长中缺陷，它对木材利用有影响。扭转纹纹理较顺的软木如红松、椴木等还有利用价值。扭转纹不均匀，或易开裂的木质，多用于木工制作不重要的内板和内框等地方。

5. 裂缝。裂纹有纵裂和环裂两种。纵裂是从树心向四周放射状劈裂，即髓线方向的裂缝，或者是从圆木四周边缘部分向树心劈裂。环裂是顺着年轮方向层层脱裂，俗话称“脱骨裂”。

纵裂和环裂破料矫正主要是看裂纹方向，结合长短方向锯割，尽量把裂纹集中在少数板材上，多出无裂纹的板材。

6. 腐朽。木材的腐朽缺陷一般无可取之处，但是要采取一定的措施进行加工锯割。例如：稍空要尽量把空洞锯在一块板上，不要影响其它板材也带腐朽；底部空洞要先锯边材出板，留中部空洞不要影响边材出材；局部一些空洞腐朽尽量集中在少量板材上，在加工中可进行挖补修正和利用；全部腐朽就无利用价值了。

7. 偏心。偏心年轮是树木生长所形成的，锯割破料时尽量采用腹背下锯，使径向板材增多。

8. 虫眼。木材中的虫眼缺点较少，根据虫眼的深度，先锯边材。虫眼大的圆木，应该多锯薄板或用于不重要部件中。

口　诀：

缺陷矫正可办到，
利用干缩和下料。
弯曲板面要加热，
凸面温火别烧焦。

瓦形翘曲先两端，
连续中间烤一面。
弓形弯曲烤中间，
纵横移动压两端。
扭曲形状较难办，
慢慢烤制也能变。

板材利用看下料，
瓦弯木材长框料。
弓形弯曲截短料，
扭曲严重利用好。

缺陷材质用木材，
工件弯曲选弯材。
减少斜纹好利用，
先锯中心下板材。
节子裂纹和腐材，
集中锯材一二块。
扭纹虫害次差材，
不重要处用起来。
遇到偏心腹背锯，
多得顺纹径向材。

第六节 雕刻选材技术

在木工雕刻加工中，为完成一件好的木工雕刻制品，或者一个好的建筑雕刻部件，对其总体需要的材料数量，长短宽窄，木材的质软质硬、质粗质细、质优质劣等，都需要进行合理的选材下料。

选材下料的技术中讲究“三分下料七分做”的俗语，是对木雕物体材质运用的衡量，要想提高质量就必须合理选材。

一、选择树种

选择树种是从木工雕刻制品和木工建筑雕刻部件的等级等方面考虑的。

(一) 木工雕刻制品

木工雕刻制品多指家具和神器。高档的制品材料好、质量高、价格昂贵。加工中常以一种木料制作，因为同种树木材质变异和收缩是均衡的。如南方地区多选红木（又名紫檀)、花梨木、樟木；北方地区多选用核桃木、梨木、槐木等加工。

中高档的制品常以一种木料做主要部件，如面板、腿脚、雕花楣板、牙板等，其它部件选松木、杉木、椴木、杨木、柳木等加工。

中低档的制品常以多种杂木选择下料。如质地坚硬、木纹很顺、木纹美观、木质均细的木料多用于腿脚和面板，木质软、纹顺而不易变形的木材多用于装板、楣板、牙板等。

(二) 建筑雕刻部件

建筑雕刻部件选材不如家具雕刻制品考究，因为建筑的特征不需要像家具等制品那样细腻，建筑的特征是，耐腐、耐用、耐室内外气候，保证受力强度合适，雕刻线条舒展，刀功刚健粗犷，油漆色彩斑斓，达到寿命长即可。

等级高的宫殿建筑的重要部位当然应用高档木料。例如有用楠木作柱、柏木作佛像、松木作梁、檩等。

一般建筑多选松木、椿木、杨木作柱、作梁。其横枋、麻叶头、头拱部、重托、垂柱、若草，多选耐腐的红松、黄花松，其雀替、挂落、落罩、牙板多选红松、椴木、杨木等。

二、选择板材

选择板材不但要认识树种，而且还要认识板材质量。

（一）木工雕刻制品

木工雕刻制品选择板材时不但要从树种方面总体考虑，而且还要从板材下料开始直接进行材质搭配。

选择板材时如对木材的研究和了解知识越多，越能选好材下好料。不管何种木材都有好材、劣材，而且往往是好材少、劣材多，如边材、心材、梢材、根材，还有虫眼、腐朽、开裂、节子等部分占的比例较大，中材和纹顺的好材占用比例略小。

家具往往先选桌面板、门板、屉面板、腿料，优先下料。而牙板、楣板用料小，留出纹顺的中材待以后锯割或雕刻。其余料用于前后拉框、侧面衬框、上下凳框料等不太重要部位。

选料时如果不是同一种木材，每个部位尽量选材质相近的木料锯割。如梨木如花梨、椴木和柳木、核桃木和核桃楸、色木和桦木、柞木和水曲柳、红松和青松、椿木和槐木等等。相近的木材，其材色、材质相近，可大大地减小变异性，提高其质量。另一方面有利于成品颜色一致的油漆加工。

（二）建筑雕刻部件

建筑雕刻部件的选材，主要是对木枋、云头、拱、昂、雀替、重鱼、若草、牙板、挂落、落罩等进行的选择。先下木枋、昂料。易雕的不变形的木材留作落罩、雀替、挂落。余料配拱、云头、垂鱼等。柱、枋、梁选专用相近直径圆木。

建筑板材下料，用于顶部的多选松木类，选材顺而纹理均匀的木料。落罩、挂落、雀替等可选椴木、梨木、楸木、杨柳木等木材加工。

三、选择木料的数量

雕刻选材要认准木材，合理下锯。传统技术中“先选长料，后选短，量体裁衣全用完”。意思指选材还要考虑数量，所加工物体需要木材总数，用量多少要有计划的购置。能制作多少产品也要心中有数，大小框料搭配不能浪费和造成不必要的剩余。

雕刻选材按画线数量要求应预先考虑好，大料多少根，小料多少根；宽料多少根，窄料多少根；面料多少根，内部用料多少根；面板多少块，内板多少块；雕花板多少块，装饰线条多少根等等。多锯长料，少锯短料。长料要多加工一两根，还要防止损坏后不缺。总之，对物体的上下、左右、里外的用料考虑，一定要面面俱到。

雕刻选材要根据木料用量的各种情况进行画线锯割。大批量的配料有必要进行套裁画线。尤其进行弯曲部件的下料时，要在木板上进行一根根排列套裁锯割，或者是根据其弯曲度的情况，避开有缺陷的材质，最大限度地利用好板材的好材部分，进行交叉错位和顺木纹画线，保证用料的质量。

下料还要掌握用料的规格，下面以橱柜家具雕刻为例作简要介绍：

规格（mm）1950×1100×533。其选型，上为雕花边玻璃门，下为雕花边装板门，侧面为雕寿字装板，木框为起线插肩形。其用料见表1-1。

雕花橱柜用料一览表 **表 1-1**

名　称	规格（mm）	数　量	说　明
腿　料	2000×60×35	5 根	前腿用 2 根无节好的
拉　框	1150×60×35	8 根	前面 4 根面框无节的
抽屉中柱	210×60×35	1 根	无节
侧面框	560×60×35	8 根	朝外面无节顺纹
内顶凳框	560×35×35	2 根	一般木料
底凳框	560×35×35	2 根	一般木料
中凳板框	560×35×35	2 根	一般木料
抽屉滑道	560×20×25	4 根	一般木料
雕面装板	580×1000×18	2 块	用软质细木顺纹无节
雕面花边板	1000×60×18	2 块	用软质细木顺纹无节
雕面花边板	580×60×18	2 块	用软质细木顺纹无节
雕面侧装板	580×600×18	6 块	一般细木料
雕面抽屉板	580×130×25	2 块	一般细木料
雕花腿脚牙板	1150×90×18	1 块	一般细木料

从表 1-1 中看出除保证整个加工件的数量外，其规格宽度厚度一定要归类，便于加工锯割中的顺利进行。

口　诀：

木雕选材很重要，
七分加工三分料。
家具神器档次高，
材质细匀相同料。
南以红木檀梨樟，
北以梨柳椴核桃。
家具高档材质同，
名贵木材保使用。
中档材质有区分，
用材部位料不同。
框料耐用有强度，
装饰雕花质细度。

建筑木雕多粗犷，
强度耐用寿命长。
如果建筑档次高，
楠木作柱柏木像。
椿梁松枋、椽、檩材，
雕花椴楸梨柳杨。

凡是木雕刻制品，
选材易雕耐实用。
好劣木料需掌握，
边材梢材需分清。
面料腿料好中材，
柜腿内料边心衬。

选材数量要数清，
上下内外多少根。
先下长料后短料，
长料多下一二根。

第七节　雕刻配料技术

雕刻配料即搭配材料，是指把锯割和刨削后的木料根据木材性质搭配使用。

雕刻配料和选材相联系，又和画线技术（后章节）相联系，还和木材的知识相联系。这是因为质量好的木工雕刻产品是木材知识的掌握与运用，又是整体构思设计水平的高低，还是选材配料的优劣和高超加工技艺相加的总和。所以配料关系到用材合理，规范搭配的技术性问题。

下面以家具配料为例说明如下：

一、柜橱料的搭配

柜橱料的搭配包括宽窄搭配和好劣搭配。

1. 宽窄搭配。柜橱料一般宽窄较为统一。古时柜橱用料较宽，腿料宽窄常为80mm×60mm，柜角多做俊角榫结合形式，拉框的宽窄也常为80mm×60mm的木料配合。现在木雕柜橱框架缩小到宽窄50mm×30mm的腿料，柜角俊角榫结合仍是常采用的形式，而框料的面是宽窄搭配的，如腿料窄面30mm向前，拉框料的宽面（50mm）应向前。这样配料有利于增强柜子藏物的受力性能，有利于面料窄而秀美。宽窄搭配见图1-6。

配料宽窄需要尽量统一尺寸，这样才有利于下料统一，只是根据受力情况颠倒使用即可，能方便加工和画线。

2. 好劣搭配。好劣搭配是按其木质的好劣选择框料，纹顺无节的框料用在前面，纹不顺质硬有节的框料用在后面或用作底框。

前面用料和侧面用料，一定要好面朝前朝上；背面用料，好面朝柜里，这样便于榫头牢实。

二、面板拼缝的搭配

面板拼缝搭配的合理，能保证制作质量的提高和取得高档次加工的效果。例如：

径切板端面平直对，如图1-7（*a*）；

弦切板端面颠倒对，如图1-7（*b*）；

箱板拼缝可错开对，如图1-8；

抽屉板榫接边材对，如图1-9；

雕花板按纹对，如图 1-10；

面板拼缝心边材对称对；

抽屉面板纹相对，如图 1-11。

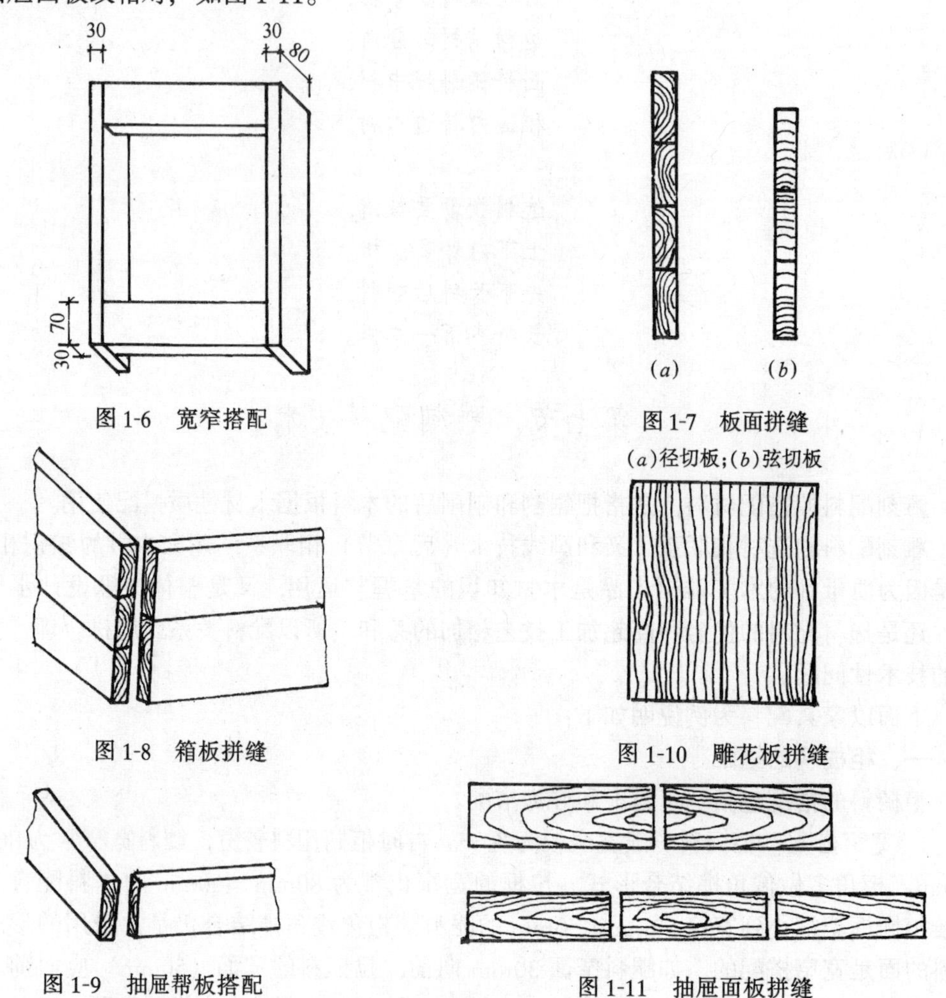

图 1-6　宽窄搭配

图 1-7　板面拼缝
(a)径切板；(b)弦切板

图 1-8　箱板拼缝

图 1-10　雕花板拼缝

图 1-9　抽屉帮板搭配

图 1-11　抽屉面板拼缝

三、软硬木搭配、缺陷木材和人造板材的搭配

(一) 软硬木材的搭配

拼板对缝一是要看面板木纹，应边材对边材，心材对心材，同种木材材质软硬相拼对进行搭配；二是要看材质，根据材质软硬，相似相近的木纹相拼对，颜色相近的木质相拼对进行搭配。

拼板有弯度木纹的木材，应使木纹弯对弯，如图 1-12。一般不能使木纹的凸弯对凸弯，因为拼缝后相对两头质软的材质收缩增大易开缝。

(二) 缺陷木材的搭配

1. 不影响受力有活节的框料可用于侧面和后背处。

2. 有弯度的框料，用于上下或者左右，或者前后，而且还要弯对弯，中间做拉框用榫结合即可拉直，如图 1-13。

图 1-12　弯木拼板

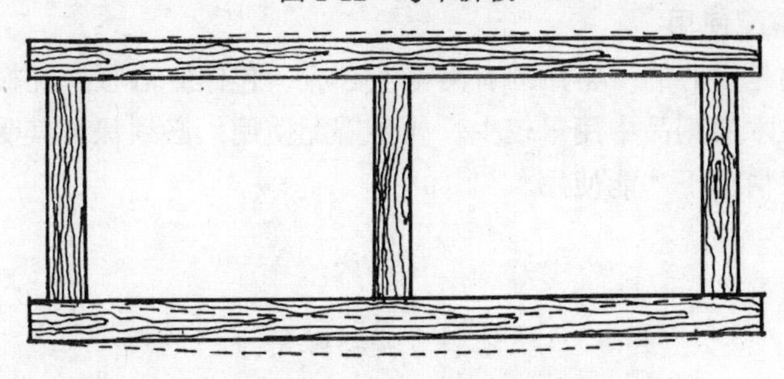

图 1-13　有弯度框料搭配

3．弯度大的木料可锯成短料利用。

4．翘角板面拼板对缝时，翘曲度按两头平均高度两头刨削，不能一头刨削使木料薄厚差异增大。

5．材质略带腐朽，不影响使用时多做内板和背板加工利用。

6．带节的木材拼对时，节子和缺陷朝向外边尽量增大拼板中心的无节子面积，使缺陷分散，如图 1-14，图 1-15。

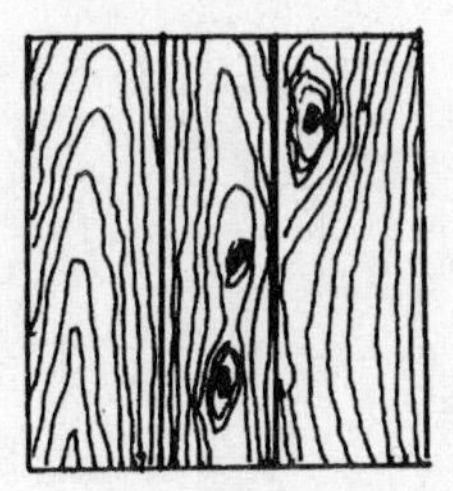

图 1-14　不正确配料

图 1-15　合理配料

（三）人造板材的搭配

人造板材包括胶合板、刨花板、纤维板、细木工板和空心板等。人造板材在木工雕刻制品中用量相应增多，但是木工雕刻制品对人造板材的利用主要是严格选择其质量来进行搭配使用的。

1．胶合板的搭配使用

胶合板一般考虑其每层厚度要均匀、胶粘结构适合气候和耐水性能，质量档次要高。材质以椴木、杨木、水曲柳、楸木等高档木材最好。胶合板多用于面板和装板的搭配使用，好的椴木五合板、七合板也可用于阴雕面板，如屏风板、柜子面板等。

2．刨花板的搭配使用

刨花板根据其不同的制造方法，多选用高密度刨花板（表观密度为 800～1200kg/m^3），搭配用于框内凳板和低档次雕刻制品。

3．纤维板的搭配使用

纤维板根据制造时的处理方式分类，多选用特硬质纤维板，搭配使用于柜内凳板和装板部分。

4. 细木工板的搭配使用

细木工板和三合板的粘合结构相似，要选其材质好，厚度均匀，耐水和耐气候变形小的产品，搭配使用在制品的凳板和镶板部分。

5. 空心板的搭配使用

空心板的中间是空心的，常用的有网格空心板、包镶空心板、瓦楞空心板、聚苯乙烯泡沫空心板等。在木雕刻品中用量较少。如要搭配使用，必须保证其受力状况和保证大小尺寸定形后的加工情况下才能使用。

口 诀:

配料专指搭配用，
木材知识要记清。
选材画线还联系，
规范搭配技术性。

框料配料有窄宽，
颠倒使用面窄宽。
古时朝前多宽面，
俊角榫接结构严。
当今朝前多窄面，
统一式样多掉换。

拼缝搭配要规范，
径切弦切看端面。
板面调正看纹弯，
注意心边材板边。
木纹木质相对称，
对缝错位做箱板。

软硬木材搭配用，
材质相似和相近。
缺陷木材搭配用，
利用缺陷作调整。
框料弯配可拉直，
活节略腐内板用。

人造板材品种多，
质量档次要求高。
胶合板要胶粘实，
面板镶板利用多。

刨花板要高密度，
柜内凳板利用好。
纤维板选用特硬质，
搭配使用也可要。
细木工板要匀厚，
胶粘严密要牢靠。

第八节　雕刻配料的加工余量

雕刻配料常叫下料，其加工余量是指经验值讲的。经验值依据木雕工各自特长和跟师学艺习惯而不同，是不太统一的一种行为。例如，拼缝时一般 1m 长的木板，拼缝技术好的师傅多以 10mm 加宽量就够了，而技术差的 20mm 的加宽量未必够用，如图 1-16。

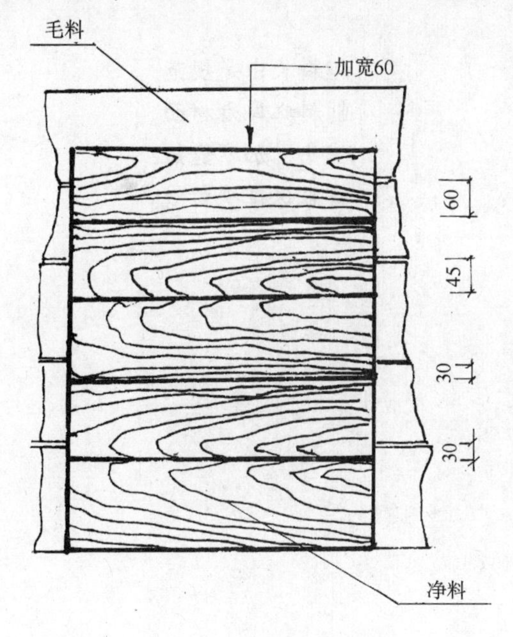

图 1-16　拼板加工余量

根据经验值，把目前比较常采用的加工余量介绍如下：

1．配料加工余量

腿料加长 20～50mm；框料加长 10～50mm；

板面加长：抽屉板 10～30mm；

500mm 以下拼板加长 30mm；

500mm 以上拼板加长 50mm。

2．刨料加工余量

长 500mm 以下的板面，一面刨光取 2～3mm，双面刨光取 5～6mm；

长 500mm 以上的板面，单面刨光 3～5mm，双面刨光 2～6mm；

长宽 1000mm×1000mm 以上的对缝板面，毛料厚度应加厚 3～5mm。

3．做榫和榫眼料的加工余量

榫头的加工余量一般加长3～5mm即可；

榫头宽窄的加工余量多按榫头宽窄需求的净尺寸留一铅笔线（0.25mm）加宽即可；

榫眼料的加工余量一般加长30～50mm，多表现于腿料和框的加长。

4. 装饰板、覆面板

如胶合板、粘面板、刨花板、细木工板等加长度取10～20mm即可。

此外，框料背面有缺棱、开裂的状况，必须满足榫头的粗细够用。

口　诀：

加工余量经验值，
技术高低不统一。
长板对缝多加宽，
对缝少加是短板。

框料长出是规范，
刨料略厚看材面。
榫头少加不能短，
榫眼保证吃留线。

第二章　雕刻画线基础

雕刻画线技术包括其工具的使用和制作，画线的符号、方法、顺序和实例；还包括雕刻的设计与构思，雕刻的艺术造型，因此这是制作技术相当重要的内容之一。画线决定整个产品的合理用材；决定整个产品的规格要求；决定整个产品各部分结构的合理连接与组装；还决定雕刻的艺术审美和作品价值。

第一节　量具及其使用

量具是雕刻加工用来量画部件的尺寸、角度、平整面和弧度的一种工具。

常用的量具有：钢卷尺、钢直尺、木折尺、角尺（又叫弯尺或拐尺）、三角尺、活动斜尺、水平尺、木杆尺、圆规等。形状如图2-1、图2-2、图2-3、图2-4、图2-5所示。现分别介绍如下：

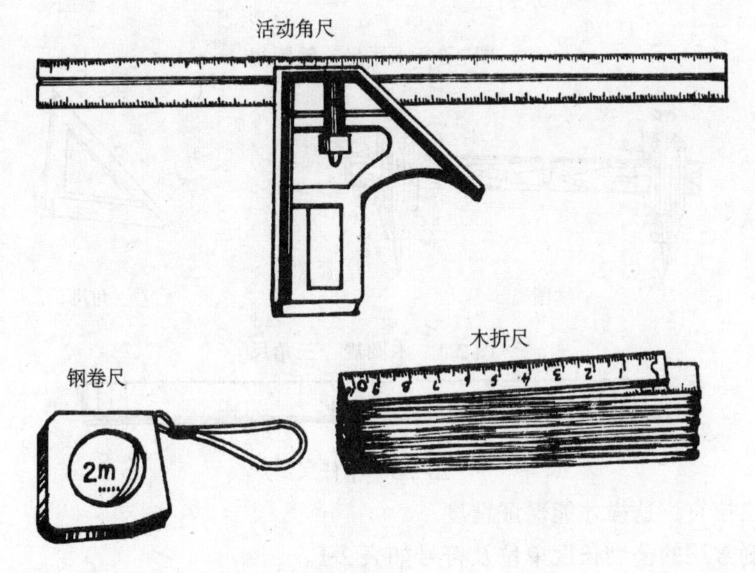

图2-1　尺子

1. 钢卷尺。常用量具，其特点是携带方便，使用灵活。木工雕刻在制作过程中常选用2m或3m的。

2. 钢直尺。多为不锈钢材料制成的，其特点是精度高，耐磨损。用于画线或校对木件的加工尺寸，选用长度为150mm、300mm、500mm。

3. 木折尺。是木工雕刻常使用的一种木尺，它由薄木片制成，常用规格多为一米八折，即用八块薄木片油漆后再经加工好刻度，然后铆接连在一起的一种木尺。木折尺在使用过程中要注意轻拉、轻磨，防止拉断。既要保持刻度尺寸的明显存在，度量尺寸时还要

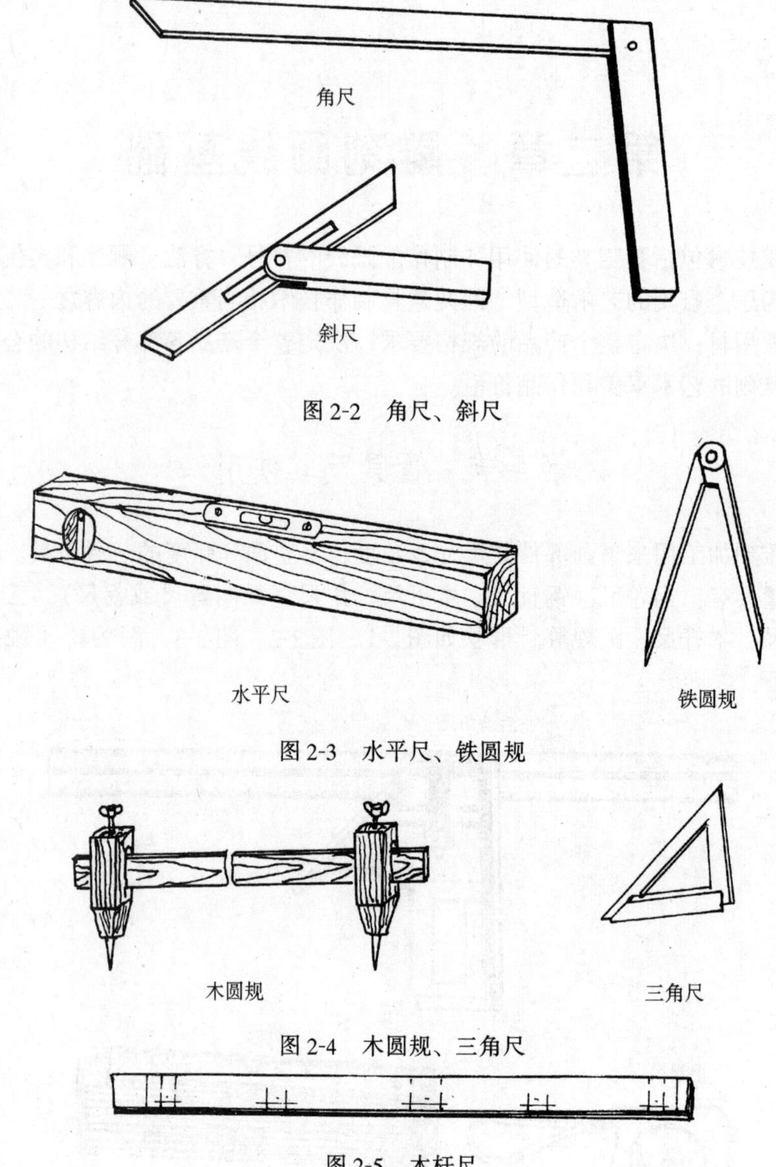

图 2-2　角尺、斜尺

图 2-3　水平尺、铁圆规

图 2-4　木圆规、三角尺

图 2-5　木杆尺

保持把木折尺拉直，这样才能保证精度。

木工雕刻常用的公制长度单位及符号如表 2-1。

木工雕刻常用公制长度单位及符号　　**表 2-1**

原用名称	法定名称	符号	换算
公尺	米	m	1m = 1000mm
公寸	分米	dm	1dm = 100mm
公分	厘米	cm	1cm = 10mm
公厘	毫米	mm	

4. 角尺。“没有规矩，不成方圆”。古时人们把角尺和圆规称作规矩。角尺常常使用于画线或者衡量木器件的角度是否方正垂直，加工平面是否平整等等。

角尺划线时可利用尺身的上下移动，在方正木料的直边上画平行线，或是利用尺身和尺翼的直角，在梁檩的中线上画垂直线。

角尺有木制的、有钢制的，还有铝制的。角尺是画线的主要工具，它的规格要求是以尺柄和尺翼的长短比例而确定的。如小角尺200mm∶300mm；中角尺250mm∶410mm；大角尺400mm∶630mm。小角尺用于家具等木件雕刻制作，大角尺用于建筑方面的雕刻画线制作。角尺的直角精度要保护好，不得乱扔丢放，更不能用角尺敲打物件造成尺翼损坏。

5. 三角斜尺。也是角尺的一种，其形状三角形，尺柄和尺翼约为167mm长，按市尺等于五寸，旧称“方五斜七”。由尺柄和尺翼配合画线，可用于直角画线，还可用于45°角的划线。例如木器表面木料角结合时的插肩和俊角结合画线（见后章节内容）。

6. 活动斜尺。活动斜尺是用来衡量木器件的加工角度大小，或者是画木器件斜度线的。如雕刻加工中的斜榫、斜卯，建筑中的斗拱结构画线也离不开活动斜尺。斜尺由尺柄和尺身组成，尺柄和尺翼中间制作长方形空槽，用紧固螺丝把尺柄和尺翼连接在一起，使用时只要把紧固螺丝松动后，调整好所需角度，旋紧螺丝即可使用。画线时将尺柄靠紧木件边棱，沿尺翼即可画出所需的斜度线形。

7. 水平尺。水平尺有铝制水平尺、钢制水平尺或木制水平尺。尺的中部和端部都装有水准器，水准器内水泡居中间时，可视为水平。在木工雕刻使用中一般多用于枋、檩、椽等圆木下料时的画线。

8. 木杆尺（也叫样板尺）。木杆尺多为自制，长短不一，一般用于成批的画线。尺子上面标好各种线形及距离。如家具雕刻使用时把腿料或框料成对靠紧样板尺，就可以接连画出很多腿料或框料。再如建筑雕刻画线时，每根用料或每块料的尺寸都可以用木杆尺保证雕刻画线构件的统一尺度。木杆尺画线能保证长短线型的统一和一致，还可以节省画线的时间。

9. 圆规。主要用于画圆，可利用几何原理划弧和放样。圆规有金属制成的，也可做木制的。加工中有时也可用墨斗线或铅笔自行画圆。

口　诀：

量画木件要用尺，
卷尺钢尺木折尺，
画线规矩校验尺，
角尺斜尺木杆尺。

第二节　木角尺制作技术

雕刻木制角尺和一般木工角尺相同，现仅以木制的中角尺制作技法为例，简述如下：

1. 备料。选干燥时间较长，木质不变形的木料。尺翼选用红松或楸木较好；尺柄选用红木、楸木、柞木，枣木、檀木较好。有经验的师傅还常选用旧房子拆下来的梁柱中材质好的部分来加工角尺，习惯中称其为“落房木”，实际上是不易变形的木料。

2. 下料。质量和规格要求刨光、平直、方正，其尺寸要求是，尺翼：净料长300～450mm，厚6mm，宽30mm，尺柄：净料长200～300mm，厚20mm，宽30mm。

3. 尺翼和尺柄必须刨光平直不翘不弯，无裂纹和节子。厚度和宽度平正度精确，方正度无误差。长度方向应适当加长以便加工画线时留有余量。

4. 画线。尺柄画线时画出长度方向的规格尺寸，并选质量好的一端头画出25mm长、6mm宽的槽线用于镶填尺翼。

5. 锯槽线。用细锯齿按着尺柄端头所画的槽线留半线（见吃线与留线章节）锯割做槽，然后用钢丝锯把槽内的小木块锯断，端头也要锯齐正。锯割时要保证尺柄木料方正不损坏，锯割线精确无误。

6. 尺柄和尺翼的角结合。尺柄和尺翼的角结合是用胶料粘结成的，必须先保证内角的直角精度，具体方法是：用小木片蘸水胶或者乳胶液轻轻先把尺柄槽空里面的部分全涂满胶液，选尺翼的一端头结合面也涂满胶液，镶于尺柄槽内压紧即可。结合后很快用大三角板校正内角，校正时注意内角尺翼和尺柄要完全和三角板的两直角边靠紧，不得有缝，使内角的尺翼尺柄形成垂直和方正。然后轻放一边待干燥后修正。

7. 角尺的外角的精度校正。找一块板面平正的木板，并要求一边棱平直。将粘结干燥后结合起的角尺尺柄紧紧靠在木板的边棱上，用铅笔立直紧靠尺翼外角边棱在板面上画一直线。然后把尺翼尺柄调换相对方向（调换180°），看尺翼外角是否和原来画的铅笔线重合。若有误差，把尺翼立于平板上，固定好尺身，用细刨轻刨上方。高出的部分反复校验，一般画二至三次线轻轻刨光校正就基本可以了，但要注意尺翼外角棱的校正，刨削一定要保证棱面平正和垂直，只有这样才能保证角尺准确，如图2-6所示。

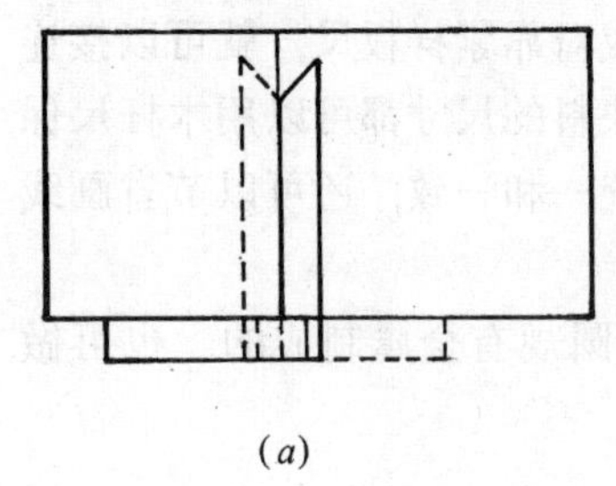
(*a*)

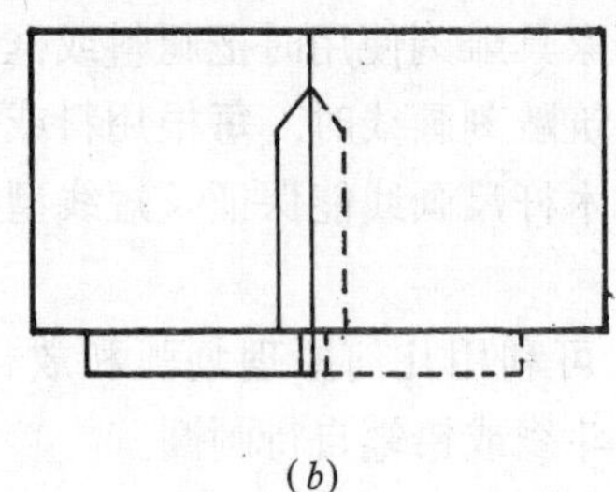
(*b*)

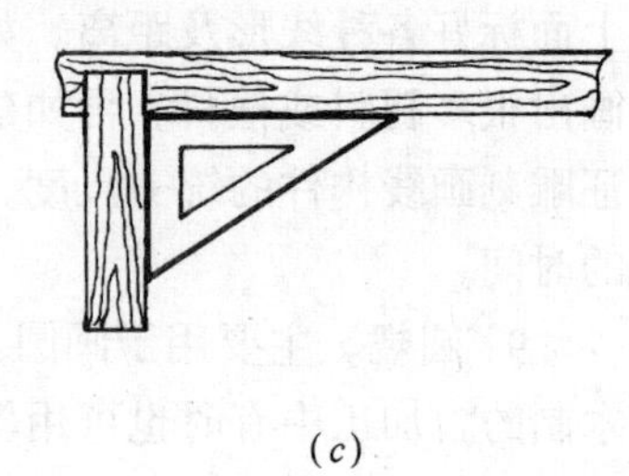
(*c*)

图2-6 角尺的内外角校正示意

(*a*) 用木板内角校正；(*b*) 用木板外角校正；(*c*) 用三角板内角校正

8. 角尺的修正。校正好的角尺，把尺柄的长短锯齐，尺翼和尺柄端头锯齐打光，尺翼另一端头用45°斜尺画斜角锯齐打光。尺柄和尺翼面上不可有墨迹和铅笔线，如有一定要除掉，最后用棉纱布包棉花团蘸清漆水把做好的角尺擦一遍，放阴凉处干燥后再用。

口 诀：

角尺制作选材好，
尺柄要硬翼软料。
尺翼红松落房木，
尺柄檀木和楸枣。

小型中型大角尺，
刨料锯做精度高。

平板画线看重合，
是否规矩校验好。

第三节　画线工具及其使用

画线在木工雕刻技术中，原意是划线，即刻记标记之意，锯割木料的位置；刨削木料的薄厚程度；在木料上凿榫眼的部位都需刻记标志。古时候用竹片和水牛角做成划子，端头磨薄，蘸墨斗中的墨汁用来划出线型标志。现在一些老木工师傅还常用划子划线。

画线工具是指用作画线的器具，包括量具（见前章节），墨斗、划子、铅笔、划线刀、划线器等。

1. 墨斗（图 2-7）。是用不易变形和开裂的干燥木材制成。如果要雕刻图案式样，更应该选软而细腻木质的木料制作。墨斗的原理是由着墨线绕在活轮上，过墨斗拉出线拴在一个定钩上，在活轮的活动下，抽出墨线，经过墨斗着墨，在木料上弹出墨线。

图 2-7　墨斗

墨斗多用于木材下料，从事家具雕刻的墨斗做的较小些，从事建筑雕刻的墨斗做的较大些。如圆木锯材弹线；枋、檩、柱圆木画线；调直木材的边棱弹线；拼板打号弹线等过程中必须用墨斗画线。

墨斗使用时，弹线的方法是，先把墨斗定钩固定在木料一端，拉出着墨的细线，拉紧靠在木料的面上，向中间提起墨线，和板面相垂直方向向上拉起一丢，即可弹出明显的和直直的墨线。

墨斗使用中，弹线的方法要注意，一定要垂直（或立正）拉线，不得忽左忽右，避免弹出墨线不直，形成弧形，使板材出现弯度。

2. 划子（图 2-8）。划子是配合墨斗使用的，用于压墨拉线和画线。历来木工用水牛角制作，锯削成刻刀样形状，柄为 6mm 左右圆棒状，画线端部为 10mm 左右宽的薄刃状，把画线部分的薄刃在磨刀石上磨薄光即可使用。好的水牛角划子蘸墨均匀，画线清晰，只要立正划子画线，使用方法正确，划子画线误差比铅笔画线要小。划子也有用竹片制成的，但着墨画线效果不太好。

划子

铅笔

图 2-8　划子、铅笔

3. 铅笔（图 2-8）。铅笔有专用木工铅笔，扁圆形、方铅芯，画的线很黑，耐使用。也可以选用中软性的常用铅笔，如 HB 型铅笔，画出线形清晰，较为耐用。

4. 划线器（图 2-9）。由靠板、尺杆、尺槽内螺母、垫铁、圆头螺丝组成，在尺杆划线端有斜刃。

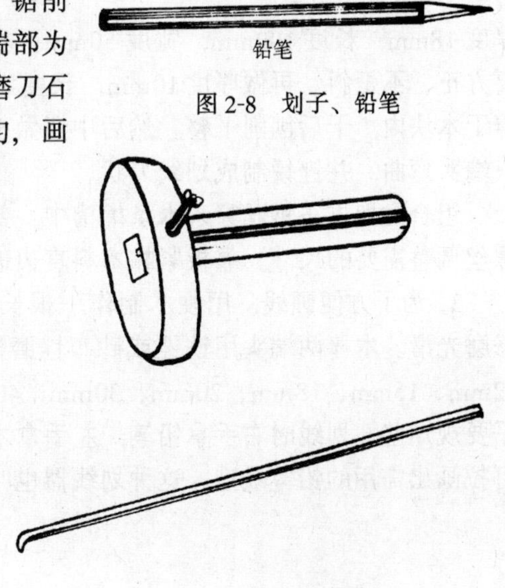

图 2-9　活动式划线器

靠板和尺槽用干燥不易变形的硬木制成，

尺杆在尺槽内可以活动，可以调整所需的大小尺寸，然后由紧固圆头螺丝旋紧固定。

在木料上划线时，由靠板靠紧木料直边，顺木料直边，略用力拉动即可划出离木料边宽窄一样的刃痕。因为划线器划线端的斜刃作用，所以划出刃痕明显并且易于加工。划线器划线时和铅笔画线相比，误差小，适合于木料加工木件的平行线和榫眼线，榫头线、刨料、做槽、起线、前皮线等（见后木工雕刻画线）。

口　诀：

划线刻记需标志，
墨斗划子源旧时。
划子划线要立直，
墨线弹出要平直。
铅笔要选中软性，
划线器利用最省事。

第四节　划线器的制作

划线器也叫勒子，其形状多样，有简有繁。下面介绍几种划线器的制作方法。

1. 选干燥和不易开裂的硬质木块，规格为厚度18mm，长度100mm，宽度50mm。刨光锯齐正，作靠板用。用小于2寸圆钉直径的钻头，等距离形成三角形状在木块上钻三个孔。分别把三个圆钉钉入孔内（这样做是为了使木块不钉裂）。用锉刀把钉帽锉成锋锐刃状。调整三个圆钉三种适用的距离尺寸（就是钉帽刃部离靠板的距离）。按划线的尺寸勒线，使用时靠板要靠紧木料直边勒线，既快又准确。如图2-10。

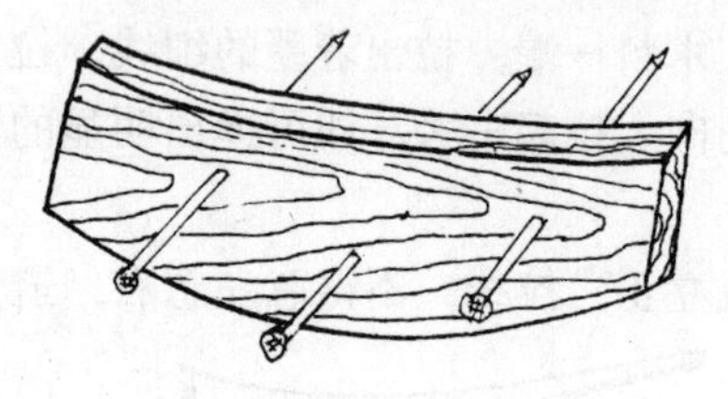

图2-10　钉子划线器

2. 同样选干燥和不易开裂的硬质木块，规格为厚度18mm，长度100mm，宽度50mm。木块中间凿制40mm×10mm的榫眼一个，注意要方正、不歪斜。再做厚度10mm，长度250mm，宽度27mm木条一根，木条一端头蘸胶镶于木块内，干后刨削平整。然后中间做5mm槽，用一钢丝锤方正，用铁锉锉平四个面，一端头弯曲，并锉锐制成划线刃状。

组合时把方正钢丝穿入木条榫槽中，要制作紧固螺丝拧紧，划线时松动或者拧紧紧固螺丝调整需要的尺寸。靠板紧靠木料直边进行勒线。划线器形象如图2-9。

3. 为了方便画线，用硬木制作一根长200mm、宽18mm见方的小木棒，刨削方正，修磨光滑。木棒两端头用铁锉或砂布锉磨平。两端头每个棱锯制成离端头8mm、10mm、12mm、15mm、18mm、20mm、30mm、40mm等8个尺寸，也可多锯制几个，锯制、铲平要规矩些。划线时右手拿铅笔，左手拿木棒，端头利用木棒锯制的尺寸卡靠木料边棱，可拉画出需用的铅笔线型。这种划线器也叫线溜，多用于建筑雕刻加工。

口　诀：

划线器有简也有繁，

要省工时能自制，
三个钉子一木板，
三种尺寸能勒线。

硬质木块和导槽，
紧固螺丝尺寸调，
方正钢丝做线刀，
勒线使用灵活好。
方正木条做线溜，
尺寸刻制精度妙。

第五节 木结构画线和正误符号

画线是木工雕刻加工操作的依据，俗语又有“三分画线七分做”之说，表明画线是木雕技术的重要内容。

木结构画线要整体构思。整体不但指一个建筑物、一个桌子或者一个椅了的整体设计，而且包括桌子边、线、雕花、牙板等取样画线的构想。

一是木结构整体构思要取的式样。长宽高尺寸，矩形或不规则的扁圆或圆形，还有整体线型式样等要求。

二是木结构整体构思画线要选的材质。如各部分所用材种，框料板料用量，胶合板用量，纤维板用量等。

三是木结构整体构思画线框架所用框料。如腿用料数量，横框用料数量，小横框用料数量，雕花板用料数量等等。

木结构整体构思每个结合部位结构的画线，胶接合，钉结合，还是榫结合。其中榫结合画线较难，有单榫交接、双榫交接、三榫交接（见后）。主要构思的是怎样错位结合，如顶角部结合错位、腿下部结合错位、门面上加工横竖框料交接错位和束腰、牙板、包垫等错位结合等等。

画线要细心，避免产生差错。木结构用料都应加长20～60mm下料才能满足画线加工需要，才能满足木结构结合时的需要。木结构画起线后，若检查有误立即改正。

木结构画线要正确使用画线正误符号，如果所画线条形成错误，可另画一线，在另画的线上打“×”号。“×”这个符号在木工雕刻技术上，或者称木工行业中为对的符号，俗语有“十字”为正。“×”号在施工中代表正确线型，代表加工的线型。“×”号画时，要求其十字中间正好画在需用线的上面，越对正越好，不得离开很远。如果画线地方只用一条线，那么出现错误时改正的一条线上打“×”号即可。如果画线地方用两条以上线，或者怕出现错误时，在错误的线上打消除符号，即可说明线型不对，如图2-11。

口　诀：

三分画线七分做，
整体构思动脑子。

选好材质用料量，
腿料框料配整齐。

结合部位结构多，
画线细心避差错。
正确使用正误号，
十字为正打“×”号。

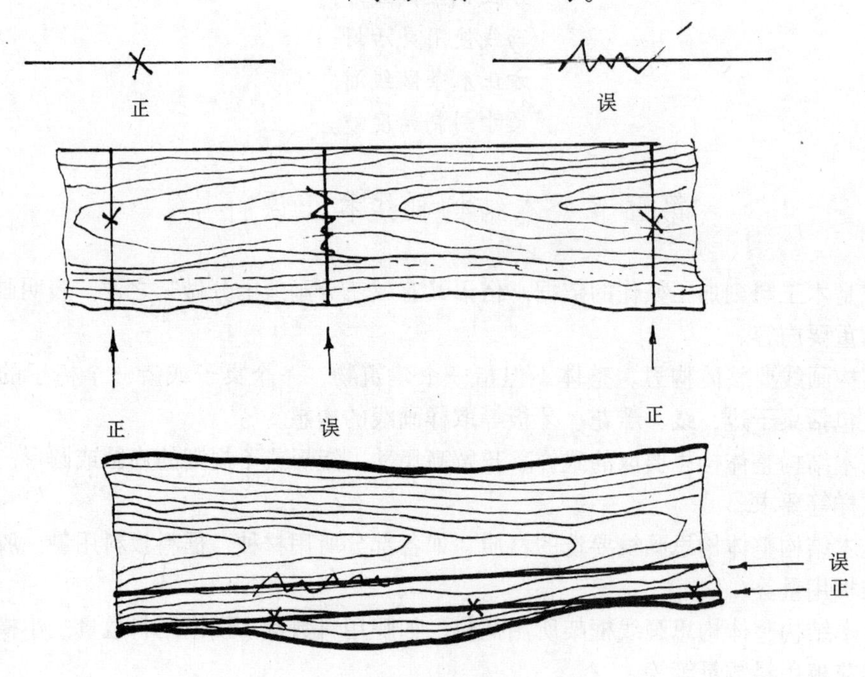

图 2-11　正确使用正误号

第六节　下料画线法

下料画线是木工雕刻的第一次加工线，也叫粗加工的锯割线。就是选材下料时，加工圆木和板材长短宽窄料的锯截线。

按加工件所需用的尺寸，下料线一定要留有足够大的余量作为锯榫头；或者是锯截齐正端头的加工余量；或者是刨削加工多少应考虑留有的加工余量。俗语有“长木匠，短铁匠”之说。意指木工雕刻下料时只能长些，长了锯短容易，短了，需接长就不易了。

板方材下料画线时，要选其方正的直边棱或方正的端头作基准，然后放线。如果方正的边材有一边画直，按直边可用尺量画两端画好宽度、尺寸，用墨斗弹出墨线。也可用左手握木折尺，中指指节卡住木折尺尺度，右手拿铅笔，用铅笔尖卡到木折尺顶端，顺板材直边拖拉画出平行直边的宽度线。对于用料长短，可用尺量出长度作记号，用角尺靠板材直边用铅笔画出截线，即可锯截。

圆木下料画线时，要根据加工的工艺设计，机械生产能力大小，对圆木的形状、纹理和缺陷进行合理的画线。做到大材大用，小材小用，优材优用，看材画线，并且要求质量，求效益。

圆木在古建筑中作柱需直，作梁、枋可弯曲，但需找中线，后以腹背画线取枋。

圆木下料画线多取腹背画线，就是相对于圆木的弯曲度平行画线，这样能使圆木多锯出板材的长料或枋料。板材下料时，再按着板材纹理和弯曲状况画线截取需要加工的长短木料，如图 2-12。

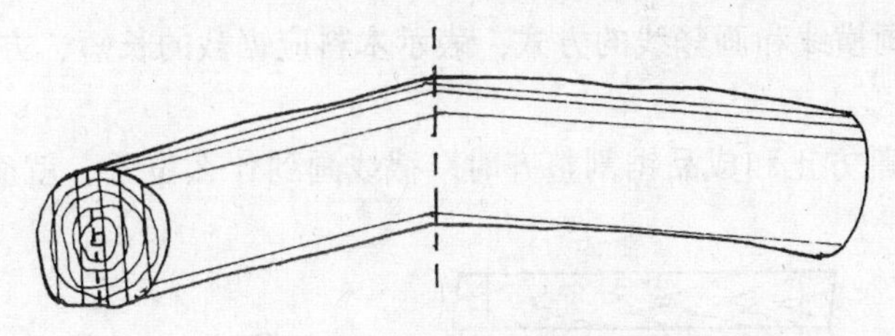

图 2-12　腹背画线和截断

圆木下料的画线顺序，是把圆木腹背朝上，用墨斗弹出与圆木弯度平行的中心线。用水平尺画两端头中线并引线于腹背下方。用尺子画出板材两端头的厚度。用墨斗弹出腹背上能锯几块板的墨线。然后腹背向下，放正圆木后弹出中心线，另外，分别弹出余下的几条线，待加工即可。

下料画线对圆木根部与梢部粗细差别大时，多采取沿圆木轴心垂直画线。能多出板材或枋材，使木纹通直，使变异性减小，如图 2-13。

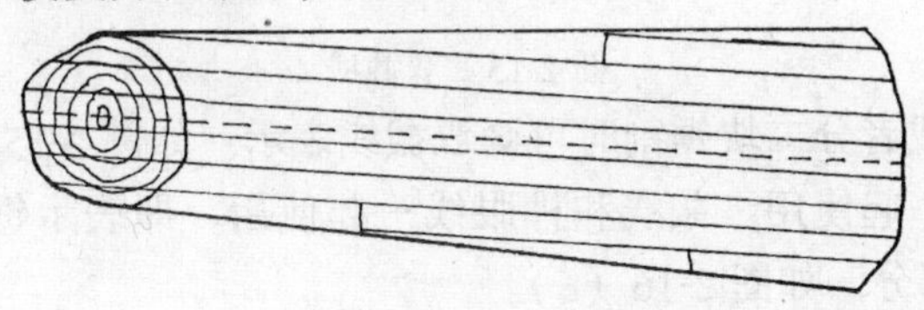

图 2-13　沿圆木轴心垂直画线

下料画线时，对圆木端头的裂纹、腐朽、偏心、节子、扭转裂纹等要细心从纵向和横向两个方面多观察，看材画线。只有画好线，才能下好料。只有画好线，才能用好材。

口　诀：

下料画线要锯断，
“长木匠”必须话长短。
板材下料选直边，
弹线拖线选方便。
圆木下料画好线，
腹背轴心找垂线。

第七节　雕刻木结构画线法

对下料锯刨后的木件进行凿眼、做榫、做槽、起线、裁台、截割等木结构的画线，是要遵循一定的方法才能完成。

木结构常用的画线方法规律性强，能表现出画线所表示的意义，如锯断、凿眼、锯榫，还是起线都可表示。

木结构常用画线方法可表现出加工对象的上下用料，左右用料，前后用料。使画线杂而不乱，细而不繁，加工统一，节省时间。

木结构的常用画线名称和方法现分述如下：

一、截线

也叫实线，以画横线和画竖线的方式，表示木料应锯截的长短、方正、宽窄、斜度等加工线。

1．木料板材锯割方正和成品锯割整齐时，截线画到什么位置，就应加工到什么位置，见图2-14。

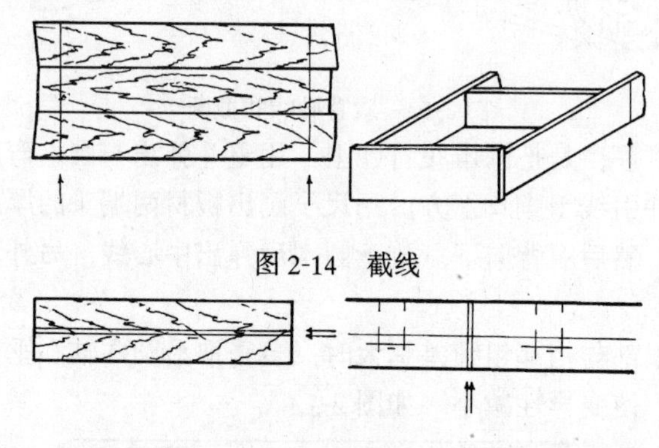

图2-14　截线

图2-15　双截线

2．木料锯割方正或者分二块锯割时可画双截线表示，如图2-15。

3．截线和榫头线一起使用，截线和榫眼线一起使用。即表示锯榫和凿榫的宽度，又表示榫结合后去掉的部分，如图2-16（*a*）。

4．截线、榫头线、花线相交时的表示方法，形成俊角锯割线，如图2-16（*b*）。

5．截线、榫眼线、花线相交时的表示方法，形成俊角锯割线，如图2-16（*c*）。

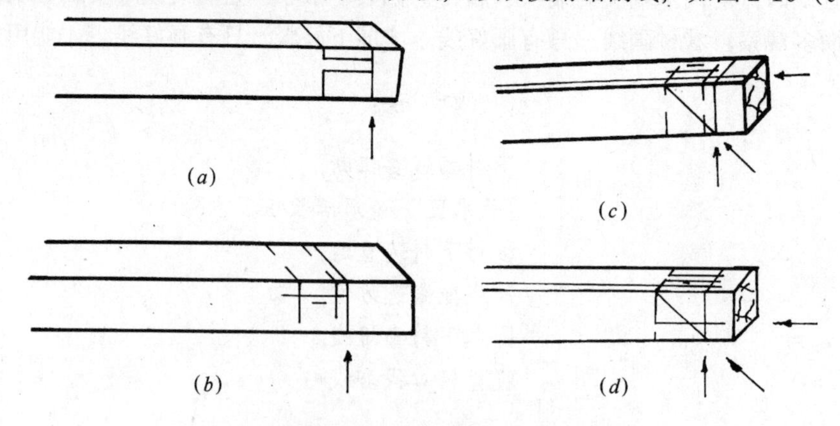

图2-16　截线与榫头、榫眼线、花线的交叉使用

（*a*）截线与榫头线一起使用；

（*b*）截线与榫眼线、花线一起使用；

（*c*）截线和俊角榫头榫眼线一起使用；

（*d*）截线和俊角花线榫眼线交叉使用

二、花线

也叫引线，就是画加工线中从大面引至小面，从小面引至大面，便于各个面的榫头榫眼锯凿位置固定。

1. 花线通常作为榫眼线的方向线，有时可表示榫眼凿半榫，又可表示榫眼有一定斜度，如图 2-17。

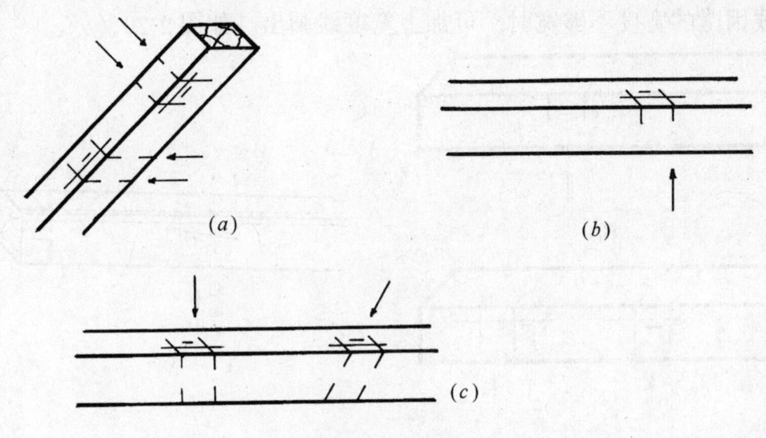

图 2-17　花线

（*a*）透榫花线；（*b*）半榫花线；（*c*）斜榫花线

2. 与榫头和榫眼一起使用的花线，如图 2-18（*a*）、(*b*)。

3. 用于榫肩俊角花线的使用和用于榫肩插肩结构中起线花线的表示，如图 2-18（*c*）、(*d*)。

4. 制作面板榫肩时的花线使用，如图 2-18（*e*）。

5. 制作面板钻眼时的单花线表示要钻透，如图 2-18（*f*）。

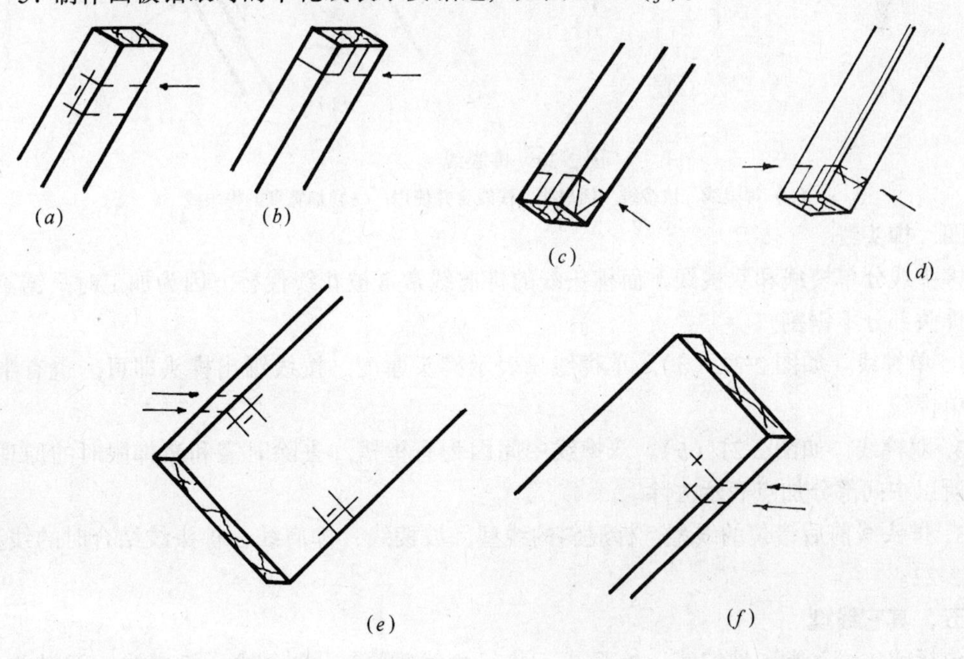

图 2-18　花线交叉使用

（*a*）与榫眼线一起使用；（*b*）与榫头线一起使用；（*c*）与俊角线一起使用；

（*d*）与插肩线一起使用；（*e*）面板榫眼线与花线；（*f*）面板钻空线与花线

三、榫眼线

榫眼线是决定榫眼的长短、方向、位置范围的线型。对于宽度以凿的大小为准。

1．榫眼线平行于框棱为直榫，离框棱的边线多成为平行线，也叫前皮线。有时也有斜榫的，前皮线也就是形成了斜度，如图 2-19。

2．榫眼线常常与花线坡棱线、槽线插肩俊角线合并使用，如图 2-20（*a*）。

3．榫眼线因凿的宽度不够宽时，可加上宽度线画出，如图 2-20（*b*）。

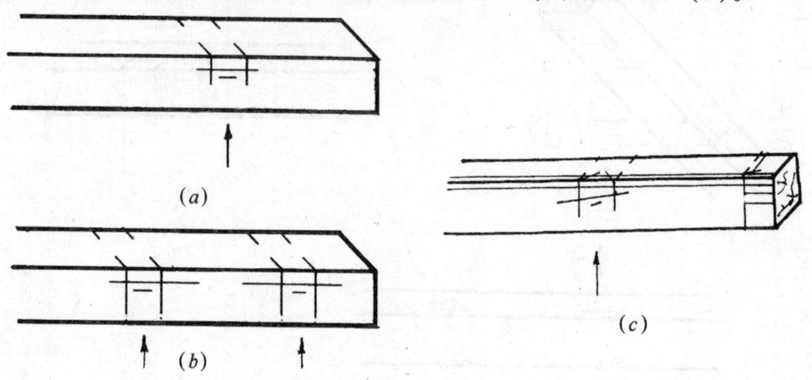

图 2-19　榫眼线（一）

（*a*）直榫；（*b*）两榫眼平行；（*c*）斜榫眼线

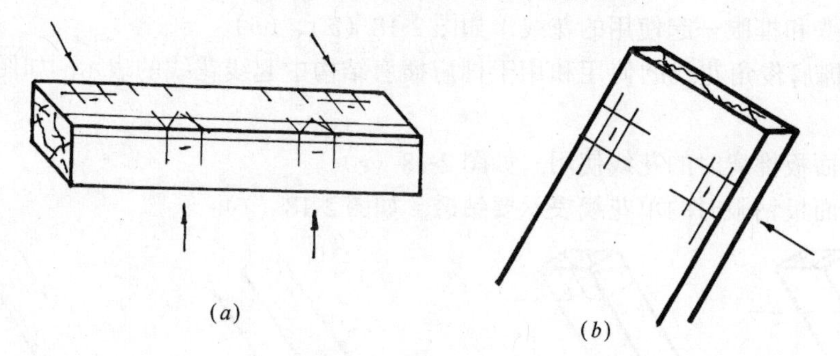

图 2-20　榫眼线（二）

（*a*）榫眼线、坡棱线、插肩线、槽线合并使用；（*b*）加宽度的榫眼线

四、榫头线

榫头线分单棱线和双棱线。而榫头线的榫肩线常常被花线代替，因为加工时只锯割榫肩而榫头部分不锯割。

1．单榫线，如图 2-21（*a*）。单榫线只表示榫头厚度，按线锯出榫头即可，也有半榫头的单榫线。

2．双榫线，如图 2-21（*b*）。双榫线中间因为有榫槽，去除时需和凿榫眼时的原理一样，所以中间部分加点表示去除。

3．榫头线前后错位的线型，榫肩斜的线型，坡棱线、榫肩线、榫头线结合时的线型，如图 2-22。

五、其它线型

包括前皮线（常和坡棱线、榫眼线、装板槽线重合）、裁台线；板槽线、下料曲线、俊角榫线、俊角眼线、榫头大进小出线、钻孔中心线、交叉花线等。

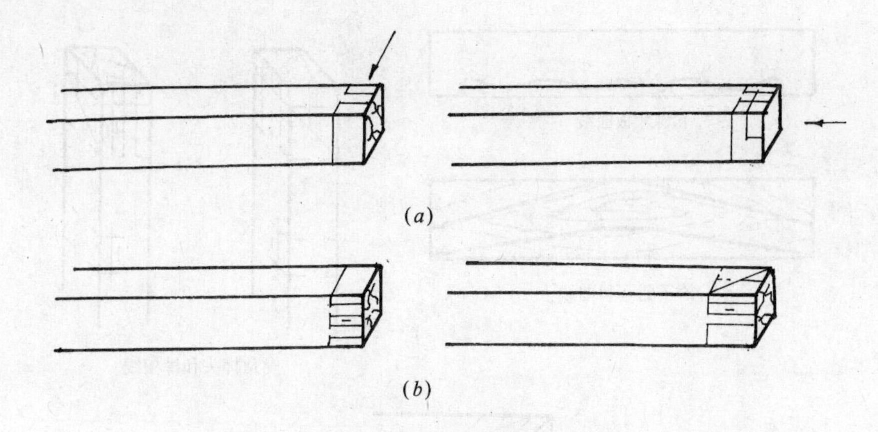

图 2-21　榫头线（一）

（*a*）单榫头线与半榫头线；（*b*）双榫头线与俊角双榫头线

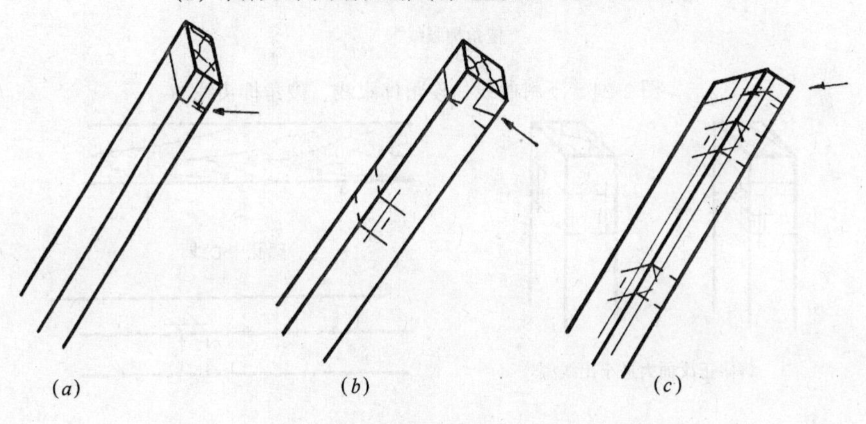

图 2-22　榫头线（二）

（*a*）前后榫肩错位线型；（*b*）榫肩前后呈斜形线型；（*c*）榫肩带插肩线型

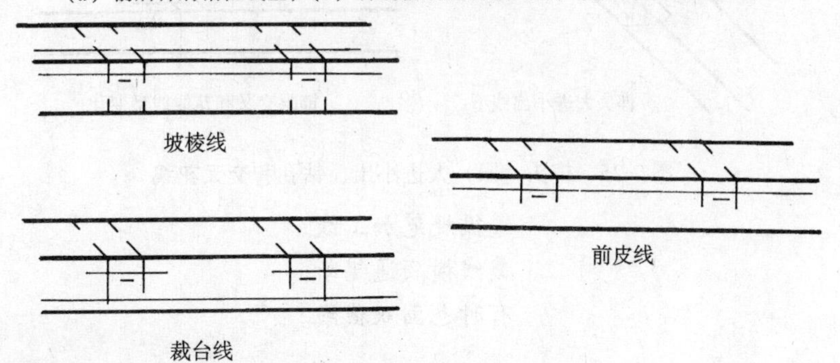

图 2-23　坡棱线、裁台线、前皮线

1. 坡棱线、裁台线、前皮线，如图 2-23。
2. 下料曲线、俊角榫眼线、俊角榫头线，如图 2-24。
3. 榫头（眼）大进小出线、钻孔中心线、交叉花线，如图 2-25。

口　诀：

锯凿榫眼和起线，

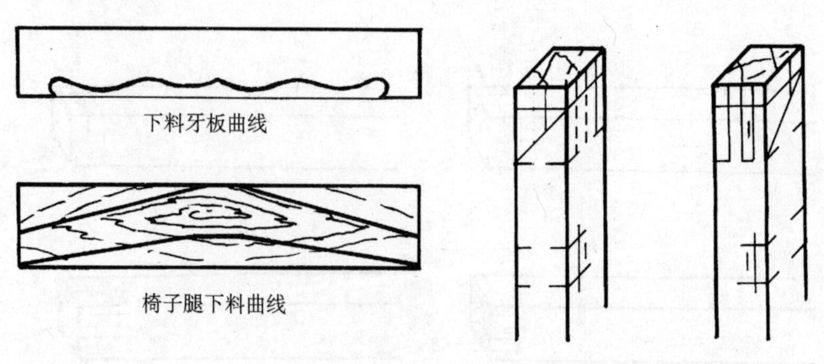

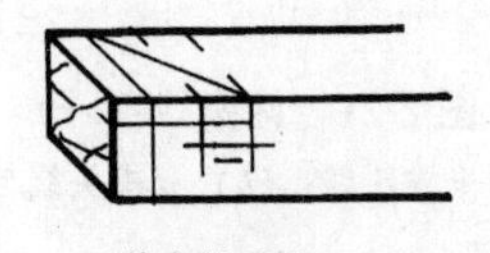

图 2-24　下料曲线、俊角榫眼线、俊角榫头线

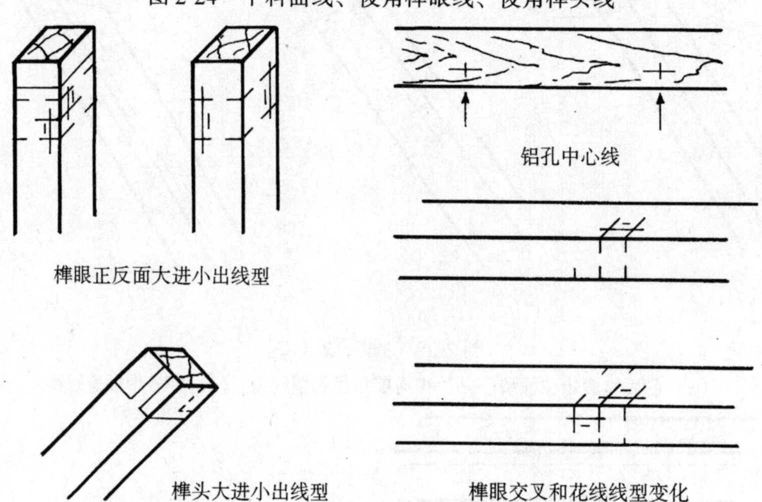

图 2-25　榫头（眼）大进小出、钻孔和交叉花线

遵循规范加工线。
截线横顺通锯断，
有时也画双截线。

花线常为方向线，
引到大面和小面。
榫眼线不能画通线，
榫头线分单双线。
槽线重合前皮线，
榫眼俊角交花线。

第八节　木结构画线顺序和实例

一、木结构常用的画线顺序

1. 准备工具。角尺、木折尺、斜尺、铅笔等，如果工艺要求特别细，要求误差特别小的时候，铅笔可改用划线刀。

2. 正确排料。就是刨出的每根框料，一一排放整齐，略带有弯度的框料应对称（相对）排放。弯料的弯度要向里，可作为框料的里面或后面才算排放合理。排放框料时还应根据画线需用的长度，根据框料各部分材质好坏，尽量避开节子和缺损地方画榫眼。

3. 正确把握划线的次序。按顺序进行画线，其规律是：先竖料（腿料），后卧料（横料）；先画榫眼料，后画榫头料；画大面想后面；画小面想里面；先画两头线，后画中间线；画竖料看卧料（指卧料的宽厚度），画卧料想竖料；画榫眼想榫头，画榫头想榫眼；注意框角结合处，互相错位对清楚；大进小出锯榫头，朝前框料榫向上，侧面框料榫向下；凳板、装板，搞清楚。

技术熟练后，只要能分清大面小面，前面后面。画线的先后可以不受一定的限制。

二、画线实例

（一）中门大衣柜四条腿的画线

首先要排放整齐，把节子或缺损部位大概避开榫眼放置。其次是先画四条腿料上下角结合的部位，即柜料的两头，然后分层次，按顺序画出中间不同部位的交叉榫眼，最后用画线器拖画出前皮线。衣柜四条腿画线见图 2-26 所示。

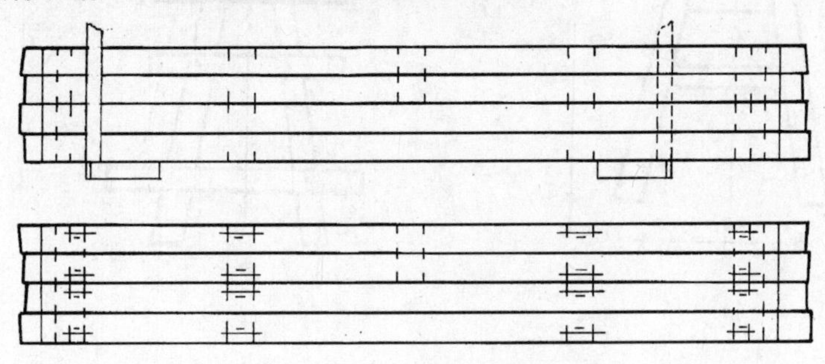

图 2-26　衣柜四条腿画线

（二）靠背椅腿画线

对称拼对，对称画线。首先画出直料面上的榫眼线，其次，弯度方向的中间和下部分的斜榫花线可用样板尺靠弯度处画出。也可用斜尺的斜度样画出，还可以按腿的倾斜度比例计算出榫眼处的斜度，用斜尺画出，如图 2-27 所示。

（三）四叉凳的画线技法

需设计凳子的大小尺寸；计算斜度尺寸；画线；放样画线。

1. 设计凳子的大小尺寸。凳面长 350mm，宽 170mm，凳面厚度 30mm，凳子高度 450mm，正面腿向外叉开 290mm，侧面腿向外叉开 300mm，如图 2-28（*a*）。

2. 计算凳子的斜度尺寸。正面腿向外叉开尺寸是根据凳面榫眼端头留 70mm，向内画榫眼宽度线。过斜花线的榫眼线到凳子面下面，斜度习惯上常以大约 1∶0.2 比例画出。侧

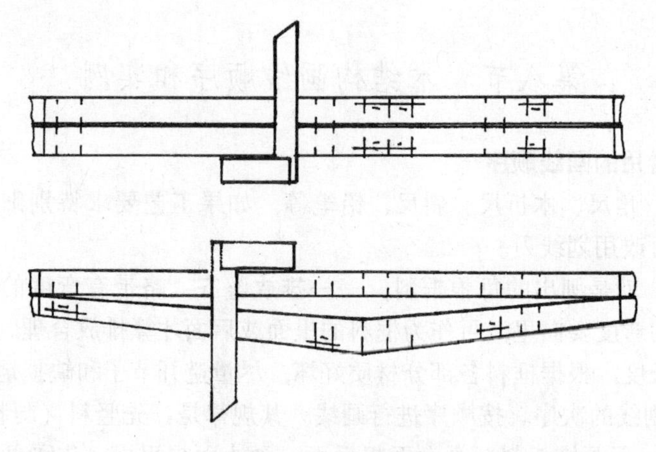

图 2-27　椅腿画线

面腿外斜尺寸是根据凳面榫眼离边棱 50mm，画榫眼前皮线的。上面 50mm，画线后过花线斜度按大约 1∶0.17 的比例画出下面的榫眼前皮线。正面凳腿拉框榫眼的位置在离地面 50mm 处做榫。侧面拉框长度和凳面宽度一样，保证两凳子相垒略松不得损坏或叉开拉框。这样画线的斜度可按以上两个比例推算也可。

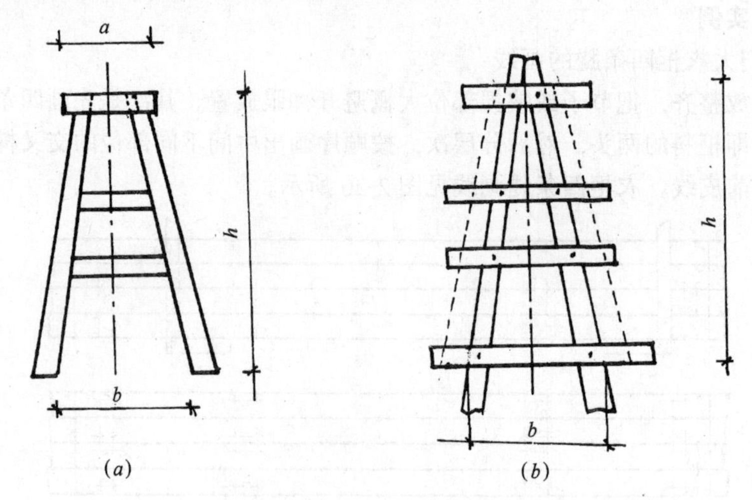

图 2-28　四叉凳斜势画线与样板

(a) 斜势；(b) 样板

3. 画线和放样画线。因四叉凳腿向四个方向倾斜，画线要将腿料对称画线。画倾斜度时正面一个样，侧面又一个样，要分清楚，细心画出不得混淆。放样画线是讲加工量大时可把四叉凳正侧面的斜势，分别画于一块板面上，就连其拉框长度也精确画出，这就是放样。放样后要加工出腿料和拉框宽窄相仿的薄板，然后用钉子按放出的大样，按着腿料和拉框的位置，钉成一个承叉开形的木架子。这样腿和拉框即可经过木架子样板画出榫眼和榫头的合适位置。

四叉凳画线顺序是：

(1) 作中心线；

(2) 在中心线上端画出凳面的宽度和厚度；

(3) 确定凳腿高度和两腿叉开的尺寸；

（4）画出两腿叉开线尺寸，即拉框线，要求凳面宽度应等于拉框的长度，如图 2-28（*b*）。

用斜尺取各部分的斜势画出榫眼、榫肩斜势，或用薄木板按样钉木架，把腿框料靠于木架子上一并画线。

口　诀：

画线应备全工具，
每根框料排整齐。
弯料相对弯向内，
节子缺陷要朝里。

进行画线有顺序，
按着程序找规律。
竖料腿料应先画，
长短画齐卯（榫眼）错位。
再画横料和侧料，
横竖配合宽厚齐。
榫（榫头）卯错位对清楚，
注意框架角结处。

分清大面和小面，
大面小面应起线。
要画后面和里面，
是否凿透看花线。

如若榫卯带斜度，
斜度比例按样走。
方凳椅子和木柜，
四叉凳斜势放样求。

第九节　木工雕刻绘画与放大样

木工雕刻绘画是一种艺术。初学者必须多画多练，掌握一定的基本画法及规律。

1. 多方采样，吸取众艺所长。如泥塑、石雕、玉雕等方面，只要是木雕适用的图案，就一定要取样画出，以备自用。

2. 装饰点缀。木雕在建筑中如斗拱，其雕刻是拱的扩展点缀，即成为昂的雕饰。门隔扇的雕刻，家具牙板的雕刻，望板的雕刻，窗棂花结（俗称色垫）的雕刻多以固定样式和纹样模花加工。只要一种图案定型，存放其样张，可连续使用。

3. 起草图。木工自画自制，按着雕刻工艺的规律，按着木构件所要的尺寸大小，自己画人、画花鸟、画风景、画祥云及其它图案，按需放大和缩小加工。起草图后归类存放待用。

起草图后进行放样是一门绘画工艺，历史上的工匠们各有自己的独自风格。通过拜师学艺自然成为名师出高徒，各有技巧，各有其长。

按着雕刻的目的进行绘画放大样，对人物、花草、动物、鱼虫等吉祥物描绘在宣纸上，并放大后用毛笔或铅笔勾画，或者做样板锯出，作为备用。

大样按加工尺寸画好后，把雕刻件刨光，加工成需要的尺寸形状，用砂纸磨光，然后把供香点燃后熄灭，在大样上用黑色香头在背面细细描绘一遍，准确地把描绘的图案对准雕刻件，牢牢地按下，按实多压抹几下，使图案印在雕刻件的木料上以便刻制。

口 诀：

木工雕刻学绘画，
取众之长多采样。
装饰点缀斗拱处，
门窗隔扇装板镶。

垂柱雀替或挂落，
窗棂花结多式样。
家具框门多雕饰，
柜顶底座要大方。
框角空处衬牙板，
人物花鸟动物装。

适应选取大小样，
绘画技巧各其长。
雕花刨光取形状，
图案印于雕件上。

第十节 木工雕刻的设计构思

雕刻的设计构思是对产品模型的设计，是雕刻画线加工的前提条件，它是通过木工基本的做工，理论基础知识的学习与提高，再通过实践中敏锐观察，高度记忆和丰富想象力的发挥，才可取得好的效果。当然构思和造型相联系，但构思是造型的前提。

构思如果一经确定，整个轮廓的结构和关联部位就有了要求。例如基本木结构的架子做工、线型要求、比例尺寸、榫眼结合要求、特殊部位或是异型部件的加工制作手法等等。充分想象上面、下面、前面、后面、腿脚部分和配制雕刻轮廓的图案要求等等。这些，都需有熟练的木工基本功和有雕刻的刀工技巧构思来完成的。

雕刻图案同样要进行构思，特别应选取丰富的生活创作主题。“没有最好，只有更好”，好的雕刻制品多，你的构思效果就会更好，并能达到一定的艺术方面的审美要求。

因为雕刻是从样式、造型、形态修饰的点缀和完善方面进行美学加工的。因此要求木工平时多观察、多画、多练、多实干，并且进行全面的艺术构思修养，才能使雕刻艺术完善和创造出美的效果。

雕刻构思分整体构思和局部构思。整体构思是通过对整个制品效果的构思。如每道工序、整体组合线型要求；结构组合；表现手法的选择和立意；还有形式及材料的选择。局部构思是对制品部分的点缀和处理技巧的构思。如家具中牙板、顶帽腿形。又如建筑中梁、柱中的雀替、斗拱、镶板等方面。

构思是人脑的一种创造性思维活动。思维活动受时代、社会的客观制约，并随着雕刻行业的社会发展而发生着变化。木工雕刻的社会实践经验越丰富，理论知识越多，智力因素越敏锐，其构思能力和想象力就越强。就能把自身的感觉、形象、记忆、感情的观察和体验转化为技艺的形象，并如实得到表现。

构思要思路正确，要有目标的观察。正确的思路是学习传统手法的长处，学习同行业技术人员的长处，用新的观点，取舍、提炼、添补或进行新的创造，形成去粗取精，去伪存真，从而完善雕刻制品。不正确的思路是一味的模仿，采用俗套和陈旧落后的方式远远落于别人后面。由此，如果要仿古不能一味的模仿，贵在继承其有用的艺术风格，不断的仿古过程应当是不断地完善和发展的过程。

构思需要想象，想象能力越强，越定向，才能使艺术素材进行人脑构思再创造。不论整体构思还是局部构思的点缀、加工。木工雕刻制品往往是从想象的基础上产生。例如，喜鹊与梅花的组合雕刻图案，镶于门框的门楣上。叫“喜上眉稍”。给人以具像性的感觉。又如蝙蝠与桃的组合雕刻图案，叫“蟠桃献寿”，镶装于窗棂上。还有室内常陈设的八仙桌的图案等等。这就成为完善的实用技术。

构思还要和选料总体结合，好的构思应该是设计式样的初步和再进行材料的选择和搭配。但木材品种的优劣；木材强度的软硬；木材材质的细腻；木材的变异性等等，能和设计造型紧密联系，就可以达到优美造型和丰富质感的形象画面。构思要和选材的总体紧密联系，构思还要表现或产生恰到好处的剽悍之感。

口　诀：

产品设计先构思，
构思造型是前提。
轮廓部位相联系，
面面俱到各部位。

雕刻图案巧构思，
画练实干勤奋记。
整体局部立意深，
思维活动转化地。

思维正确有目标，
百行之长我善挑。

想象能力越定向，
联系选材越形象。

第十一节　木雕艺术造型

木雕的艺术造型是雕刻画线基础的关键环节。好的造型表现效果准确，达到精雕的艺术效果，并给人以神情画意，大小均衡，点线形真的感染力，使人耐看耐用。

木雕造型分为人物造型、建筑造型和家具造型。

一、人物造型

人物造型原指佛像造型，戏曲人物造型。但艺术源于生活，还得根据现实生活去构思人物造型。

人物造型要了解人物的背景，熟悉人物的生活，突出人物的性格，这虽然是文学的要求，这里同样能指导木雕艺术的加工。

背景的不同，立意构思不同，造型就有差别。例如木工推木料和锯木料的动作，始终保持同样的往返推拉姿势，是身姿活动和巧妙用力形成的，也是很规则的技巧动态。而婴儿初学走步东倒西歪则是不规则的动态。又如古人物全身站立一般是七头半高，全身坐姿一般是五头高，半身坐姿一般为四头高，全身蹲姿一般为三头半高，头的下巴至乳头处的高度等于一头高，乳头至肚脐或腰带处也等于一头高，坐姿腰带至坐底盘还等于一头高。这种造型尺寸的普遍性一直在加工技术中得以运用，见图2-29。

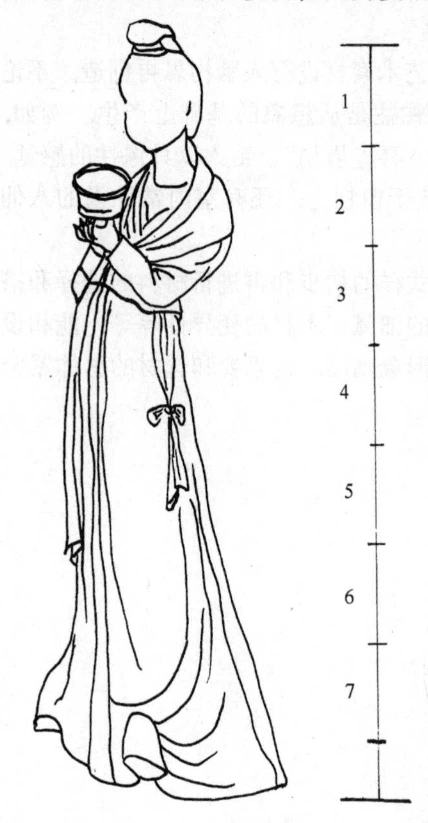

图2-29　人体雕刻比例

人物的生活、人物的性格决定形象的典型特点。人有其情，又有其质，并有其形，还有其口。木工雕刻同样需要表现人物的形象。实践中掌握其规律的一面了解其个性的特征，用艺术的手法绘制，用精巧的刀功进行刻画，就能敏感而准确地把握其特点。比如，人的表情变化是由面部表情肌肉牵动五官，就产生了表情特征。俗有“画人笑，眼角下弯嘴上翘；画人哭，眉皱垂眼嘴下落；画人怒，眼圆落嘴眉皱吊；画人伟，风度严谨眼神好”。这种人的表情特点常常运用于制作艺术中。

人物造型除高度外还要掌握其他部位的比例。例如以鼻子长为标准，人的脸形长度一般是鼻子高度的三倍。例如以眼的宽为标准，脸形的宽度常常是五个眼睛的宽度，见图2-30。脸的四点常保持一样高平，即前额、下巴和左右两个颧骨还常常呈现为一样高平，不凸不凹的情况。胳臂的长度一般是肩头至手腕处两头长，手长和脸长相仿。个子高大的人物只把腿稍加长即可，发型还要高低分明。

人物造型男女有别，画线画样时要男人肩宽脖短，手短粗大，腰腿粗壮。人物的环境不同、地位不同，性格和表情也不相同。如诸葛亮的雕像常是刚毅、聪明、稳健、智慧。孙悟空应是机智、多变、灵活、好斗。李逵应是双眼圆瞪、怒气的神态。画线画样时塑造美的人物应与真人相似并且要传神，其风度气质的刻画应严谨。女人造型一般肩胯相同宽，而且肩窄下垂，瓜子脸，臀宽腰细脖子长，大腿丰满不能胖，头发松散有动感，神态双目带柔情。表现出体态苗条，其气质、风度、个性的差别。

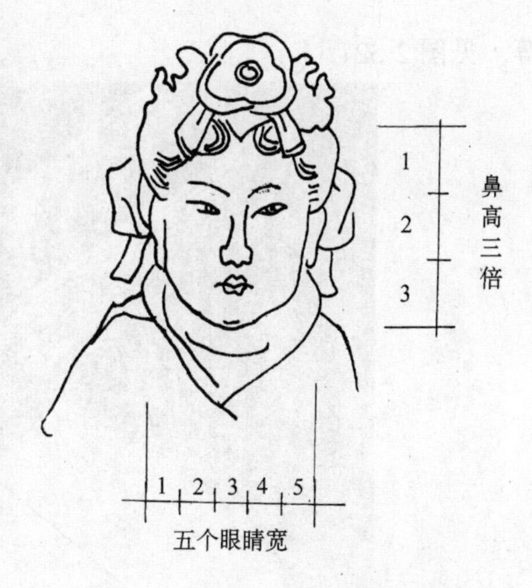

图 2-30　人头五官在脸部的比例

木工雕刻的造型艺术一定要立意深、构思巧妙、刀功灵活。从心灵深处潜移默化勾画出雕像大致轮廓。经过大脑在日常生活中对人物形态、神形的观察和概括，采用分散处理、综合加工、重新创新的艺术手法，有感情地着意刻画，使思想性、艺术性和形与神融为一体，使深邃的意境，巧妙的慧眼和高超的技艺以及协调的刀功让人物造型有活力、有生命。

当然雕刻人物造型画线时还要选定木料的粗细配合。有的人物造型身体和四肢不同部位连接的加粗和加长，以及加弯等方面还需画线加工合理、结构合理、经久耐存。

二、建筑造型

建筑造型一般以清式营造传统方式为例。除了解建筑中木作的构造，连接方式的画线，还要根据其造价的多少进行雕刻镶嵌，或者略施雕花画线。

建筑的造型一般为三种。用于宗教膜拜或先贤之用的殿庭，结构复杂雕饰华丽。用于富豪、商贾、名人的楼厅和厅堂，其雕饰较繁，镶嵌装修应有尽有。用于民居的平房、富裕之家垂花门楼、墙门、飞罩等多加雕饰。

建筑造型的雕饰表现在斗拱的部分。以流空花卉的吉祥图案表现于民居和祠堂角拱处，以风头昂的吉祥图案表现于门楼、照墙、牌楼的斗拱处，以鞋头昂表现于庙宇正殿式牌楼的斗拱处。

建筑造型雕饰部位主要表现于以下部分：

——亮拱处的鞋麻板流空雕花；

——承梓檩拱端的麻叶云头，见图 2-31；

——水戗竖带三寸岩下回纹花饰；

——墙门上下枋中央锦袱垫木雕刻部分；

——斗拱延伸下垂的昂端雕鞋脚状、凤头状、金鱼及鱼龙状、花卉等；

——梁垫的前部雕花卉、植物等图案，如龙头、牡丹、兰花、吉祥物等；

——落地罩。柱间和枋下的网络镂空处，两端下垂落地的棱花、方、圆、八角等形状；

——挂落。柱间和枋下似网络镂空，两端下垂不落地，装饰一定的雕花图案，见图2-32；

——雀替。对称镶于柱与枋两角间。雕虎头图案、宝瓶如意、二龙戏珠、凤凰戏牡丹等图案，见图 2-31；

——挂芽。荷花柱头上端两旁的耳形饰物雕花板，常雕有宝瓶、文房四宝、八仙器物等，见图2-32；

图2-31 雀替和麻叶云头

图2-32 挂落和挂芽

——柱头。墙门枋子两端下垂雕花状短柱的端头，也可镂空雕饰，见图2-33；

——门、窗下裙板、中夹堂板和大梁底两旁蒲鞋头的雕花。

——垛头的中部兜肚雕刻花纹；

——用于栏杆及窗的空档需雕的花结（北方叫色垫），见图2-34、图2-35、图2-36；

——两牌科间雕刻镂空花卉的垫拱板；

——用于起线装饰的木角线、浑面、亚面木线条。

建筑造型雕饰应根据建筑的施工要求和设计制作雕刻饰品图案，还要考虑雕饰取样新颖、符号传统要求，符合技术要求，符合结构尺寸。刀工表现技巧要线条清晰、深浅均匀、图像有艺术感染力，给人以神奇美。

图 2-33　柱头

图 2-34　花结（一）

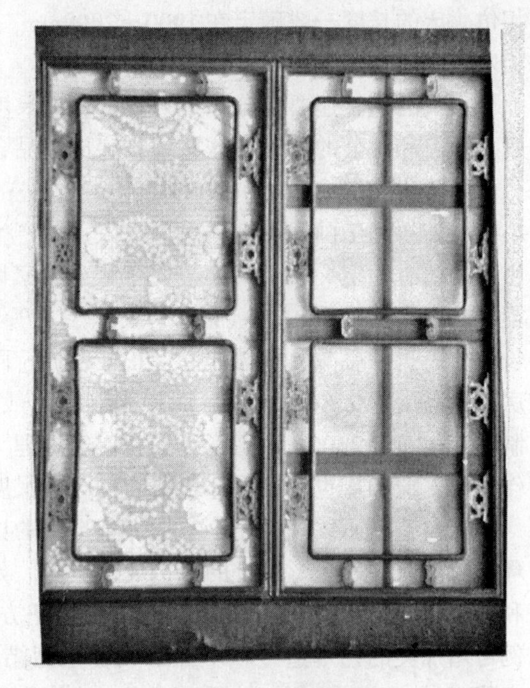

图 2-35　花结（二）

三、家具造型

家具造型要按照人们的习惯，人们的环境条件和实际需求，雕刻加工画线前必须按照利用材料和设计规范考虑其表现效果，达到选材与用材的统一，结构与造型的统一，实用性与艺术性的统一。

图 2-36　花结（三）

家具造型达到选材与用材的统一，是为了既要发挥材料性能，又要表现材料质地的纹美和本色。如红木家具、花梨木家具、核桃木家具、楠木樟木等家具，要表现材质坚实和色泽鲜润的特色。

在用材上，选取看面进行粗细尺寸恰如其分的随形处理。要求严实的榫卯结构、严丝合缝装心板和俊角结构，发挥材料性能的自然美。

家具造型表现在框架结构方面。主体轮廓合理优美，而在结构上或是勾挂榫结合，或是牵连支托加固，或是半隐式支撑，从造型上应不失其结构的受力强度，衬托出家具的稳定和秀气感，并要体现结构与造型统一。

家具造型要充分掌握人体的合理尺寸。家具的使用对象是人，家具的高低、宽窄无一不和人体的合理使用有关，这就需要比例适中以及实用性与艺术性的统一。

古时的家具和人体尺寸从来都有联系。从盘腿而坐用的几案，到卧室用的床榻，又到储物用的柜子。古代的家具，其高低大小尺寸普遍是恰当的。俗有“尺八二尺八，凳桌走天下”，还有“尺七二尺七，坐着正好吃”等等。虽然较夸张，但这是古时的尺寸，指凳高1.8尺，桌高2.8尺。但到50年代和60年代新的尺寸变为“尺六二尺六”。随着家具和人体尺度的研究和发展，按照我国成年人男女平均高度在1.62m左右测算，椅凳高度一般确定在430～450mm之间；桌子高度确定在750～780mm之间；床的高度和凳高基本相仿，床的长度一般确定在1900～2000mm之间。这部分家具尺寸以经验值的比例已趋于相对稳定状态。

家具的造型还要充分掌握环境的合理尺度。环境指人们的活动场所，也就是住房和娱乐、学习和办公的场所，这些地方存放物品合理使用的状况。

现阶段住房的宽度一般在3000～4000mm左右，室内放床2000mm长，留有空地就较小了，如果加工画线做柜子太厚或太大就产生笨重和进出困难的现象。另外家具造型也和出入进门有一定关联，太大、太厚笨重的家具连门和楼梯都进不去是不能使用的。旧时的柜子一般厚度是530mm（1尺6寸），这个厚度恰巧是我们存放被褥的恰当宽度，因为2m长被子三折一叠减去叠被的厚度正好存放，而且柜子厚度出入房门搬动也很方便。现住楼房一般高度为2.8～3m高，而柜子制作一般为1800～1850mm高。但组合柜的最高一般制作在2300～2500mm高度范围就比较合理，这同样就和人体尺度的存放取物相联系。制作沙发、椅和床也应根据环境要求的合理尺度能上下楼梯或出入房门才能合理。

家具造型画线还要充分掌握加工造型的比例。合理的比例关系和人体尺度有关，也和环境尺度有关。但形状上的比例要求更美，如古希腊毕达哥拉斯学派认为“美就是比例的和谐”。他们在建筑结构中发现长方形比正方形更美，家具造型也多为长方形。正确的比例可增加美的艺术造型。木工雕刻在造型结构中，对抽屉的宽度俗语有“宽不超4寸”，意指超过4寸，比例就笨了。还有对坐宽和肩宽的俗话有“一尺三，肩靠肩，一尺四，不用试”等。当然加工造型的比例还要按现阶段在设计技术中对人体点面线的舒适程度进行研究和适度调整，还要按设计中的模数制或标准化规范进行研究加工。

合理的比例要满足舒适程度和结构造型的加工，才能使实用和美观有机地相结合。追求实用而不讲美观的家具无意义，但只讲美观而妨碍使用也不可取。木工雕刻家具属传统雕刻艺术，木雕图案的优美装饰仍然要和使用上的舒适以及结构造型的合理相联系。

家具造型画线必须考虑繁简得当。我国传统风格的木雕家具繁而有雅，简洁而协调，其艺术风格、造型及色彩等，应该同周围环境建筑物协调一致，统一起来。

如果是古典风格的庭园房屋，制作的木雕艺术造型应繁简得当，和环境相吻合。如果现代风格的楼房，就应考虑点、线、面风格的简洁，恰到好处。例如圆柔的腿柜，简雕的镶板。又如，配以朴实大方的雕座镜屏，给人以典雅别致和庄重之感。如果是单件木雕家具，就应该注意现代气派的流行，又有艺术雕功的美感。这就是木雕造型在某种情况下，艺术价值将远远大于使用价值的说法。

家具雕刻造型的表现内容大致包括以下几点（参考第二篇第十章家具图谱）：

1．表现在腿脚形状上：以老虎腿、狮子腿等的兽腿脚形。以罗锅腿、圆线并行腿、天鹅脚腿、曲线弯雕腿、竹节纹等雕饰的腿脚形。

2．表现在束腰形状上：多为富贵不断头的回纹、工字纹、如意纹、万字纹、云纹等等。网板形状有花结、回纹托角花牙板、骨嵌和玉嵌点缀的浮雕等图。还有卷草雕花和寿桃佛手等枝叶穿插的吉祥图。但是这些造型图必须符合加工中起到托角、网板、束腰的拉接作用和榫卯结构上的严谨，以及使用功能上的比例得当。

3. 表现在椅子的靠背和扶手方面：整体造型骨格应多样化和着意刻画，要求结构符合力学要求，尺寸得体，并易于榫卯连接。按实际需要点缀雕刻处，进行造型设计的表现，并与腿脚的部位图案协调，疏密相间。

4. 表现在镜屏方面：有穿衣镜、托月镜、大屏风镜、坐屏等。其座底简练壮实，座身的立柱、站牙、托角和单瓶座的造型更应该多使用玲珑雕刻，顶帽和楣板等进行浮雕或剔透雕刻。

5. 表现在柜子方面：镶装板、抽屉板、柜门柜面部多做浮雕图案，但柜顶和腿角网板或牙板雕刻，应不拘一格，相得益彰。

总之，雕刻家具在造型画线方面还应联系受力状况，在横竖交接支撑点部位，制作一些必要的卷口、牙板、牙条等装饰配合。

当然，家具造型还应从形态的点、线、面立体方面进行分析，还应从色彩产生影响方面加以恰当运用，这里不作叙述。

口　诀：

造型画线是关键，
人物建筑家具全。
了解熟悉人性格，
准确把握精巧刻。

“雕人笑，眼角下弯嘴上翘。
雕人哭，眉皱垂眼嘴下落。
雕人怒，眼圆落嘴眉皱吊。
雕人伟，风度严谨眼神好。”

建筑造型要大方，
殿厅民居和厅堂。
传统雅俗适可取，
雕饰新现取精样。

家具造型看习惯，
材料艺术双表现。
人体尺度实用性，
住房环境也关联。

画美比例多长形，
实用艺术科学性。
繁简得当点缀配，
娴熟手法雕到位。

第三章　雕刻锯割基础

雕刻锯割基础是锯材和制作加工的重要部分。从小的雕花到大的梁柱雕刻都必须掌握锯割基础知识，包括锯割工具——锯；锯的种类；框锯的构成；框锯的制作方法；拨料锉齿方法；机械锯——圆锯机；圆锯机的操作；圆锯机的拨料锉齿；圆锯机的故障处理；机械锯——带锯机；带锯机的操作；带锯机常见故障的原因。

第一节　锯割工具——锯

锯是一种由金属钢片制成的多刃切割木材的工具。条状的叫锯条，片状的叫锯片。

锯可以把木材锯割成各种形状，有利于雕刻加工，或达到木构件需要的尺寸。锯进行锯割的过程，就是锯齿在直线形式或在曲线形式的轻压推进运动中，对雕刻木材快速切割的工作过程。锯割的目的就是把木材纵向锯开或者横向截断。锯割过程中，锯条的锯齿不断切割木材，木材对锯齿也产生较大的挤压力，由此，锯条必须具备抵抗挤压力强度，具备齿刃切削力的韧性。强度高的锯条张紧力好，在锯割过程中锯身的不变形。韧性好的锯条有一定的可塑性和耐热性，齿刃不会变钝。所以选择锯条时，既要选择钢性好的锯条，又要选择韧性处理好的锯条。例如手工锯条常用碳素工具钢制成，其钢性和热处理都较好；圆锯片选用合金工具钢制成，能符合圆锯片工作特性；带锯条选用铬钨锰合金钢制成，其钢性和硬度比较适中。

口　诀：

锯是雕刻多刃具，
锯割木材轻压挤。
钢性韧性选好锯，
工欲善事利其器。

第二节　雕刻用锯的种类

从现阶段木工雕刻生产特点来看，一是传统工艺生产状态还需要手工工具；二是机械化生产的刃磨、修理和维护技术，都和手工工具的维护技术原理相一致。因此，了解锯的种类，熟悉手工锯的性能，且善于正确使用，有利于提高工艺水平。

雕刻锯子的种类如表3-1。一般从利用形式上分为三类：①常用锯（也叫框锯，见图3-1）；②专用锯（图3-2）；③机械锯。常用锯是木工施工中经常使用的手工锯。专用锯是木工专门利用锯割各种形状产品的锯子。机械锯常用于板材加工，还有专用于锯割各种雕刻形式的专用机械锯。

锯的种类 **表 3-1**

类别	名称	锯名	用途
常用锯（框锯）	粗齿锯 650～750mm	顺锯	用于纵向锯割较厚木板的锯
		截锯	用于横向锯割较厚木板的锯（干燥材有时用顺锯代替）
	中齿锯 550～700mm	中锯（齿形小）	用于开榫、锯榫扇或较小工件的锯割（其齿形角度和锯路拨料要适应纵横锯割）
	弯锯 粗齿锯 550～650mm	削 锯	用于锯割大型圆弧及曲线形状的工件（也可用弯锯代替细齿锯）
	弯锯 细齿锯 450～500mm	绕 锯	用于锯割圆弧和曲线形状的细加工
		钢丝锯	用于锯割小圆弧及曲线形状的雕刻工件，木家具中多用于锯割箱榫或门窗装修中的窗棂和插肩等
专用锯	纵向 1000～1300mm	大 锯	用于圆木或木材锯成板材，供双人推拉锯割（料路中无中齿）
		板 锯	用于圆木或大板材锯成板材，供双人上提下拉（料路因齿形特大，齿尖用锤钉齿）锯木板比大锯快
	横向	龙锯 900～1800mm	龙锯锯片呈弧形，锯齿由中部向两端斜分作用于圆木截断或锯树用，供两人来回拉锯进行锯割。多用于截柱、梁、枋
		大刀锯	用于锯割框锯不易锯割的木料
	平板锯（也叫开箱锯）		用于开箱盖或较宽木板的锯割
	搜 锯		用于拼板结合开燕尾槽锯割
	小 刀 锯		用于榫肩部位合对严实等加工工艺
机械锯	圆 锯 机		略
	带 锯 机		略

口 诀：

雕刻锯子分三类，
常用专用机械锯。

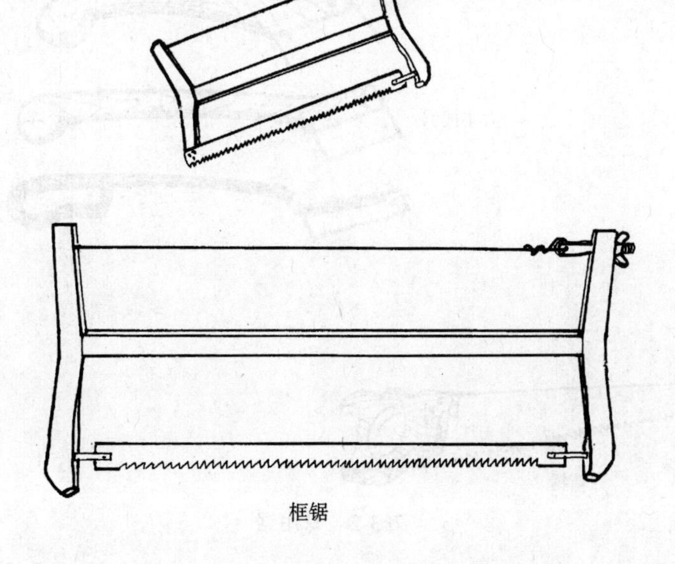

框锯

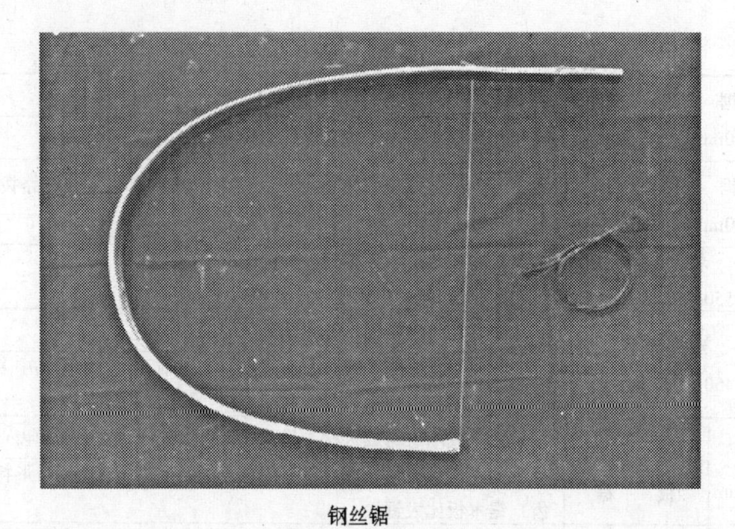

钢丝锯

图 3-1　常用锯

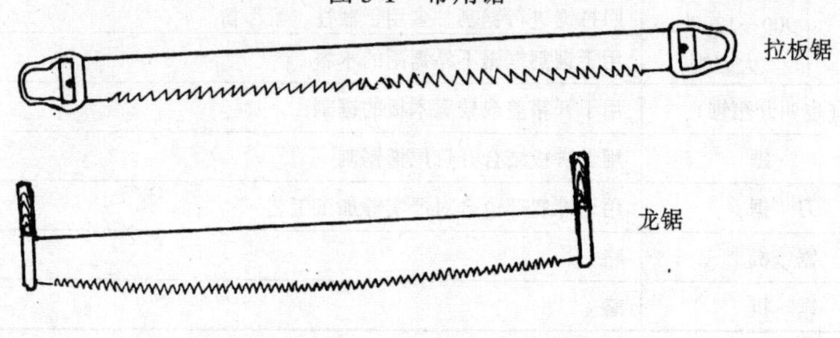

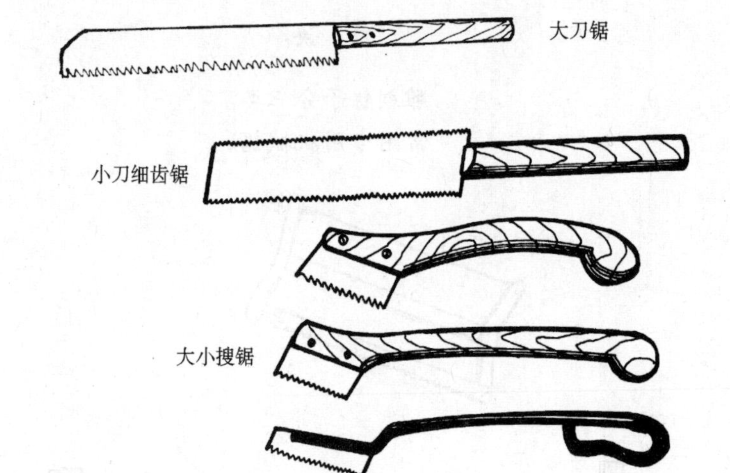

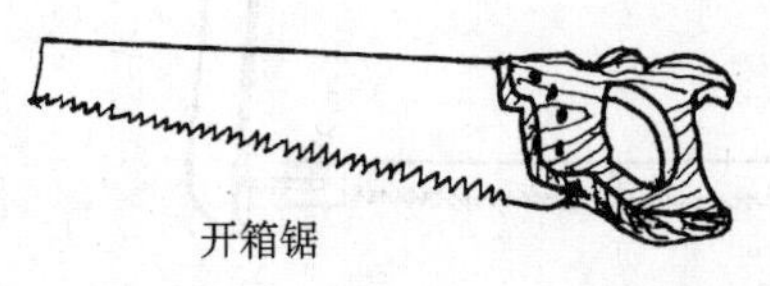

图 3-2　专用锯

常用顺截中齿锯，
削锯绕锯钢丝锯。
专用大、板和龙锯，
箱锯、搜锯、小刀锯。
机械圆锯和带锯，
熟悉性能和工艺。

第三节　框锯的构成

框锯是由锯梁支承上下锯拐，受张紧铁丝的拉力，把锯条张紧，其构成见图 3-1。

锯条固定在锯架上，由锯钮的扭转调整锯割方向或锯条与锯拐的操作角度，锯螺丝可放松或旋紧锯条进行锯割。

锯钮和锯螺丝的规格，一般为 6mm、8mm、10mm、12mm 几种规格，根据锯子长短可任意选用。一般中锯选用 8mm；小锯 6～8mm；较大锯选 10mm；特大锯 12mm 的。张紧铁丝的选用，可按锯螺丝一端的孔眼大小选 8 号或 10 号铁丝，粗细以紧紧穿入孔眼中为宜，另一端头弯曲钉入木料中。张紧铁丝太细容易被张紧螺丝扭转拉长，或不能张紧锯条。张紧铁丝太粗容易损坏锯条或框架。所以，张紧铁丝选用一定要合适。

框锯用后应松开锯螺丝，放松张紧力量，这样才能保证锯拐和锯梁不变形。

口　诀：

常用框锯手工锯，
锯条张紧拧螺丝。
锯拐锯梁不变形，
铁丝粗细 8 号丝。

第四节　框锯的制作方法

框锯可根据爱好与需要自制。锯拐选用硬木，如柞木、水曲柳、槐树、桦木、枣木等制作。锯梁常采用干燥和纹理顺直的木料，或者是无节的软木制作。

根据框锯的制作大小各部分尺寸如下：

制作 400～550mm 中小锯：锯拐净料的选料尺寸，以长 310～380mm，宽 55mm，厚 25mm 的硬木方料选材。

制作 600～800mm 较大锯：锯拐选料尺寸以长 380～420mm，宽 65mm，厚 28mm 的硬木方料选材。

制作画线如下：

按图 3-3 画样。$a=40$mm，为锯钮中心线的打空距离；$b=30$mm，为锯螺丝或张紧铁丝打空距离；$c=28～33$mm，为大锯或小锯锯梁的宽度直榫（锯梁厚度和锯拐厚度相等）。大锯小锯必须考虑能张紧锯条才好。

制作锯拐时，先以需用的尺寸在刨平整的方料上按图 3-3 画线，然后凿好上锯梁的直

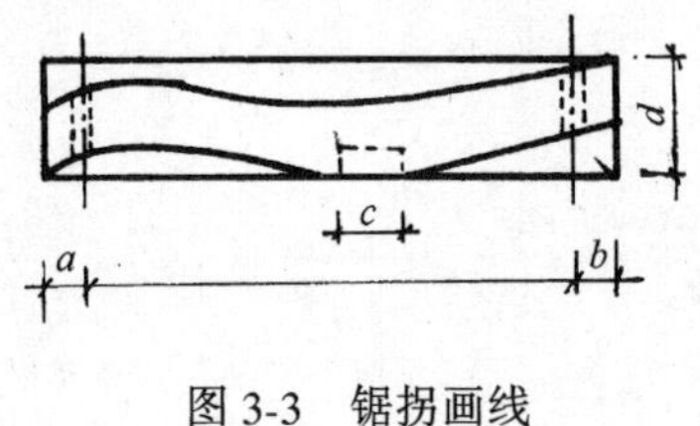

图 3-3 锯拐画线

$a=40\text{mm};b=30\text{mm};c=33\text{mm};d=65\text{mm}$

榫眼，用略大于锯钮本身直径 0.2～0.5mm 的钻头钻孔，并把锯钮顶端圆帽处铲出沉头孔，把圆帽嵌入木料内镶平。注意钻孔时一定要钻正不能歪斜，孔钻好后，用斧头按画线形状粗砍削一次。斜面处要用平刨刨光，其余弧线处用铁柄刨按圆棱修理光滑。握手处的距离要下弯上圆，四周向端部刨削成圆棱，握手处还要修正圆滑顺手。

锯梁两端头做好结合锯拐的直榫。锯梁的长度要根据上好的锯条，使张紧铁丝等于锯条上好后加上两锯钮的长度（略大于这个尺寸 2mm）时为好，用尺子量出两锯拐中间的远近距离就是锯梁的长度。

口 诀：

框锯制作以自好，
锯拐硬木柞、槐、枣，
锯梁软木无节料，
规格尺寸设计好。

锯拐刨方先钻孔，
锯梁偏中凿半榫，
锯钮顶帽沉头平，
握手圆滑利手用。

第五节 拨料锉齿方法

拨料是根据锯子的锯割目的对锯子齿刃进行不同形式地分岔处理。齿刃经过分岔处理后形成了齿刃左右摆动或宽或窄的形状，叫锯路。

锉齿是根据锯子的锯割目的对齿形的角度，刃的锋利进行调整和锉锐，新制作的锯子应该拨料锉齿，常使用的锯子，刃钝后还需拨料锉锐。拨料和锉齿，要根据锯割目的和锯子的锯路是否符合锯割要求而进行。

一、锯子的拨料

以锯条本身为中线，齿形拨动时按锯的作用进行。如：顺锯、小锯以左中右（中齿不拨）依次拨动分岔处理锯路；截锯“左右”拨动分岔处理锯路。如图 3-4，分岔处理的锯路，在拨动时，最小拨动量约 1∶1.2 倍。拨齿时锯路的刃尖形成一条大于锯条本身厚度 1.2 倍的略宽明线，或不超过锯条本身厚度 1∶3 倍的略宽明线。这样锯子在锯割木材的时候，锯路就大于锯条本身厚度。

在锯木材的切削过程中，木质起毛或者木材本身湿涨就张紧锯条，摩擦力增大，并造成不能切削前进或者锯割跑线的情况。锯子在锯割木材时，锯路若超过锯条本身厚度的 1∶3 倍，虽然锯路加大了，减小了摩擦，但是锯切面加宽，分岔齿中间已形成间隙，在锯割木材时的锯子刃部间隙部分是靠齿喉部分进行切削的，这样不能迅速锯割前进。就是说虽然也能锯割，但工作效率不高，没有充分利用锯齿刃尖的锯切作用。因而实践中确定1.2～1.3倍锯路分岔的拨料为最佳。

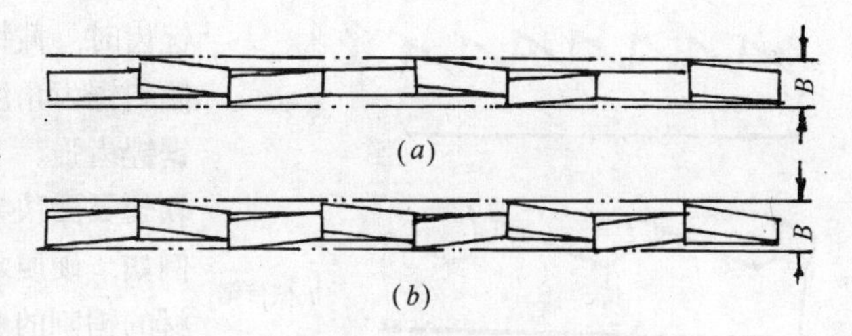

图3-4 拨料锯路

(a) 顺锯锯路；(b) 截锯锯路

B—锯路宽度

锯子拨料可用拨料器，小齿锯通常利用锯料小的钢锯条在刨刃上端部侧边锯5mm深的窄口，代替拨料器。较大的锯齿，拨料时用锤击打或者用较好的活扳手进行拨料。一般常使用的拨料器如图3-5。

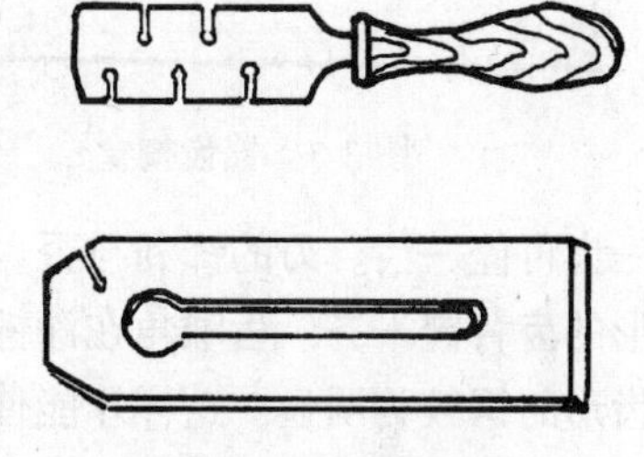

图3-5 拨料器

拨料时，锯路要均匀。首先应修正好锯子刃面的高度，使之平整在一条直线上。然后按拨料要求均匀的轻轻地拨动锯齿。不能用力太猛或拨断锯齿，锯路的宽窄要掌握好。如技术熟练时上锯口料路略大于下锯口料路更好。用眼平直向刃部看去，宽亮的直线平直略成梯形线，无凸出、凹进齿，或扭曲的现象存在，就是拨好的锯路。

拨料时，分岔齿往两边拨动量的大小角度要一致，若偏向任意一边，锯割时也常往一边跑锯走线。个别齿形倾斜角大，也会出现跑锯走线，或锯出材面不平，或锯割时有锯子跳动的现象。锯的锯路宽窄是有要求的，一般正常使用的锯子，小锯小于大锯；顺锯小于或等于中齿锯；中齿锯小于截锯。

锯的锯路，根据锯割对象不同而不同，潮湿木材的锯路应大些，干燥木材的锯路应小些；较软木材的锯路应略大些，硬脆木材的锯路应小些；木质发毛粗软的锯路应大些，质细匀净木材的锯路应小些；变异性大的边材、弯曲木材的锯路应大些，中性材和纹理直顺材质好的锯路应小些。这些情况依据实践经验灵活拨料，另一方面锯子锯路的变动应根据锯割量的多少，考虑是否需要变动，锯割量太少可用相近宽度锯路的锯。总的情况是正确利用锯子锯路，掌握锯子锯路，达到砍要利斧，锯要快锯的目的。

二、锯子的锉齿

锯子的锉齿有二个作用，一是按锯割目的直锉深锉，掏膛锉，要使锯切角度正确，要使锯沫容易排出；二是把锯齿刃部锉锐，便于锯割。根据锯割情况，锉出锯齿的角度。顺锯一般在90°～95°之间，中齿锯、细锯、小锯，应在85°～90°之间，截锯和弯锯应在80°～85°之间，其锯齿的夹角常均为60°。

锉齿时，锉要选细而耐用，大小合适的，如图3-6。齿形的齿背不高于或平行于齿刃，齿喉角刃部不凸，一定要平直。齿喉角略凹叫掏膛。齿距远近一致，齿室大小一样，齿喉角应略带弯曲，但截锯不明显，顺锯明显，如图3-7所示。

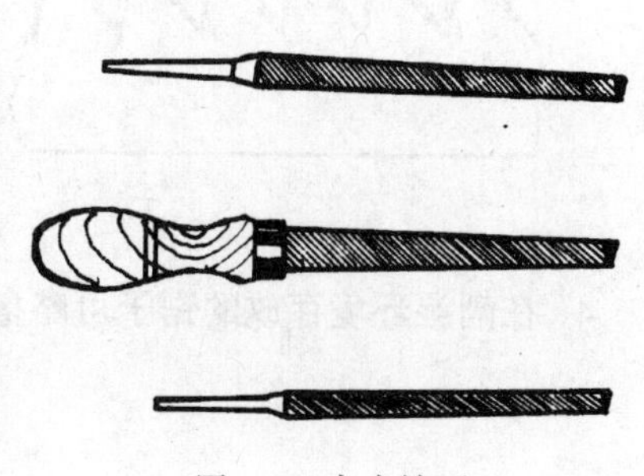

图3-6 大小锉刀

锯齿角度的作用：锯齿角度和锯条齿根线所形成的角度越大，锯割力越弱，锯沫易排出；所形成角度越小，锯割力增强加快，锯口锯沫不易排出。所以在

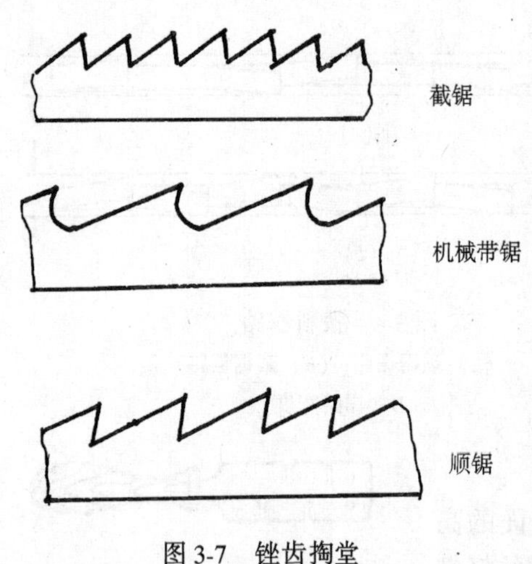

图 3-7　锉齿掏堂

锉齿时，截锯的倾斜锯齿角度要小一些，顺锯的倾斜锯齿角度要大一些。俗称“截锯齿要棉，顺锯锉齿强。”这是根据锯割量的大小和材料材质软硬灵活决定锯齿角度，使之适合加工的需要。例如，硬质木材锯割时的锯齿角度要棉，软质木材的锯割的锯齿角度要强，干燥木材锯割时的锯齿角度要棉，潮湿木材锯割时的锯齿角度要强。

锉齿的方法，一是想法把锯条夹稳，有条件可夹于虎钳上；二是锉齿时应立好姿势，右手握紧锉刀，放于齿室；三是要对好角度，用左手扶着锉刀的小头，均匀向前用力平平锉齿，退回抽锉时，锉刀按原方向轻轻抽回，或离开锯齿，锉完一齿再锉一齿。刃的锋利与否，要看刃尖有无明点，有明点钝，无明点显齐平一线为锐。齿形的齿背锉平齐，齿喉角在深锉掏膛情况下要锉平齿喉的角刃部分。小锯齿不太明显，较大齿形的锯较为明显，这样才能使刃口锋利。锉齿时还要统一用一种姿势，和一样的锉法，用力均匀，依次锉齿。如出现大小齿，应多锉大齿背或掏膛，少锉小齿或保留小齿。

锉齿时，应按锯的使用范围，定出齿形，除非锯割量太大时需要改变齿形外，一般不改变原来齿形和锉齿的角度。

专用锯锉齿：刀锯锉齿。刀锯锉齿分描尖或掏膛，两种方法。锯齿用钝后，只将齿尖锉锋利，叫描尖。多次描尖后锯齿太短太凸时，再用菱形锉或三角锉、平锉，进行齿室深锉，叫掏膛。刀锯的齿形有一面夹角是30°的，一般根据齿形用菱形锉进行锉齿为好。

框锯、大板锯，常使用三角锉或平锉，龙锯一般用三角锉，有时根据需要也可用菱形锉锉成割毛齿形状的齿如图 3-8。

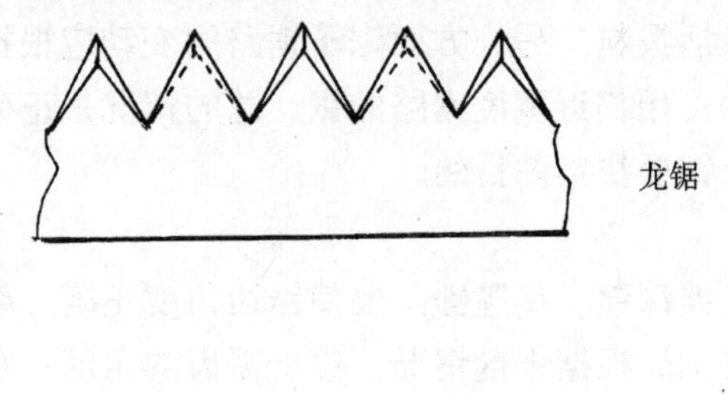

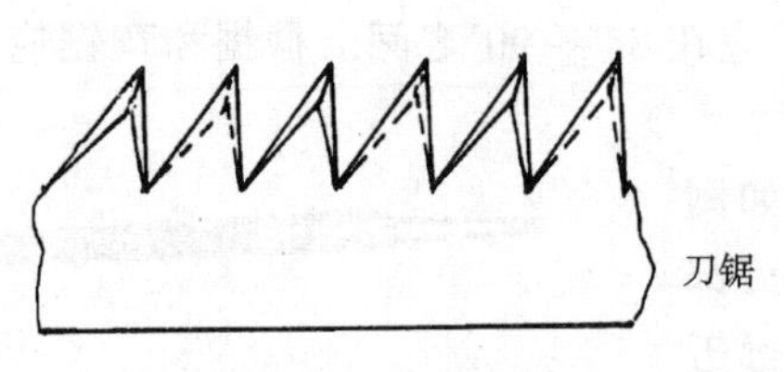

图 3-8　割毛齿

三、锯割工具的使用及维护

锯割工具需要经常维护，应注意下面几点：

1. 使用前要注意锯子各部分完好，能否符合施工要求，检查木材中有无钉子、沙子、脏土等杂物，防止损坏锯刃。

2. 框锯使用后要放松张紧的锯螺丝，防止锯拐和锯梁变形。放置时，锯齿向里放置，避免碰坏锯齿，专用刀锯大锯等如果用完后要挂起来，防止放置不当扭曲和损坏锯片。

3. 锯齿刃部看到明点变纯，应及时维护修理，提高工作效率。

4. 在潮湿环境存放的锯子可略擦些油，避免存放生锈。

口　诀：

锯齿分岔是拨料，

料路宽窄很重要，
顺锯拨齿右中左，
最大1:3倍不要超，
截锯左右拨锯路，
锯路宽些易切削。
湿木硬木锯路大，
干木软木锯路小，
根据木质定拨料，
拨齿细匀线不跑。

锯子锉齿同重要，
角度正确需选好，
锯割目得定齿形，
顺、截、小锯、不同角。
齿背、齿刃、齿喉角，
掏膛、直锉、和深锉。
截锯锉齿少倾斜，
顺锯锉齿倾斜多。
硬木锯割少倾斜，
软木锯割倾斜多。
锉齿要求姿势好，
对好角度平齐锉，
刃尖齐平光暗亮，
齿刃直线一样高。

第六节　机械锯——圆锯机

圆锯机又叫圆盘锯，可用来锯割各种方材和板材，现在已成为木工雕刻加工中广泛运用的机具。

圆锯机的种类有：手动进料圆锯机；跑车圆锯机；台式圆锯机；吊载圆锯机；截头锯、打技圆锯机等。

圆锯机的式样很多，且规格不一。其构造主要是由电动机传动装置、锯盘轴转动装置、锯片、机身、工作台、靠板（也叫导规）、防护装置等部分构成。有的另加跑车装置，还有的组合制造时加装刨床部分和钻孔部分成为多用圆锯机。

常用圆锯机锯料是手动工作的，工作原理是由传动部分的电动机通过三角皮带带动锯盘轴的转动装置，使锯片转动进行锯割。圆锯机的锯片根据圆锯机的用途不同分为普遍圆锯片和以锯带刨的刨锯片。

普通圆锯片的形状应是两面平整，且薄后一致。纵向或横向锯割木料时可根据木料的尺寸选用适当直径的锯片。普通圆锯片的规格如表3-2。以锯带刨的刨锯片形状是锯齿向中心部分逐渐变薄，其斜度12∶10000，其齿形精度要求高，不需拨料，锯片表面还有可起刨光作用的凸棱。

常用圆锯片的规格（mm）　　**表 3-2**

直　径　*D*	厚　度　*S*	孔　径　*d*
150	0.9、1.0、1.1	20、25
200	0.9、1.0、1.2	20、25
250	0.9、1.0、1.2	20、25
350	1.0、1.2、1.4	20、25、30
450	1.2、1.4、1.6	25、35
500	1.4、1.6、1.8	35
600	1.6、1.8、2.0	35
700	1.8、2.0、2.2	40

口　诀：

圆锯机常叫圆盘锯，
台式、吊截、截头锯。
式样形状不统一，
加刨钻孔多用机。
规格统一普通锯，
以锯带刨专用齿。

第七节　圆锯机的操作

圆锯机用途广泛，不仅可以纵横锯割各种板材，而且可以用来起槽、截斜角、截企口逢、锯榫头。圆锯机的使用代替了大部分手工锯，减轻了人的劳动强度。但是机器的使用必须遵循一定的操作规程才能保证安全生产，现以手动进料圆锯机为例作如下说明：

1. 圆锯机一般以二人操作协调配合。

2. 使用前应先检查锯片是否上紧不松动，检查锯齿齿片有无破裂处。有松动必须紧固，有破裂处及时处理，破齿要拔掉，破裂处根部用2mm钻钻空可以缓解裂缝延长。

3. 拨料后的齿形和锉齿角度要与锯木材性质相适宜（见后节拨料、锉齿）。

4. 有防护装置的设备要安装好，除因特殊锯割时去掉外，要保证常备有防护装置，不得丢弃。

5. 检查靠板固定情况，是否良好正确，靠板一定要不松动，和锯片距离平行，或者进料口略小于出料口0.5～1mm就可以了，进料口不能大于出料口。

6. 把木板放在工作台上，如工作台是可调的，要把锯片调到露出板材表面30～50mm。把平直板边靠紧靠板，进行锯割（其方法见后节正确锯割方法）。

7. 锯机开动时先听传动声音或机器声音正常后再进行锯割。思想要集中，“一看木材，二听音，跑线夹锯迅速停。”进锯木板方向要平直，锯割进料时双手按稳木板，使脚步和手的动作协调一致。进料速度要与锯片切割速度互相适应。因为锯机的锯片强度和切削速度是有一定范围的，所以不能用力太大，宁可慢些，不能太快。

8. 进料时双手要离锯盘一定距离，不能太近，木料接近锯完时，可另用一木棒向前推进。

9. 锯割过程中，脚步走动的周围要清理干净，锯料堆放有序，废料堆放一边，不乱抛，以防拌倒造成人的伤残。机械运转中，不得将任何工具放在工作台上，另外工作服穿着要挽紧袖口，不得敞开着。

口 诀：

圆锯如果锯纵横，
两人协调配合重。
先看锯齿无破损，
再查锯片不松动。
锯路适宜加工材，
防护装置安装稳。
靠板放正进口小，
开机先看听声音。
锯木双手离锯盘，
工具运用不乱扔。

第八节　圆锯机的正确锯割方法

圆锯机的正确锯割方法是根据木材的性质、变异、缺点等决定的。因为机械锯在手动进料的情况下工作，其机械的运转速度高，事故和故障会在瞬间发生。所以正确的锯割方法是保证安全的前提，也是提高锯材质量的保证。

1. 板材纵向锯割先锯根部，因根部易开裂，锯割过程中锯口木质自然分开不夹锯，如先锯割稍部会翘曲翘起，防止锯路自然紧缩产生夹锯，如图 3-9。

2. 板材纵向锯割应先锯心材一边或中材一边，避免边材多弯造成夹锯或锯材弯曲。

3. 有节子的木板纵向锯割，在节子将进入锯割前，因是斜纹会引起走线，所以要放慢进料速度锯割过节子后再加快。

4. 急速干燥的木板锯割时，进料可以进出往复多锯一两次，使进口处锯路加宽。因边材收缩急聚，易弯易曲，会产生夹锯现象，所以入锯时锯宽锯路后再慢慢锯割。

5. 板材翘曲要以一边为基准，压稳推进，保持平整不翘即可，否则锯的木板会翘曲或者

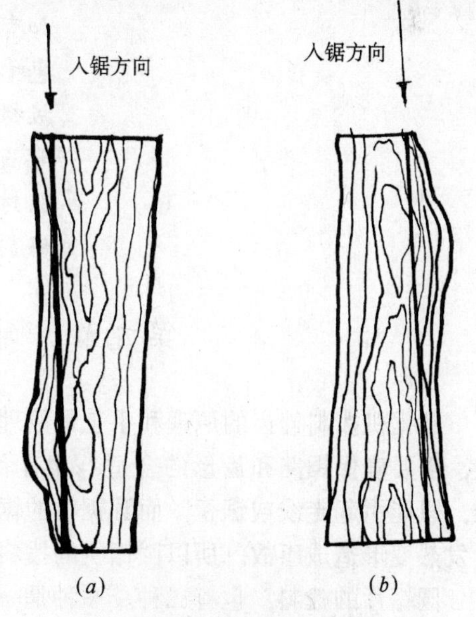

图 3-9　板材纵锯
(a) 圆锯机入锯正确，带锯机入锯错误；
(b) 圆锯机入锯错误，带锯机入锯正确

出现扭翘状况。

6．板材弓形翘，锯割弧度小时，凸面向上；若弧度大而且板面宽，应先凹面向上，以一直线为基准，抬高或降低端头，压稳板材再推进锯割。

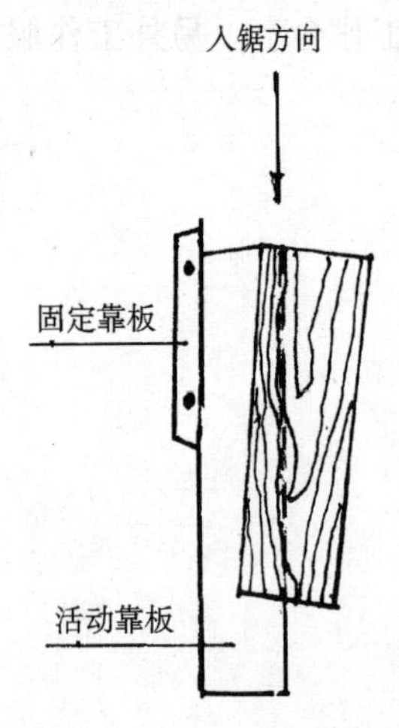

图 3-10　活动斜靠板锯割

7．锯割一头宽一头窄的腿料时，应做一块和腿料大小头一样，长度相仿并加长 300mm 左右的斜靠板。300mm 处留做卡台。锯割时用斜靠板和木板料一起向前推进锯割，得到的木料就是腿料，但是下料前一定要把腿料的板材截割，锯割时比腿料长 20～40mm 作画线加长的加工量。还要把原靠板和锯片距离调整好，其距离是斜靠板和腿料下料宽度的大头加小头之和。这样才能锯出实用的腿料，如图 3-10。

8．横截木料时，先锯木纹凸形的一边，如先锯凹形一边会产生夹锯现象。

9．锯割斜角时，因斜角大都采用 45°，才能组合成方形框（也有五角形、六边形）。锯斜角时将靠板去掉，台面上做异规导槽两个，工作台两边如果平直也可利用。制作斜靠板，正反两个，调整好正确的角度，先锯右边一端成为 45°；然后放入另一端靠板中，其端头设出定距头。向前推进锯割即可锯出适当的角度。

总之，正确的锯割方法还有很多，只要在实践中善于总结，善于运用，就能有所提高。

口　诀：

板材纵锯先锯根，
板材纵锯先锯心。
如有节子放慢锯，
急干木料往复锯。
板材翘曲放稳锯，
弯凸木板匀称锯。
板材横锯先凸边，
锯割斜料用道规。

第九节　圆锯机的拨料锉齿

圆锯机拨料锉齿的原理和手工锯原理基本相同，所不同的是因为圆锯片锯割木料速度快，需要确保锯路和齿形的合适，才有利于加工和安全生产。手工锯锯路和锉齿的不标准，只能引起走线或锯歪，而圆锯机的锯路和齿形不标准会导致走线和夹锯，在瞬间内锯片发热变形造成事故。所以圆锯机的拨料和锉齿有其特殊的重要性。

圆锯片的拨料，也有二种。一种是一左一右拨动锯齿，这种齿形适用于加工木器件，只要拨料均匀一致，锯齿纵向照看锯路中间不留间隙为好；另一种是一左一右一中拨动锯齿，这种齿形适用于木材下料，其特点是锯路因有中齿，可使锯路加宽或修窄。

圆锯机的拨料，硬木、湿木锯路要宽一些；干木（除速干木材外）、软木锯路要拨的窄些。

圆锯机的锉齿同样会关系到走线、夹锯等问题。其齿形要求是纵锯选直背齿、凸背齿和截背齿。横木和硬木锯割一般选斜三角形齿或掏膛锉为好，见图 3-7。

实践中，一般把齿形锉成斜三角形，如果要纵向锯割多锉一些齿喉角，即掏膛，就是倾斜度大些。如果横向锯割多锉齿喉角刃的部位，使倾斜齿变得直些。也有时把齿喉角和圆锯片直径直线重合，叫直角齿。直角齿形一般不常变化，适用于加工过程的纵向和横向锯割，尤其多用锯和中小型圆锯机多锉成这种齿形。

圆锯机以锯带刨的齿形，一般是内凹形齿。内凹形齿就是中心薄周边厚，这种齿形不需拨料。内凹形齿对齿刃节点在圆上的统一高度要求精确，对刃部凸棱要求的精度也高。如果精确度差，锯出木材光洁度就不高。所以锉齿时，精心细致尽量做到精确无误。

口　诀：

圆锯拨料太重要，
软木窄料湿宽料。
锉齿要好不走线，
直背凸背截背锉。
三角齿形常用好，
纵锯多锉齿喉角。

第十节　圆锯机的故障处理

1. 机器有杂音。认真检查锯盘轴的转动部分，看是否是轴瓦松动、轴承损坏或是机身螺丝松动等。要及时处理，不得延误。

2. 锯片转动时出现左右摇摆现象。先检查锯片有无松动，如无松动，其锯片的摆动表明是受热变形，需进行检修或平整处理，锯片变形现象及处理技法如表 3-3。

锯片变形现象及修理技法　　表 3-3

缺陷名称	变形现象	修理技法
松　块	锯片的两面出现下凹	放在垫铁上面，在松块周围两面用锤击打，清除松块
紧　块	由于使用维修不当使锯片摩擦生热，造成齿缘局部的两面摇摆现象	修整时在紧块部位画圈，并放在垫铁平面上均匀锤打使其恢复原状
凸　起	由于使用时料小或推进木料力量增大或是木料潮湿夹锯使锯片一面凸起，并使另一面下凹，并出现蓝色	修正时，先在凸起部分周围轻轻锤打，并在凸起的中间用锤打平。如果凸起过多，在凸起处打平后，检查锯片其它部分有无发生松块现象。如有按以上松块修理技法再进行处理
扭　曲	松块、紧块、凸起，如合并产生几处，会发生扭曲	先处理紧块依次处理凸起，使其恢复原状后，并消除松块，以此这样反复调正

3. 锯齿处有小裂缝。检查锯齿的齿根部位还连着多少，连的面积太小要拔掉锯齿，连的面积比较大时可留锯齿，或锉短。对于裂缝可在其端头处，用 2mm 小钻头打眼，避

免向内延伸。

4. 锯割进料时，木料左右摆动说明锯片变形，需按前面讲的方法进行处理。

5. 锯割木料时，木料难以推进，应检查以下几种情况：

(1) 检查靠板是否进料口大出料口小。

(2) 检查木材锯口是否斜口形状。

(3) 检查所锯木料是否斜纹夹锯。

(4) 检查锯片是否料路小。

其处理方法如下：

(1) 调整靠板。

(2) 重新锉齿。

(3) 拨大料路。

6. 除上述情况外，如果觉得木料难以推进且费力，那一定是锉齿太棉，锉齿时改变一下齿的形状，适当加大倾斜角度，这种掏膛处理叫加大齿喉角。

7. 如果锯割中，推进的木料有跳动现象，或锯沫乱飞，证明拨料不均匀，有野齿(个别齿太大)或者是倾斜角太强，应整理锯齿，调整倾斜角度。

8. 正确的锯料是声音清脆，发出铃铃声音，而且木料锯割时推进很顺利又省力，并且感到锯齿锯木灵利，锯木过程木料还很稳又不跳动。

口　诀：

锯机如果有杂音，
先看传动是否松。
机身锯齿都查到，
及时处理不得拖。

锯片左右来回摆，
先查压盘是否松。
锯片怕热会变形，
如有裂纹及时整。

锯木进料查故障，
松紧凸扭作修正。
先看锯路后看形，
再看靠板进料情。

如果再看木斜纹，
锯料整锉锯木稳。
正确锯料铃脆声，
木不跳动顺利轻。

第十一节　机械锯——带锯机

带锯机是圆木和方木锯割板材高效率的机械，主要用来纵向锯割木材。带锯机的使用，代替了手工下料和手锯拉板的繁重劳动，大大提高了工效与质量。

带锯机对圆木或方木锯割成材的过程叫制材工艺。这里只是对轻型或小型带锯机作一般了解即可。

带锯机根据其用途区分为轻型或小型带锯机、有平台带锯机和细木工带锯机。

带锯机的工作原理是由传动部分，带动高速回转的锯轮转动，用来带动锯条上下旋转运动锯割木材。

带锯机的主机结构部分包括锯身、锯轮、上轮升降机构、杠杆压轮自动调整装置、锯卡子、刹车器等。平台带锯机和细木工带锯机是机身部分有水平平台安装于机身上，供放置和推拉木材锯割用。其平台上装有靠板，供锯割不同规格的木料调整使用。

口　诀：

加工圆木带锯机，
轻型小型制材锯，
平台细木带锯机，
原理结构相一致。

第十二节　带锯机的操作

轻型或小型带锯机的操作多以手动进料，所以必须遵循一定的操作规程才能达到提高工效、安全生产目的。

1. 轻型或小型带锯机的操作多以二人协调配合。

2. 使用前，根据带锯机的型号和规格，选择厚度和长度相应的带锯条。挂锯条时注意不能让锯齿接触轮面和机身，以免碰钝。上下挂锯条平行一致。然后张紧调整锯条并试转合适。

3. 操作前将压砣调整好，调整时待压砣杠杆升起后，用手往下按一按压砣，看其上下弹跳是否灵活，再看其轻重是否合适，保持适中即可。

4. 调整锯卡时，不能过松或过紧，注意勿使锯卡偏压锯条，影响锯材质量，必须把锯卡调整适当。

5. 开锯前必须将活动的或者固定的靠板进行调整校对。避免锯的宽窄影响锯材质量要求。

6. 开锯前必须将机身各部件进行普遍检查，上好润滑油，确保安全才能开机锯割。

7. 操作时必须思想集中，看锯木材的情况，材质硬软，料路是否走线，听机械声音是否工作正常。操作要沉着镇静要有条不紊地开机或关机，协调配合，平稳推进木料锯割。

8. 操作中入锯要稳，进料纵向锯割见图 3-9，锯割速度要适中均匀，不得猛撞锯条。遇木节入锯时要慢慢进行锯割。往回抽拉木料时要注意离开锯条，避免脱锯发生事故。

9. 操作时不许将手伸过锯条或伸入锯条200mm范围内。

10. 木料入锯前应先检查木料上有无钉石硬物，避免锯齿钝刃走锯。并且木料入锯时先锯小头（正好和圆锯机相反），保持锯材不变形。

11. 调整锯卡要在停车后再进行。卸锯条时要停车，锯停稳后才能进行卸锯条。

12. 带锯机在运转中，要时刻观察锯条及机器动向和不正常情况以免造成事故。

13. 锯割过程，木料堆放有序，废料放置一堆，脚步范围和机器周围，要整洁干净，防止拌倒造成人身伤害。

总之，操作注意事项还有很多，应参照机械使用说明书认真遵循，才能确保安全。

口　诀：

手动进料遵规程，
二人操作协调成。
挂条防止锯齿损，
试转合适调张紧。
操作压砣调配好，

上下弹跳要适中。
锯卡不能太松紧，
靠板调整要固定。
开锯检查常规定，
安全锯割定保证。
思想集中锯开稳，
进料速度保均匀。

第十三节　带锯机常见故障的原因

带锯机在锯割木料过程中，常见的故障有掉条、锯条断裂、锯出木料弯曲、锯机震动等情况。只要在生产实践中细细观察，分析其中的原因，就能防止及排除。

常见故障的原因及排除办法如下：

一、掉条

1. 上下锯轮不正和轮面不平会产生掉条。

2. 加工的木料顶掉和拉回木料时带锯条脱落。

3. 锯条摩擦严重生热，造成适张度变化产生掉条。

二、锯条断裂

1. 齿底开裂。因齿槽根的圆形半径小于齿距，加上适张度不良引起。

2. 齿背开裂。齿背辊压不当，和锯条韧性差使齿背翘曲逐渐产生开裂。

3. 接头未焊好而断裂。焊接接头时要保证焊接平整、对齐、焊牢。锯齿处还要保证牢固不裂并且修正好。

4. 加工进料不适当断裂。加工锯割时进料速度太快。木料未卡牢固和锯轮上粘连锯沫和油脂等物。

5. 机械造成的断裂。锯机安装不当，装置不灵，锯条的锯齿不锋利而且使用时间长。

三、锯割木料时走弯

1. 锯齿料路不匀，或者是锯子料路过小。修正锯条时必须保证压料均匀和平齐。锉齿要不偏、不斜、不得有个别齿刃凸出现象。

2. 锯齿变钝。锯割时间长，锯割的木料面含泥含脏物，使齿刃变钝。变钝后要及时修正锉磨锋利。

3. 锯机导尺和钻卡偏松。安装要调整好，并使张紧装置的轻重调整适当。

总之，还有许多现象及原因，对于锯机的震动故障原因，只要安装时调整好即可。当然还有木料方面的原因，硬木、软木、干木、湿木的锯齿变换等等。只要在实践中多干、多体验就可满足加工要求。

口　诀：

带锯机故障多原因，
掉条断裂锯变形。
操作、脱落、适张度，
锯轮调整不平行。

锯底开裂齿槽根，
锯背辊压和韧性。
接头焊好牢齐平，
调整装置防震动。

第四章 雕刻刨削基础

雕刻刨削基础是木雕加工的重要内容，它包括手工刨的种类；手工刨的构造及要求；刨刃和斜度；手工刨的制作方法；刨刃磨砺和刨的维护；机械刨的使用。

第一节 手工刨

手工刨是一种刨削木料和雕刻制作常用的工具，由刨刃和刨床两部分构成。刨刃是金属锻制而成的，手工刨床是木制的，但铁柄刨的刨床是金属制成的。

手工刨的刨削过程，就是刨刃在刨床的向前运动中不断地切削木材的过程。把木材表面刨光或加工方正叫刨料。木料画线、凿榫、锯榫后再进行刨削叫净料。木料结合在一起成为成品或半成品的刨削加工叫净光。

刨刃在不断切削木料的过程中，木料有较大的力反作用于切削的刃部，使刃口发热后变钝。如果木质越硬，刃口变钝得越快。如果木料表面的杂土杂物多，也能使刃口变钝。所以选择刨刃要挑选钢性好和热处理好的刃片。事实上，刨刃锻造时，刃身是用普通碳素钢（含铁量大），刃部锻制薄薄的工具钢淬火粘合，经过机械磨平裁齐，再经热处理后刃部软硬适中，即可使用。如果热处理后淬火太硬，刨刃硬而且不易磨砺，遇硬物容易破损。热处理后淬火太软，刨刃软而且不能久用，刃口很快会变钝。所以刨刃的优劣最好以磨砺刨刃后观察。好的刨刃贴钢薄匀发亮，底铁发暗刃钢淬火粘合很坚实。劣质的刃口底铁和刃钢全部发暗或是全部发亮不易磨砺。

刨刃的规格如表 4-1。

刨刃的规格 **表 4-1**

习惯名称	宽度规格（mm）	作用及用途
寸　刃	33	多作用于线刨，内外圆刨的圆棱
寸二刃	40	多用于圆刨、小推刨
寸四刃	44	多用于粗刨、细刨，长短刨床刨料
寸六刃	51	多用于粗刨、细刨，长短刨床刨料
槽刨刃	3.3	作用于刨槽，3mm 玻璃及三合板槽
槽刨刃	6.5	作用于刨槽，5mm 玻璃及五合板槽
槽刨刃	8～10	多用于装镶板槽
拆台刃	8～10	多用于企口、拆台
线刨刃	8、10、12、15、18、20、23	多用于装饰线条的加工

注：线刨及槽刨刃可根据作用和各人技艺选择制作。

口　诀：

刨削工具要选好，

净料刨光和刨料。
选择刨刃韧性好，
底铁灰暗贴钢薄。
刨刃利用多规格，
“寸刃寸二”圆小刨。
“寸四寸六”常用刨，
三、五毫米玻璃槽，
八、十毫米镶板槽，
拆台线刨样式多。

第二节　手工刨的种类

手工刨包括常用刨和专用刨。常用刨分为中粗刨、细长刨、细短刨等，如图 4-1。专用刨是为制作特殊工艺要求所使用的刨子，专用刨包括轴刨、线刨等，如图 4-2。轴刨又包括铁柄刨、圆底轴刨、双重轴刨、内圆刨、外圆刨等。线刨又包括拆口刨、槽刨、凹线刨、圆线刨、单线刨等多种。

1. 中长刨：用于一般加工，粗加工表面，工艺要求一般的工件。

2. 细长刨：用于精细加工，拼缝及工艺要求高的面板净光。

3. 粗短刨：用于刨削凸凹不平或粗糙木材的表面。

4. 细短刨：用于刨削工艺要求较高的木材表面，常作为去“戗茬”的净光小刨。

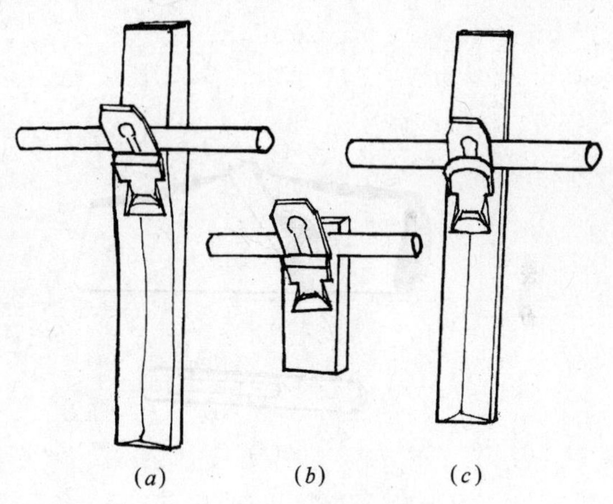

图 4-1　常用刨
(a) 细长刨；(b) 细短刨；(c) 中粗刨

5. 铁柄刨：用于刨削内外弧曲线形、曲面工件，以及加工圆棒和个别“戗茬”的刨光。

6. 圆底轴刨：用于刨削特殊较大内圆曲面、双圆曲面。

7. 双重轴刨：需要时可临时制作。

8. 内圆刨：用于加工圆棒、圆棱、曲面，有宽窄多种。

9. 外圆刨：用于加工大型曲线条以及内圆曲面，根据需要可另行制作。

10. 拆口刨：用于拆口或起线时的加工。

11. 槽刨：用于刨槽或配合装饰线的刨削，有宽窄多种。

12. 凹线刨、单线刨：多用于线条装饰或修正线条。

13. 圆线刨、多棱形线刨：多用于柜顶及脚部的线形，还可根据爱好与需要另行制作各种式样，以简洁和装饰性好为目的。

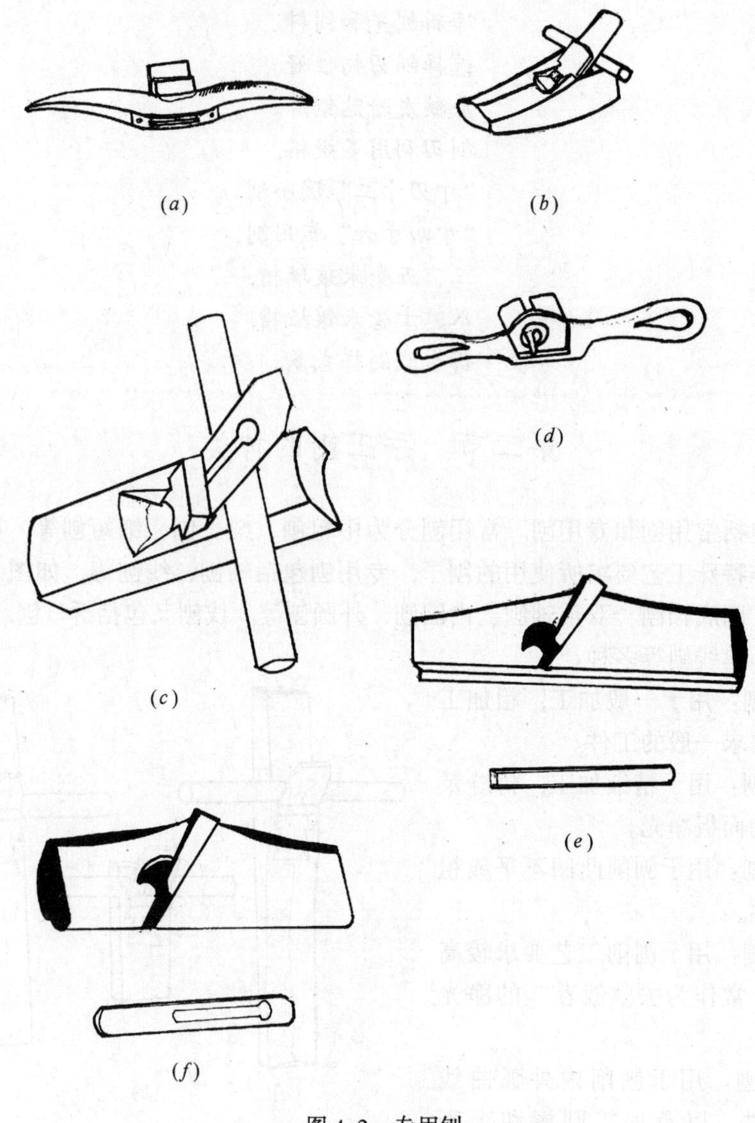

图 4-2 专用刨

(*a*) 双重轴刨；(*b*) 圆底轴刨；(*c*) 外圆刨
(*d*) 铁柄刨；(*e*) 采台刨；(*f*) 凹线刨（内圆刨）

口 诀：

刨的种类有两种，
手工机械式样清。
机械刨床类多种，
手工常用专用分。

第三节 手工刨的构造及要求

手工刨的构造和要求需要从常用刨和专用刨的构造及规格方面分析说明。

一、常用刨的构造

常用刨有中粗刨、细长刨、细短刨。其结构主要有刨身、刨刃、刨楔（也有装盖铁的刨楔）、刨把等构成。

常用刨多以色木、枣木、紫檀木、黑枣木、槐木、水曲柳等硬木制成，因为木制的刨底面与木板面相摩擦时光滑而省力。其它材料相摩擦会因质地的软硬或发热等缺陷使刨木料时比较费力且比较重。

二、专用刨的构造

专用刨和常用刨在形状上有差别，其原理和常用刨相同。轴刨多是铁制的；圆刨因为是加工内外圆弧的，只是把常用刨中细短刨的底平面和刨刃变为内外圆弧形即可；对于其它专用刨，倾口部分基本上是常用刨的纵向切面形状，只是把刨底做成台阶形，把刃口做成曲线形，达到能加工出美观线形的目的。如图4-3。

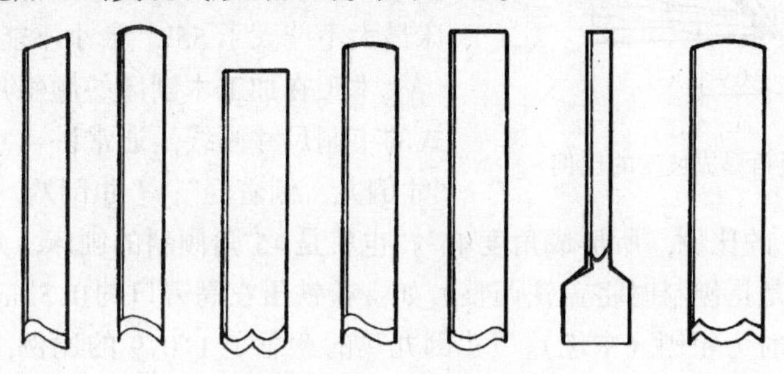

图4-3　专用刨刃形状

三、手工刨的规格

常用刨的规格如表4-2。专用刨的规格以自己爱好制作。

常用刨的规格（mm）　　**表4-2**

名　　称	规　格（刨身长）	刃　宽
中　　刨	300～335	55或44
细　长　刨	420～480	51或44
短　　刨	150～200	51或44

口　诀：

中刨短刨细长刨，
木工常用同构造。
宽窄凹凸专用刨，
曲线形状以自好。

第四节　刨刃和斜度

刨刃和斜度不但关系到刨子的费力与否，而且还关系到刨料的光洁程度。

一、刨刃的切削角

刨刃从刃口向刃背的斜势所形成的角度，叫刨刃的切削角。刨刃切削角一般指刃背斜势的宽度是刨刃厚度的二倍，大约25°左右。切削角的大小，在刨削木料时起着很大作用。当刨刃倾斜装入刨床内固定的情况下，刨刃切削角越小切削力越大，但只是切削软质木材，而且戗茬程度增大，刃口强度降低。刨刃切削角如增大，切削木料戗茬较小，不易搬裂木材，切削力减弱，而且易切削硬木，刃口强度增大。所以刨刃的切削角要根据磨刃姿势固定。切削角一般固定在21°～27°范围，变动太大或太小会导致不好刨料。刨是否好用和切削角是有一定关系的。

二、刨刃在刨床上的斜度

斜度是刨刃在刨床上的倾斜角。它是刨刃固定在刨床上与刨底所形成的斜度，常叫倾斜角，如图4-4。倾斜角形成的坡度大小与刨削木料是否省力，与刨子是否好用有极大关系。

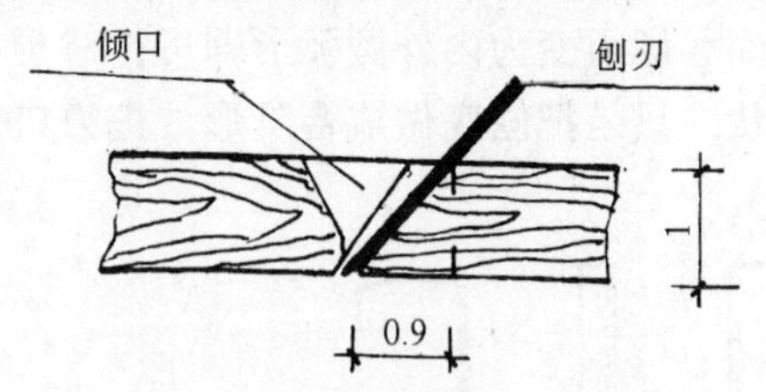

图4-4 倾斜角形成坡度的比例

倾斜角度越大，刨削木料越费力，倾斜角度越小则刨削木料越省力。当然，斜度是在一定范围内的倾斜，过大或过小是不能刨削的。木制刨床最大不能大于55°，最小不能小于35°。

木工在加工木刨床的倾斜角度时，常常以旧式的市制尺寸画线，通常讲“寸倒寸，盖铁分”；“寸倒九，刨着轻”；“寸倒八，小戗茬”。“寸倒寸”的意思是1∶1的比例，所形成角度45°。也就是45°角倾斜的刨床，是应该加有盖铁的刨床。“盖铁分”是指刨料时将盖铁调整。如：盖铁压在高刃口约0.5mm时为细刨，盖铁压在刃口约2mm时为粗刨（中刨）。“寸倒九”的意思是1∶0.9的比例，如果刨子木料厚33mm，刨底向后移30mm画线即形成斜坡度，这种刨床不上盖铁。这种比例为中刨的倾斜角度。“寸倒八”的意思是1∶0.8的比例。传统市尺1寸厚的木料刨底向后移0.8寸。如1.5寸厚的木料刨底向后移1.2寸画线形成坡度，这种比例常为小刨的倾斜角度，同样不需要上盖铁。

木工雕刻是根据具体情况适当选择和运用以上比例的。如加工软木多的行业倾斜角比例大些，加工硬木多的行业倾斜角比例小些。倾斜角度的选择还与盖铁有关，不上盖铁上木楔的中刨比例应大些，在1∶0.9以上；细刨比例小些，在1∶0.88以下；短刨比例更小些，在1∶0.85以下。

口　诀：

刨刃好用选刃时，
切削角看刃斜势。
角大吃木强度实，
角小刨木戗茬虚。

刨床斜度固定刃，
倾斜度数有尺寸。
寸倒寸斜盖铁分，
粗细刨木看压刃。
若无盖铁寸倒九，
寸倒八斜细刨用。

第五节 手工刨的制作方法

手工刨的制作包括常用刨的制作、专用刨的制作、刨楔的制作三方面内容。

一、常用刨的制作

常用刨一般自行制作，其工序是：选择→刨料→画线→凿削→钻空→锯割→铲削→整理外形。

选料一般选用干燥质细耐磨的硬木制作，例如，枣木、黑枣木、槐木、紫荆木、檀木、色木、水曲柳、柞木等木料。

选用坯料时，横向要尽量选木材径切方向的优质中材，纵向截去节子、裂纹等缺陷部分。要以耐用为目的，预先考虑好做刨子时倾口部分在木料的什么位置，前头、后头刨子的木纹朝什么方向，以纹理直顺最好，而且刨床底面木质软硬匀衡，不能戗茬。

刨削木料时，先用粗刨刨削成方正，再用细刨把木料按刨子需用尺寸平整光滑和刨削方正。

刨子净料尺寸如表4-3。

常用刨的净料尺寸（mm） **表4-3**

名　称	长	宽（另加刃宽）	厚	底面从刃口前端和后端比例
中　粗　刨	420～300	12～16	45～55	5.5:4.5
细长刨	480～420	12～18	45～55	5.5:4.5
细短刨	250～150	16	40～50	相当或后比前略长

画线：选好纹理顺而耐磨的一面作为刨子底面，选纹理顺和中间倾口部分材质好的一面作为上面，以一侧面为基准画线，图4-5。

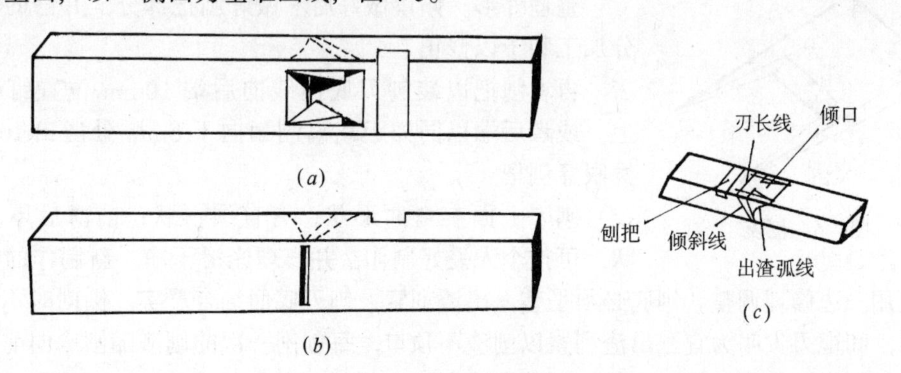

图4-5　刨子画线

（*a*）木刨床正面；（*b*）木刨床下面刃面（*c*）木刨床倾口画线

用角尺在刨子底面画出装刃口的底线，并画出前端比后端略长的刃口线。按刨刃在刨床上的倾斜角度和坡度比例，向后端量出尺寸，用角尺从平整木料的侧面，朝上缘画垂直点线，连接画出坡度线，即刨刃在刨床上的倾斜角度。以刨刃刃身的底面棱线画出刃的厚度，并画17mm为刨楔厚度，画出倾口面与坡度线。倾斜装刃口，以44mm或51mm刃宽画出出渣口长度，并且按着出渣时的状态画出弧线。用角尺按刃宽画出装刃口宽窄两壁线；连接画出装刃口和出渣口形状，再按刃宽画出刨口两边应留的宽度线，即成。

如做盖铁平刨时倾斜装刃口应该加上盖铁厚度再做倾口。

线型画好后认真仔细检查一遍有无错误再进行凿削。凿削时，用五分凿以装刃口和出渣口中间顺斜角凿刻15mm 宽度槽，以侧面线型估计凿刻深度，不得太深或凿坏。一直向刨底的刨口凿刻直到斜势处，不得凿削时停下。然后用2.5～3mm 钻头从刨口向凿削处顺斜度钻 3～4 个空眼并且要钻透，用 5 分铲从底面刨口空眼处和上面出渣口往复反转凿透，千万注意刨刃倾斜线或出渣口形状线，不能吃进，吃进太大一来影响使用，再者影响美观。凿透后按形状线把刨底线铲平，出渣口下端铲直。从孔中穿入弯锯或钢锯轻轻按线两面分别锯出倾斜装刃口。倾斜装刃口靠出渣口上面，刨楔要口松内紧，锯割时，用锯子锯割始口略吃线，就是锯掉线粗细的一半，略斜锯，到线底时留一线（全线留下），其作用是为了打刨楔时不使倾口顶裂。锯好后用 1 分、2 分凿铲光平直。用铲凿慢慢地铲出出渣口，装刃口铲修光滑，木质硬时可用铲略沾水把铲削处湿润后再铲光。刨刃在刨床上的倾斜角底线面依据刨刃底面靠实铲平，不得凸出凹进，严严实实，刨木不虚刃，刨料平光才好使用。

刨楔制作时，选和刨床同种同质的木料，使硬度和刨床的木质相同。木料应略大于倾斜装刃口的厚度和宽度，并大于 70mm 长，先按刃口宽窄刨好两侧宽度且平直，并能装入倾口中。先刨一宽面作为基准平面，靠在刨刃平面上中间不凸，四角不空，不斜不翘，然后进行斜面厚度的刨削。

刨削刨楔斜面厚度时可做斜形卡板，因斜形卡板一头薄一头厚，前端薄出可顶住刨楔，方便刨削。把刨楔木块放在斜形卡板上，则刨削时顺着刨楔需要的斜度，对斜形卡板和刨楔斜势可以一起刨削。然后把刨刃上在刨床上，试着刨楔薄厚合适慢慢刨好，装入倾口打紧。刨楔顶紧不留缝，不能里松外紧，不能一半薄一半厚。刨楔两边夹紧力一样，不留空隙为合适。

试完刨楔后可用弯锯或铲，锯削出弧形或斜圆形都可以，以不顶刨渣为宜，如图 4-6。

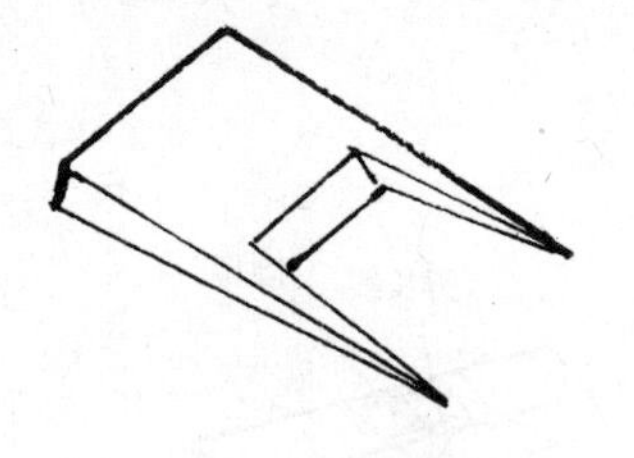

图 4-6　刨楔

整理外形。倾口做好后，做好刨把部分，并刨的其余部分加工和予以修正。

再者刨把以装刨刃底面线向后端 10mm 位置钉于刨床上，或者后端以同样距离离刨面向下 8mm 处凿出 10mm 的榫眼穿刨把。

刨床上面有弯曲形状；有直线形状；前薄后厚多棱形状，可按个人爱好制作，并修理光滑干净。新制作的刨床要一边使用一边修理调整。刨底必须平整，出渣利索，刨刃底面结合严实。刨削时不出现波纹现象，和虚刃尖叫为宜。出渣利索以刨渣不顶口，每刨削一次的刨渣随刨床向前的推力作用送出刨渣口即可。

二、专用刨的制作

1. 内圆刨、外圆刨制作。可以根据平刨的制作方式制作，不同的是大小有别，另一方面内外圆刨的制作应把刃口磨制成内圆或外圆的形状，圆弧底面按刃口的圆弧凸凹状修正成相同即可。

2. 线刨的制作。线刨样式有拆口装饰的起线刨，制作镜屏框的花边刨，刨削家具台面、门面的装饰性花边刨等等，如图 4-7、4-8。其刨床原理和平刨大同小异，只是外观形状和刨床底面有区别，有的带有靠板。刨刃、刨底是按所需线形凸出凹进的相反形状制作而成。也可按多种线形在一刨床上做大小两个倾口按装两种形状的刨刃。

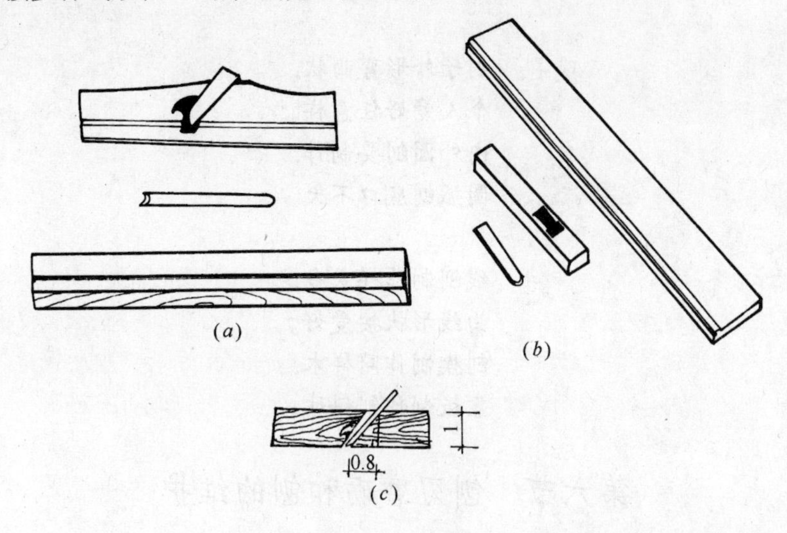

图 4-7　线刨

(a) 三分圆线刨；(b) 三分 45°线刨；(c) 线刨倾斜尺度

较窄线刨的制作更为简易，可做侧面半倾口并夹紧刨刃的线形刨，倾口形状只利用一半来夹紧刨刃，将出渣口做在一侧面，出渣利索即可。其刨底按线型的一侧面铲削磨出，无刃部分刨身留一半作为靠板，并要高出刨底 8～10mm 作为刨削时的靠板用。

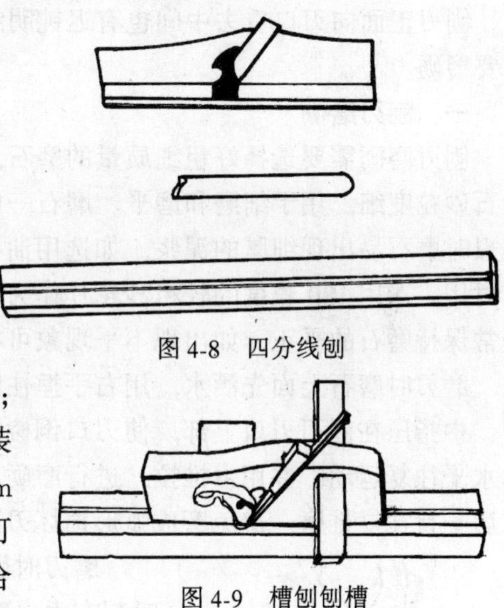

图 4-8　四分线刨

图 4-9　槽刨刨槽

槽刨的制作按需用槽宽而定。由于人造板材的广泛使用，有三合板、五合板、纤维板多种规格，常用的有 10mm、8mm 一种；5mm、4mm、3mm 一种。可做 8mm 槽刨安装 10mm 刨刃，可以换刃刨削两种槽。也可做 3mm 槽刨安装 5mm 刨刃。总之，制作形式多样，可根据实践经验以样式美观，刨削省力，质量合格，光洁度高为宜，如图 4-9。

口　诀：

制作刨子料方正，
画线要按净尺寸。
前后比例以刃口，
倾斜角度出渣口。

画线如加盖铁厚，
注意凿刻看深度。
凿刻认真出渣好，

刨底铲平不虚刃。

刨子外形弯曲状，
个人爱好任意样。
内外圆刨要制作，
圆弧刨底口不大。

线刨制作样式多，
曲线形状按爱好。
刨楔制作同样木，
靠板制作刨斜坡。

第六节　刨刃磨砺和刨的维护

刨刃使用钝后，从刃口的反面看去，在光的反射下有白灰色明线。明线越宽，刃越钝。刨刃正面向刃口看去中间也有迟钝明线，刃面发光发明，刃口不平即刃钝，刨刃钝后需要磨砺。

一、刨刃磨砺

刨刃磨砺需要选择好粗细质量的磨石，粗磨石砂粒度大，用于磨缺口或很钝的刃。细磨石砂粒度细，用于细磨和磨平。磨石一般选中软性质的磨石，通常叫起尘磨石。就是在磨刃时磨石易出现细腻的泥浆，如选用油石，以220粒度至440粒度中软性为好，作细磨刃时用。选用180粒度的较粗砂轮片作为粗磨开刃或刃口有缺口时磨刃用。磨石磨刃时应经常保持磨石的平正，如出现不平现象可在平整的砂石上或水泥板上把磨石磨平。

磨刃时磨石上面先洒水，用右手捏住刨刃上部，食指伸出压在刨刃平面中部，左手食指、中指压在刨刃刃口上部，使刃口倒棱面紧贴磨石面。用力要均匀，手握刨刃与磨石面作水平往复运动，并用力推拉，进行磨砺。注意手势不能与磨石面形成一上一下磨刃，要前后平行往复推磨，避免磨成弧形损坏刃面。磨刃姿势如图4-10。

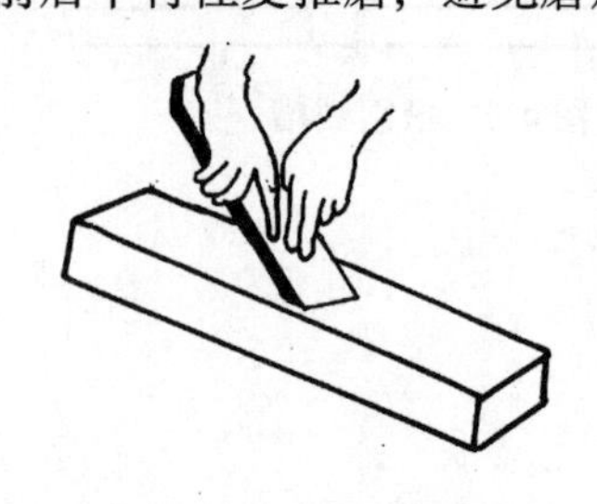

图4-10　磨刃姿势

磨刃时勤浇水，及时清洗磨石上的泥浆，保持磨石面上时刻有水，磨好的刨刃，刃锋用眼看去，在反光的情况下看起来是一条极细的黑线，或者好象看不见刃口，刃口发乌青色，刃口倒棱面（也叫刃磨面）平整不能出现多棱的现象，刃锋平而直。倒棱面磨好后，可磨平面。平面是反转刨刃平放于磨石面上，磨去刃口的卷边，把平面踏磨平整，刃口部发灰亮，无明亮发光时就为磨好。

磨刃时还应注意，两手食指握刃时，刃的两边用力要匀，避免把刃口磨成斜形。

如磨各种凸凹面曲线刨刃。可分别利用凸凹形状的什锦油石，按着倒棱斜势刃磨。也可利用磨石的棱角或把磨石棱角加工成需要的圆弧形，进行磨刃。事实上只要利用磨石磨出需要的线条形状即可。倒棱面磨好后翻转刃面踏磨平整即好。

二、刨的维护及使用方法

刨削前，应把刨刃磨砺，安装好刨刃。刨刃安装时，如有盖铁，则先将盖铁压在刨刃上。盖铁与刨刃留出正常的断屑刃，并与刨刃平面压严实，不留空隙。上好盖铁后，装入刨床安好刨楔，用锤轻轻敲紧，然后进行调整。

调整刨子刃的方法。有盖铁和无盖铁的刨床基本一样，方法是用左手靠紧刨把，母指紧靠倾斜口，压住刨楔把刨刃夹紧，中指、无名指、小指放于刨床底面，食指撬起，拿好刨子，旋转刨底面朝上，刨床的前端朝向眼前，用单眼向前面平行于刃口看去，检查刨刃伸出底面的大小。如伸出刨刃的大小不合适，把刨床旋转一下前端向下放平刨床，用锤子敲击刨床尾端，使刨刃、刨楔弹松，刨刃就能退出，然后再重新调整。刨刃歪斜时轻轻敲打刨刃刃身两侧调整。要保持刨刃口与刨床底面平行，然后轻轻敲击稳刨楔，夹紧后方可使用。

注意手握刨床调整刨刃时，千万用拇指压紧刨楔刨刃，避免敲击时用力过猛，使刨刃跳出伤人和损坏。

刨削时双手紧握刨把，食指放在刨床上，拇指可放在刨刃后面刨身上，保持刨子握紧放平，操作者站在工作台和木料的左边，左脚在前，右脚在后，随着胳膊背膀的向前用力，借助上身前俯的往复倾斜，手撑用力使刨子推出，刨渣顺势排出。拉回刨子时刨床底面轻离木料表面，身体站直，胳膊收回，以此往复运动的姿势进行刨削。

刨削前选木料纹理顺的方向刨削，尽量避免戗茬，保证刨削方向一致，刨身从始端到末端要保持水平前进，刨的木料不凹不凸。

刨削加工时应先选木料的两个好面或叫两个基准面进行加工，其余两面按画的线刨削后用角尺衡量两相邻面为直角。

刨床底面经长时间磨损出现凸凹情况时，用平刨刨削平整，才便于使用。

口　诀：

刨刃磨砺使用前，
上好刨刃看底面。
反复调整轻轻敲，
弹出伤手要避免。

刨时双手紧握把，
站立身体靠左边。
左脚在前右在后，
背膀用力身俯前。

刨子紧贴木料面，
平直刨出不凸面。
选出纹顺二个面，
叫做大面和小面。

先刨大面和小面，
大面小面基准面。
先刨凹面或凸面，
角度方正刨直边。
画出宽窄平行线，
反面刨时留下线。

第七节　机械刨床的使用

刨床是用于刨削各种方材、板材的刨削机械。木料经机械刨床加工不但速度快，而且能得到光滑表面。

机械刨的形式也很多，其构造原理大体一样，多以制作精度决定其刨削光滑程度。机械刨的主要组成部分包括机座、台面、传动部分、轴部分、靠板、升降装置、防护装置等。

机械刨床包括的种类有平刨床、压刨床、四面刨床等多种型式。目前普遍使用小型多用机，以平刨和圆锯机为主，还能做钻孔、做榫、磨齿、磨刃等多种功能。这种多用机广泛地运用于木工生产过程中。

机械刨床的操作及刨削方法以平刨床为例加以说明。

平刨床用途广泛，一般只作纵向刨削木材的框料或板材料，也可用于拆台（企口缝）刨削。

1. 平刨床一般二人操作，加工时还要协调配合。

2. 平刨床的工作台面如果是可升降调整的，刨削前应按刨削厚度适当调整，不得前台面高于后台面，失去刨削作用。也不能前台面过低增加刨削厚度。加工的工件推向后台面后，工件下面没有空隙为好。

3. 刨削前，先检查刨床各部分零件有无松动现象。确保安全后才能开机。

4. 刨削前，先用角尺校正靠板与台面的垂直。

5. 刨削木料开始时，要对木料全面检查，针对木料情况确定其操作方法。例如，进料方向上选择不戗茬，或戗茬小的面；有节子的料要背着节子和戗茬严重的一面；长框木料刨削前先刨凸起部分。按木料确定操作方法其目的是不产生戗茬刨削，或在刨削过程中使木料不跳动、不反弹，可以避免损伤双手。

6. 操作时进料方向叫上手，出料方向叫下手。上手向台面送料时，应站立适当，靠近工作台时，站在工作台左侧中间，左脚在前，右脚在后，两脚前后分开，左脚接近工作台刀轴中段地面一侧。左手按压工件紧靠靠板，右手按稳木料尾部，慢慢推进。注意：上手推送离刃口100mm时必须离手，下手接拉木料只能在超过刨口200mm时才能接拉。如刨短料一人操作，尽量两手倒换位置，使推送料时双手在刨口200mm范围内不按压，也就是推送木料手不能按着木料经过刨口，以免木料弹出、跳动使手刨伤。

7. 刨削时，翘面应先刨对角线高出的两角。凸起面先刨凸起高处，并保持两端头平衡。拼缝时，保证刨床平稳，振动很小，台面与刨口光滑平整，刨刃锋利，操作要均匀而且要耐心细致。

8. 操作时，衣服紧身，双袖挽起或扣紧，避免带进刨口造成伤残。

9. 操作时，常注意机器转动声音是否正常，如有异声现象，迅速停机排除。

10. 机器加油或清扫木屑，均停车进行。刨刃上螺丝不能旋的太紧而造成滑丝或断开，也不能旋的过松造成飞刃或损坏机器及伤人。

11. 台面应常保持清洁，开动时工具等物不得放在上面。

口　诀：

机械刨床样式多，
平压、四面、多用刨。
构造靠板、传动轴，
还有台面和机座。
升降防护装置好，
刨锯结合功能多。

二人操作要配合，
看料刨削避戗茬。
刨削姿势有规律，
避免伤手讲操作。
翘角、凸边刨均匀，
刨削吃刀不易大。

第五章 凿刻砍削技术

“木雕基本工，锯刨凿刻精”。凿刻砍削同样需要具备完善的制作工具，所以本章将从手工凿；凿的磨砺和使用；机械榫眼机及其使用；铲和雕刀等工具；凿刻技巧等方面叙述。

第一节 手 工 凿

手工凿是雕刻加工中一种凿榫眼、挖空、剔槽、铲削用的工具。它是由凿身、凿箍、凿柄构成的，如图 5-1。手工凿的大小形状见图 5-2。手工凿的种类见表 5-1。

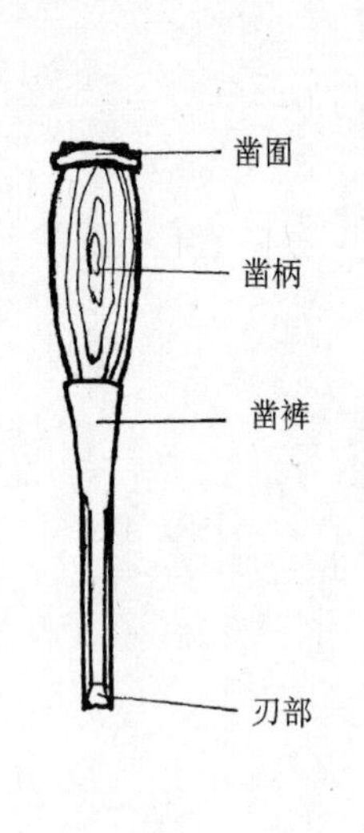

图 5-1 手工凿的构成

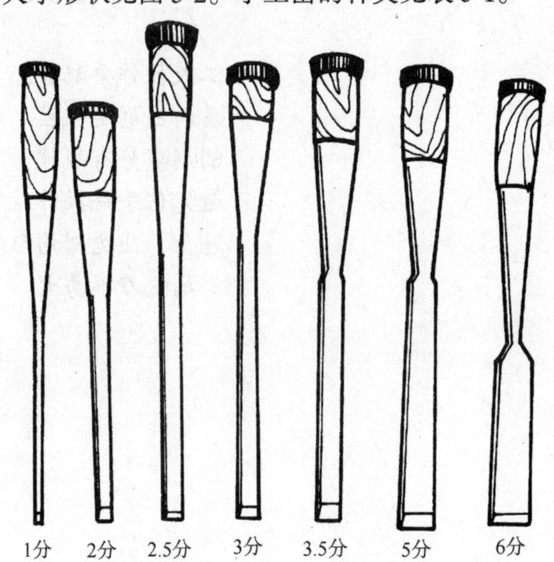

图 5-2 手工凿的大小形状

手 工 凿 的 种 类 **表 5-1**

凿的名称	1 分凿	2 分凿	2.5 分凿	3 分凿	4 分凿	5 分凿	6 分凿	7 分凿
规格（mm）	3	6	8	10	12	15	20	23

手工凿的质量。应要选择刃部钢性好和热处理好的手工凿。刃身部分还要厚实强度高，装凿柄的孔要圆滑无裂纹，这样才能保证其使用的时间长。

手工凿的组装。新购置的凿子需要安装凿柄、凿箍。凿柄应用硬木制成，长度为 130mm，粗细要选比凿柄孔略粗或相同即可。如果是方形木料，可用斧砍削成圆形，一端头按柄孔圆斜度砍削，并严实地插入柄孔与底部顶实，不能太松，或者太紧。剩下的另一端头是安装凿箍和做凿柄用的。凿箍选 ϕ20mm 铁管用钢锯锯 4mm 厚的圆圈，用铁锉锉磨平整。用铁柄小刨把凿柄刨成很规则的圆把形状，端头带斜圆形，把凿箍紧紧套上。凿箍可起到凿削榫眼时保护凿柄锤击处不致于损坏的作用。

手工凿的用途：

1 分凿：用于制作木刨床时的刃口孔凿刻、马牙小榫凿刻、透雕微小细部的凿刻等。

2 分凿、2.5 分凿：多用于窗棂或榫眼的凿刻、门扇榫眼的凿刻、专用刨制作凿刻、家具牙板和榫眼，以及插肩和雕花板榫眼等部位凿刻。

3 分凿、4 分凿：多用于家具结合部位的榫眼凿刻，如建筑花牙、雀替、挂落等榫眼部位的凿刻。

5 分凿、6 分凿、7 分凿：多用于建筑方面较大榫眼的凿刻，也用于大型木雕轮廓的凿刻。

口　诀：

榫眼剔挖手工凿，
构造简易韧性好。
凿柄硬木凿箍圆，
松紧合适安装牢。
多种规格类别凿，
大小多样备用挑。

第二节　凿的磨砺和使用

凿的使用包括磨砺和凿削。

一、凿子的磨砺

凿子的磨砺和刨刃磨砺方法基本一样，但凿子因凿柄长，磨砺时要注意平行往复磨刃，磨后的刃部锋利，刃背平直，磨后明亮的刃背不得有凸棱和带凸圆形状。如果凿子要用于木工雕刻框架的凿榫眼，刃部常常磨成“月牙形”，目的是凿榫眼时，能保证凿榫眼的切线的方正。如图 5-3。

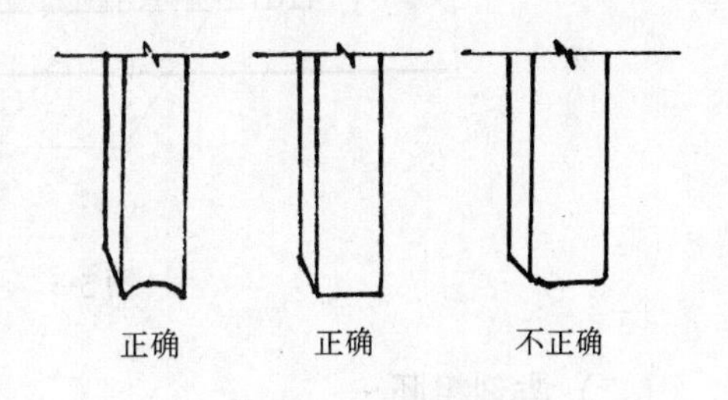

图 5-3　凿的磨刃要求

二、凿削

凿在木工雕刻中发挥的作用是，做榫凿削和凿刻粗坯挖剔的使用。

(一) 做榫凿削

做榫凿削常常在画好线的两根木料上对称凿榫眼。凿削前应先检查木料上画的线是否对称齐全，是否正确，有无漏掉画线部分。

把木料平整放在工作台上，找两块薄厚一致的木块，一端垫实，另一端垫在所要凿的榫眼处。如果木料太大、太长也可放在平整的地面上垫上木块凿榫眼。

凿削时的姿势一定要正确，人的左臀部可把木料坐稳，木料短时用脚踩稳也可以，不得使木料在凿削时跳动。

凿削时的姿势：左手握凿，保持凿子不向两边倾斜；右手握斧，保持斧刃不误伤身体。身体腰背要立直，头部略偏斜，握斧锤击凿子要用力均匀，如图 5-4。

切线凿削时，不能拿着凿子往线上放，这样很难迅速放正。必须把凿刃放于榫眼线附近，左右摇摆凿子，切到画线一半（俗称吃线）处，立正凿子，用斧锤击打下去。紧接着前后摇摆凿子三下，俗有“一锤三摇凿”。依此由浅入深，直至凿削深度为木料厚度的三分之二即可。

图 5-4　凿榫眼的姿势

凿子凿削一般以刃部倒棱斜面朝向操作者方向。先从榫眼长度方向下凿，依次向前凿削。其顺序是，先凿一下凿出深度，后凿一下凿出出渣坡度，保证退出凿下的木渣，向前进行凿时叫吃凿，不宜太大，向后凿时叫跟凿，要切透木渣。榫眼长度方向切凿终止后，反转凿子把先开始凿的坡度立正凿子全部凿松，排出木渣，反转木料再凿另一面，直到凿透榫眼，见图 5-5。

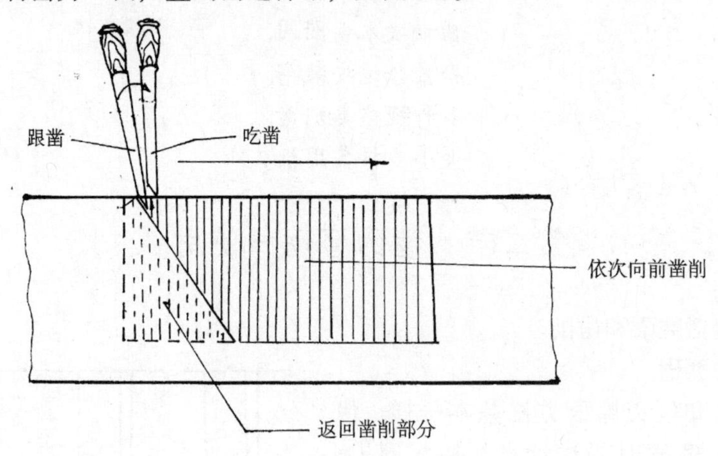

图 5-5　手工凿榫眼示意图

（二）凿刻粗胚

凿刻粗坯是木工雕刻的第一程序。把雕刻大样轮廓复制在木料上面之后，能用锯的先锯掉。然后把雕刻物平整放在地面上，用木板垫实。用锤打击凿子，把雕刻物大样轮廓结构凿挖剔出。如日常加工中把凿粗坯叫“叩”，用宽凿镂剔深浅浮雕的粗坯叫“托”。

（三）凿刻注意事项

1．凿削时姿势要正确，边干边向有技术的师傅学习长处。干啥像啥，好的姿势动作有利于安全，有利于凿刻顺利进行。

2．凿要放在安全的地方，不应放在凳子上或工作台边，以免掉地伤脚伤腿。

3．斧头打凿子用力要正，不得打偏，避免打坏凿柄伤手。凿柄、凿囿如有裂纹或者偏茬开裂时，应及时更换。

4．斧头打击凿子注意斧刃在上，工作再忙也要细心，不得斧刃向下，以避免砍伤左手。还要防止斧头脱落伤人的现象。

口　诀：

凿子磨砺平行推，
刃部锋利背平直。
刃部要求“月牙形”，
保证凿榫取方正。

做榫凿削线要全，
木料两端木块垫。
凿时左臀压稳料，
斧头握紧锤打凿。

切线左右移凿刃，
锤打切削三摇凿。
前切凿削要凿深，
后切凿下木渣松。

凿刻粗坯搞雕刻，
先用锯子锯轮廓。
锤打凿剔叩粗坯，
深浅浮雕托坯底。

正确凿削讲姿势，
不得随便扔工具。
斧头锤打要认真，
误伤事故因粗心。

第三节　铲和雕刀等工具

铲是一种铲削木料或挖剔木料的工具，雕刀是木工雕刻和精细加工的工具，其它工具包括斧、锛、锤等。

一、铲

铲的形状如图 5-6、图 5-7、图 5-8。

常用铲的种类有平铲、斜铲、圆铲、双面铲、翘头铲等，其名称和规格见表 5-2。

铲的构成由铲身和铲柄组成，铲柄安装和凿柄安装一样，只是铲柄的长短可根据自己的使用习惯和爱好自制。

铲的使用：

1. 铲用于对雕刻物粗坯轮廓进行二次修正，进行镂铲通雕凿削的粗加工。

2. 铲配合雕刀对雕刻物进行玲珑剔透等细加工，如镂空雕、顺逆雕刻、切雕、剔雕、细雕等。平铲铲削姿势，圆铲铲削姿势等见后附录2彩图。

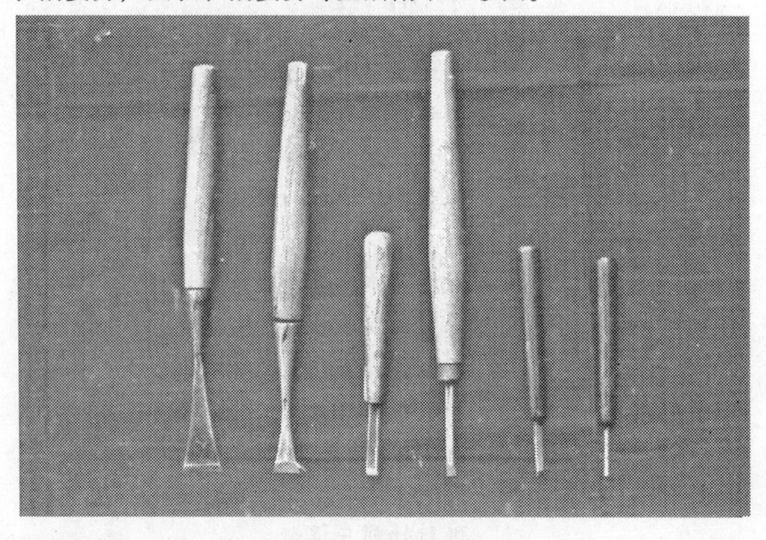

图5-6 平铲、斜铲

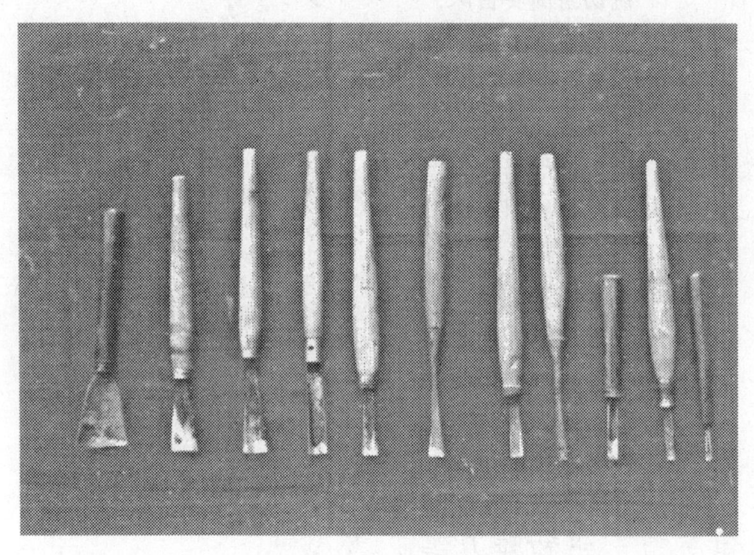

图5-7 圆铲

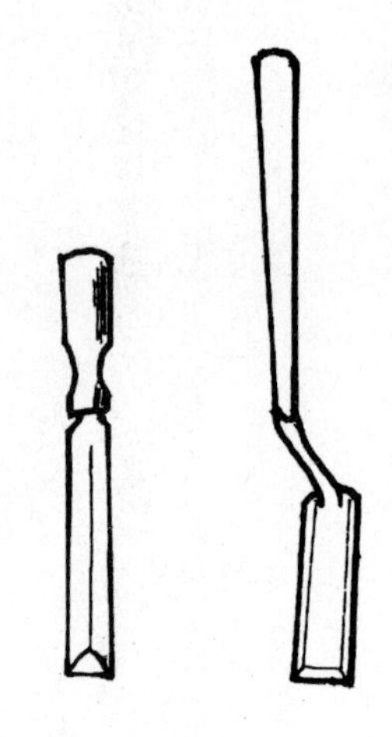

图5-8 双面铲、翘头铲

常用铲的名称和规格（mm） **表5-2**

种类	名			称				
	1分	2分	3分	4分	5分	6分	7分	8分
平铲	3	6	10	12	15	20	23	26
圆铲	3	6	10	12	15	20	23	26
双面铲					15	20	23	
斜铲			10	12	15	20		
翘头铲		6		12	15			

二、雕刀

雕刀多为斜刀，有大号和小号之分，还有三角形龙须刀（多用于阴刻），如图5-9。

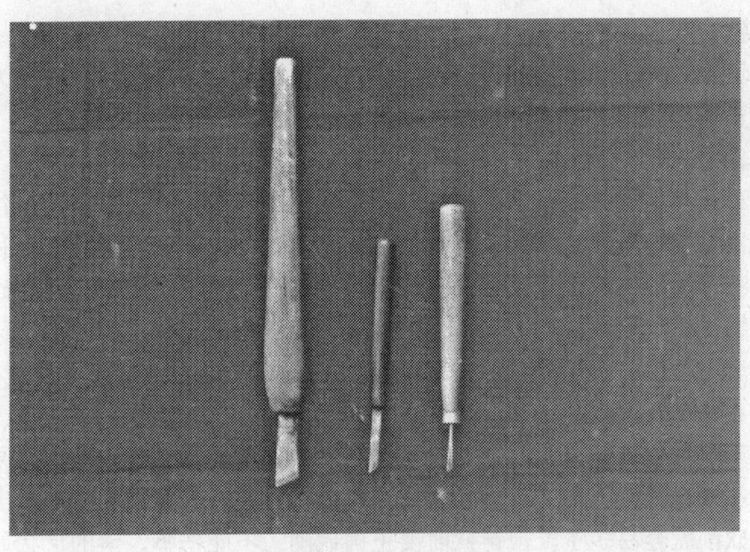

图 5-9　雕刀和龙须刀

雕刀的规格一般因跟师学艺手法的差异，宽窄长短，斜平圆角等形状也各随其便。但要求锋利，钢性要好，易磨耐用。

雕刀的使用见后附录 2 彩图。

三、锯和钢丝锯

锯的种类在第三章已经作了介绍。在雕刻中钢丝锯必须常备而且又要耐使用。钢丝锯配合铲削可挖补锯空铲凿部分和雕透部分。如图 5-10、图 5-11。

图 5-10　钢丝锯及其使用

图 5-11　锯的使用

四、木锉、双面大铲

木锉用于锉光锯边和砍削的痕迹部分。木锉大小尺寸很多，以好使用为易。双面大铲用于修光平整雕刻脱地，修光平整锯锉后发毛的地方。

五、斧、锤、锛

斧有双刃斧和单刃斧，是木工雕刻时用于砍削的工具。双刃斧适用于建筑雕刻，尤其竖柱、上梁、檐板等，正反两面砍削方便自如，劈砍不合适木料组合较为利索。单刃斧适用于家具雕刻，砍削框料多余部分，立砍容易保证砍削平直，还较适用于砍削木楔。

锤有鸭嘴锤、羊角锤，还有木锤。鸭嘴锤多和木锤配合打击铲凿，进行雕刻铲削，也用于钉钉子。羊角锤是木工雕刻的常用工具，适用于起钉子和钉接木件使榫卯结合。斧、锤形状如图 5-12。

锛在木工雕刻建筑工艺中，随着机械锯刨床的发展现在已很少使用，原来多用于修正梁枋的平整。锛比斧砍削量大，而且锛砍平整梁枋方便。如宽面板中间凸出部分斧子难以砍削，用锛砍削就容易多了。但锛砍时要正确砍削，不能伤脚。锛的形状如图 5-13。

图 5-12　斧和锤子

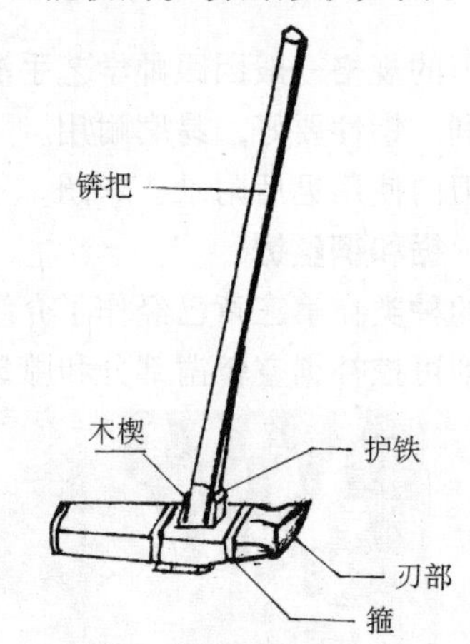

图 5-13　锛

六、卡具和木钻

粘合时用于卡紧木料的工具称卡具。有些不规则的图案形状需胶合粘贴才有利于雕刻，所以卡具的数量规格根据需要备制，如图 5-14。

木钻有麻花钻、手摇钻，常用于钻空。如用于榫结合时穿木销钻空；用于硬木钉子钉接时的钻空；用于镂空雕刻钻挖和透雕穿钢丝锯的钻空。麻花钻和手摇木钻形状如图 5-15。

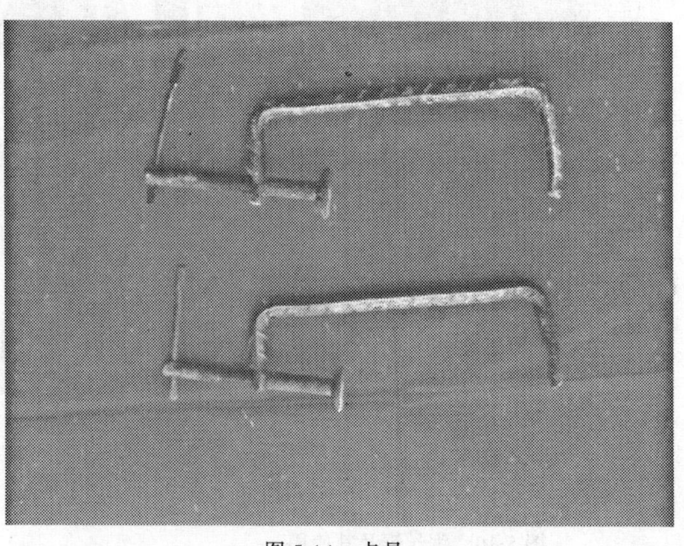

图 5-14　卡具

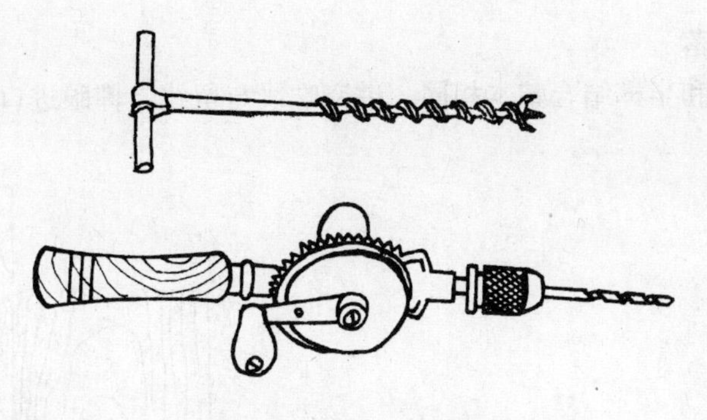

图 5-15 麻花钻及手摇钻

七、雕刻万能机

这种机器有打眼、雕刻、磨光等多种功能，多用于现代雕刻，工作效率比人工提高多倍。

口 诀：

铲和雕刀等工具，
种类较多出效率。
平斜圆翘双面铲，
镂空透雕巧姿势。

大小雕刀龙须刀，
钢好刃利求耐磨。
搜锯弯锯钢丝锯，
铲凿挖补相联系。

双面大铲和木锉，
脱地雕刻配备好。
斧锛卡具和木钻，
雕刻工具不可少。

第四节 凿刻技巧

凿刻的技巧是木工雕刻经验的总和。技巧很多，本节对榫眼结合扎实不松动的技巧；用斧砍削的技巧；铲削雕刻的技巧加以叙述。

一、榫眼不松动技巧

榫眼有半榫和透榫。要使雕刻物榫结合扎实不松动有专门技巧。

半榫结合技巧。凿榫眼的深度约大于榫头长度 3mm，榫眼的宽度方向一定要小于榫头宽，留线处少凿 1mm 再凿榫眼。榫眼的厚度吃半线凿榫，榫头按榫眼宽度留半线锯出榫头（见后章节吃线与留线）。关键是榫头薄厚合适，不松不紧，宽度适中紧紧打入。榫眼形状如图 5-16。重要部位的榫头结合后，不但榫结合要牢实稳固，而且还必须钻孔镶木销，使榫头不脱落。

透榫结合技巧和半榫结合基本相同，讲究吃线与留线。榫眼进口方向留线凿榫，出口方向吃线凿榫。

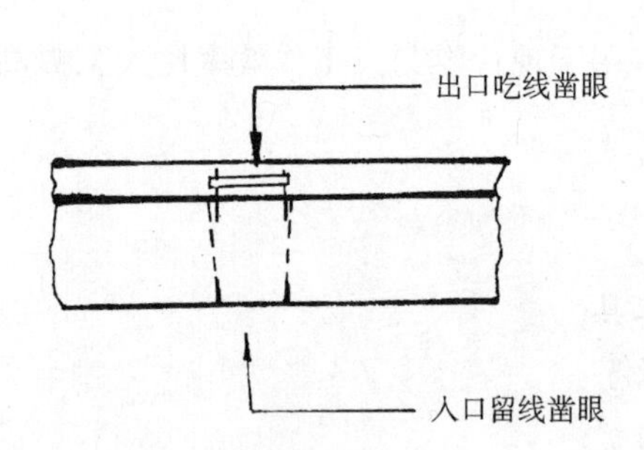

图 5-16　榫眼凿刻要求

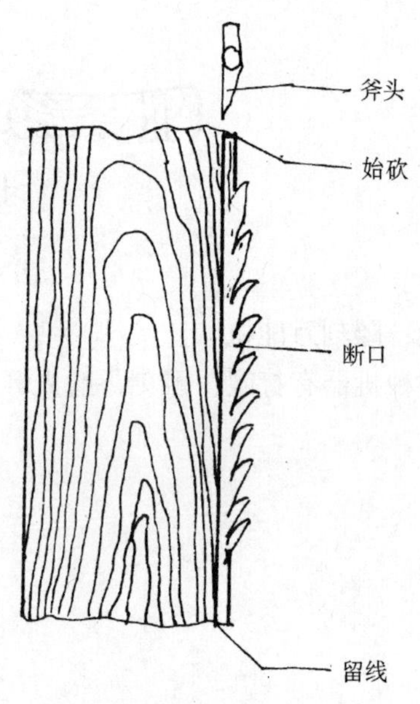

图 5-17　砍削要求

二、用斧砍削的技巧

下面以单刃斧砍削为例加以说明。

首先要把斧头安装牢实，不得掉出或松动。斧砍前必须顺木纹方向，按线砍削。常以梢材在上，根材在下，向根材部分往下砍。遇到节子应先上下反正轻轻砍削砍碎逆纹，不得使木材劈裂。砍削斜纹应视木纹向外走向的形状砍削，不得逆砍。

用斧砍削时右手握紧斧把，依靠小臂力，手腕和斧头本身重力向下顺木纹砍削，逆砍因戗茬会劈裂木料。

根据砍削量的多少砍削，如砍削量很厚可锯割，不便于锯割先用斧分割断切和砍削。断切砍削次数越多，距离越近，其砍削越省力，越不容易开裂。断切砍削后要依次砍削直顺防止劈裂。

砍削开始下斧时要注意轻砍，先砍出下面断切口，再用斧刃对准端头留线处剁一下，砍出始口，逐渐加力，切断砍削和留线砍削要往复进行。断切砍削如图 5-17。

三、铲削雕刻技巧

铲削雕刻技巧应按规律进行。

1. 铲削雕刻前，首先构思所雕刻物体要进行几道工序。如果雕刻物体是组合的，应一件一件分别进行。

2. 工具在工作台上有顺序地放置，不能乱扔乱放。

3. 铲削雕刻顺木纹方向，常叫顺茬铲。不能雕刻的地方用钻和锯锉配合加工。

4. 铲雕时，先切后铲，即先用木锤打击，铲削出需要的深度或者曲线，深度要均匀不得太深，以免损坏底子。先切轮廓部分，要根据形状大小，适当选大小合适的铲切挖。

5. 铲雕时先粗后细，铲刻尺寸精确，雕刻用刀轻重合适，避免错雕。铲雕时一层一层，逐层铲雕，层层加深，层层铲轮廓，层层再细雕。另外也可以根据技术熟练程度分部分雕刻。

6. 铲雕图案能对称雕刻的对称雕刻，而且还要注意图案的主要部位用刀纯熟有力。

7. 雕刻图案受力部位要保护图案的审美价值，还有保护雕刻物体的受力状况不得损坏。

8. 铲雕物体时刻保持干净，不乱画线，不乱弄脏。

口　诀：

凿刻技巧分多种，
积累经验讲实用。
半榫全榫做周正，
钻孔上肖牢实紧。

斧头牢实避戗茬，
砍削断切顺纹下。
铲削有序放工具，
先铲轮廓后雕细。
逐层细刻放稳雕，
雕刀深浅轻重好。

第五节　机械榫眼机的使用

一、木钻床

木钻床代号 MK，其样式多，有立式钻床，卧式钻床、组合钻床。

木钻床的作用可加工各种贯通和不贯通的圆孔；可用于挖补缺陷和填补塞子；可用加工圆弧形槽和榫孔。

木钻床的规格。多以钻孔直径大小作为钻床规格的常用参数，一般为 1～20mm。

立式钻床主要是钻轴处于垂直位置，卧式钻床钻轴处于水平位置。现在木工常用的多用钻床主轴端头部分实际是卧式部分，不过是单轴单面的，孔眼加工、做榫等工作都能进行。组合钻床是由立式和卧式钻床组合起来的，可同时由水平方向和垂直方向加工若干孔眼。

木钻床的操作：

1. 开机前先上好钻头，夹稳钻卡，同时转动钻卡，感觉主轴部位无异常现象即可开机。

2. 开机时先听电机是否正常运转，有无不正常杂音，机械各部位有无松动现象，能否平稳运转。

3. 木材打孔应持稳或用卡具夹稳木材，不得松动。避免损坏钻头，或因无持稳，转动伤手。

4. 钻头钻孔时，操作手柄应均匀抬起和按下，不能过快或用力太大。用力太大钻头易损坏，或是打的孔眼不直。遇到节子时要上下往返几次，使眼打正，不损坏钻头。

5. 钻空时手应离开钻头转动的一定距离。钻薄铁皮或较薄的铝铜材料时，一定要调慢转速，并使卡具夹稳防止滑出割手。

6. 机器使用完毕应关机并清除钻末等杂物。

二、榫槽机

榫槽机也属钻床类，代号也是MK。有立式榫槽机和卧式榫槽机，有自动的和半自动的，还有单轴和多轴的。

榫槽机的切削刃具是由不旋转的特制空心方凿内装旋转的钻头组合在一起进行凿榫的。榫槽机的切削刃具和手工凿的宽度一样分多种规格，常用的有12mm×12mm和16mm×16mm两种。

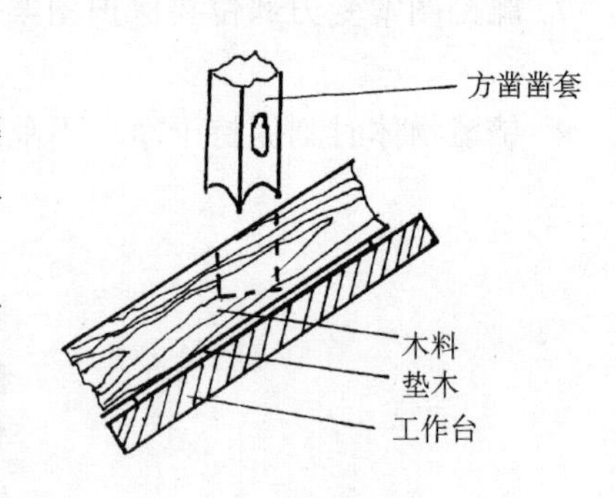

图5-18 斜榫加工

榫槽机凿榫可做直榫，也可做斜榫。做斜榫时只要调整靠板或工作台即可，如图5-18。

榫槽机的操作：

1. 开机前先看说明书，掌握各部位开关和操作的先后顺序。

2. 凿榫前先检查钻轴座，调整工作台位置。

3. 开机时电动机转动正常后，检查刀架往复运动和卡具、液压轴的动作是否合适。

4. 安装好方凿钻头，钻卡一定要夹紧钻头，并调整好钻头和方凿套刃口间隙。间隙太大或太小都会影响凿榫的切削工作。

5. 调整好方凿凿榫深度或位置，进行开启操作。

6. 钻轴运动时禁止安装方凿套等工作，也不要作清理工作，避免伤手。

7. 榫槽机的道轨和液压等系统要加油保养，一般3个月换油清洗一次，每天工作结束后，要清理干净木屑并上好油。

口　诀：

钻床代号MK型，
加工榫槽和榫孔。
钻轴垂直立式床，
钻轴水平卧式型。

正常操作加工中，
注意转动听杂音。
夹稳木料防伤情，
打空眼时要方正。

榫槽机做直角榫，
单轴双轴和自动。
榫眼大小选钻套，
注意安全保养勤。

第六章　木雕制作技术

木雕制作技术，主要包括木雕加工的基本技巧，如衡量木料面和棱的平直；吃线与留线；拼缝技术；胶合技术；做榫技术；木雕制作工艺和顺序等方面内容。

第一节　雕刻木料的面和棱的平直

雕刻木料的面平整和棱的平直，常常是用眼力衡量的，俗有“看线是木匠的眼”之说。好的眼力不是一两天内锻炼成的，只要根据一定的规律，多看、多练、多衡量就可以了。

一、先看基准线

一块平直的方料如图6-1，可以看到 a、b、c 三个面。图中 a 面与 b 面共有一边棱 CD；a 面与 c 面也共有一边棱 BD；b 面与 c 面同样共有一边棱 DF。看不见的其他三个面也是有三条共有边棱的。从图中得知平整的方料共 6 个面 12 条边棱，而且每相邻的两个面有一条共用平直的边棱。如果把图 6-1 的三个面分解，如图 6-2。其中 a 面与 b 面的边棱分别为 a 面的一条边线 CD；b 面的一条边线 CD。a 面与 c 面的边棱分别为 a 面的一条边线 BD；和 c 面的一条边线 BD。b 面与 c 面同样各有一条边线都是 DF。由此得知每一平直边棱是两个面的共有边线，如果两条边平直，那么边棱平直。相反如果边棱平直两条边线也一定平直。

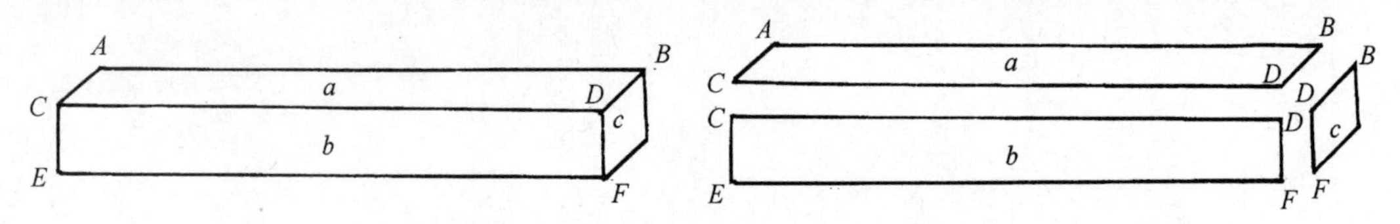

图 6-1　平整木料　　　　图 6-2　三个面分解

看面的边线是否平直，正确的方法一般是看面朝上，左眼闭目，右眼瞄视。瞄视时，如果看 a 面是否锯刨的平直，应视 a 面的边线，而不能视 b 面的边线或者视棱的直不直。如图 6-3，从 a 面的 D 点向 C 点看去，a 面边线中间每一地方有无凹凸不平的现象，或者叫高低不平的地方。用刨子把 a 面高的地方刨平。刨削时适量而止，不可多刨。感觉刨直了再瞄视一次看是否平直。技术好的师傅看一、二次就可以刨直，初学者要反复多看几次才能刨直。另外，从分解图中可以看出 a 面有四条边线，即 AB、AC、CD、BD。同样 b 面也有四条边线。那么，如果木料的面平整，每个面的四条边线必须平直，而且这四条边线在同一平面上。

图 6-3　瞄视 a 面边线平直

木工雕刻加工木料时往往把第一个加工面叫做基准面，把第一条边线刨平直后叫做基准线。

二、细看平整面

平整木板不但四条边线平直，而且必须在同一平面上木板面才平整。

(一) 用眼力衡量的方法

雕刻加工常常是根据一条刨直的边线作为基准线衡量整个平面的。

把一块方形平整的木板放在眼前，如6-4图示意。把 a 面放在面前，选一平直边棱作基准线。这时双手端住基准线边棱两端，手未动前你看到的 a 面是一块平整木板面。当手把基准边慢慢向上抬起，而对边不抬起，头的位置不能动。这时眼睛纵横瞄视看到的平整木板面为长方形。又当双手慢慢一直向上抬起，其平整面的长方形越来越窄，木板越向上移，a 面的视力范围越缩小。当 a 面的基准边和对边边线完全重合，所瞄视的板面形成了一条直线。说明这块木板两条边对称平行。掉转方向用同样的方法再看邻边基准线，如果平行和重合则这块板面就平整。

这就是木工雕刻在刨削平整木板的过程中，往往先看四条边线都是否直，再以基准线衡量平整面是否平整的原理。

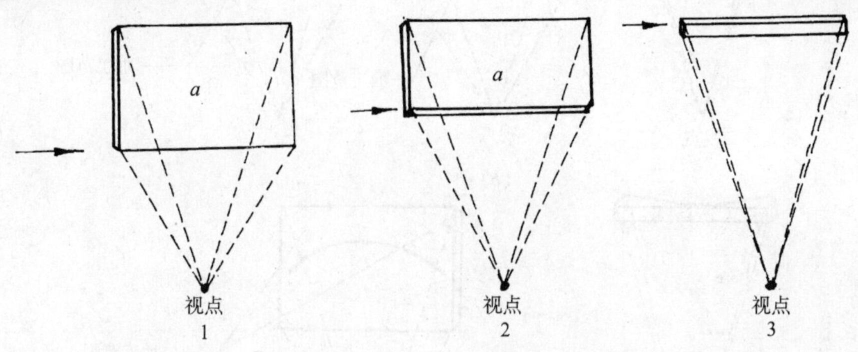

图6-4 基准面平整瞄视示意

(二) 刨平整木板时常出现的几种情况

1. 一角翘起。即两对边未能重合，有两对角偏高，这时注意厚薄情况，可采取两高角部分等量加工去除，或者向高角部分多进行刨削加工。

2. 中间凸起。对边与基准线因中间偏高未能重合。应加工中间部分，先使两相邻边平直后，中间多刨削加工，直至平整。

3. 中间凹下。四边多刨高的边棱部分，保证四边平直。如果断面直边瓦弯，应加工两边。薄厚一致时可等量加工达到平整。薄厚不一致时再加工厚的一边。

以上见图6-5示意图。

三、画线加工剩余面

确定平整面后，就为其它相邻，剩余面加工创造好条件。

一般刨削木料，都先确定一个平整面为大面，然后确定相邻的一面为小面。用角尺衡量小面和大面是否垂直，而且还要瞄视小面的边线是否平直。小面和大面如果刨削垂直后，而且边线也平直，其它两个面就可以画宽窄加工线进行加工了。

雕刻画线加工要根据加工木料要求的厚度和宽度。技术好的师傅只在大小面上画一次线即可加工方正。初学者要两面画线，就是反转对称画出薄厚线才能加工，这样可避免刨

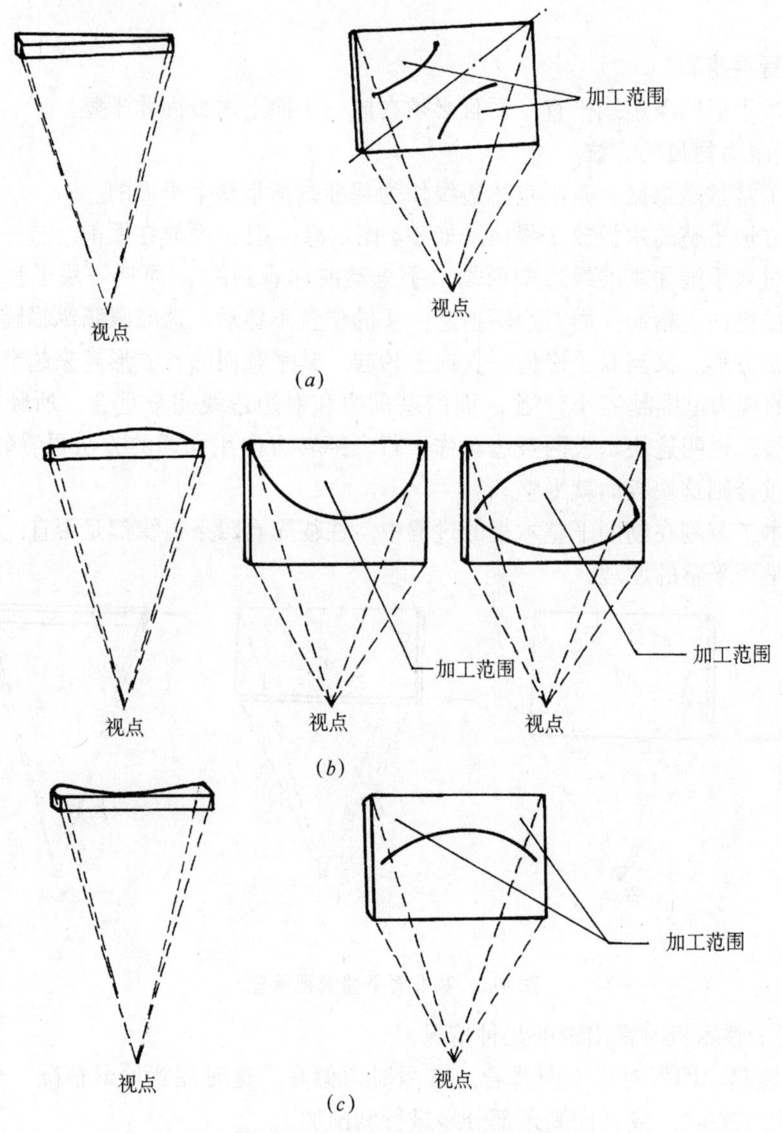

图 6-5　板面刨削凹凸情况示意

(a) 一角翘起；(b) 中间凸起；(c) 中间凹下

削太多或太少，造成加工不方正。

三角形木料的加工有一定难度，加工时可用斜尺衡量小面和大面的斜度，保证把边棱刨直即可。

圆形木料的加工必须先加工成方料后，在方正方料的基础上画出边棱，刨削加工，即四棱刨八棱，八棱刨十六棱，十六棱刨三十二棱……。刨棱越匀称，圆形越规矩。然后再用圆刨净光。梁柱的圆度一般放中线，等距离取方，按由方到圆的原理刨砍取形。

口　诀：

木料棱直平整面，
雕匠眼睛要常看。
平整木板四边线，

平直平行不带弯。
两个平面一边棱，
瞄视分清两邻边。
两条边线如刨直，
平直边棱成直线。
左眼闭目右眼瞄，
平整全靠基准线。

先看基线细看面，
是否重合四边线。
中间弯凸一角翘，
加工注意薄厚面。
木板加工先大面，
常以基面做大面。

相邻板面做小面，
小面刨削先视边。
边线平直看平面，
角尺衡量不翘边。
大面小面刨方正，
画线加工剩余面。

第二节 雕刻制作的吃线与留线

吃线与留线是木工雕刻细加工的重要条件。它包括凿榫眼的吃线与留线；锯榫头时的吃线与留线；刨料加工的吃线与留线；雕花加工的吃线与留线等，这就是人们常说的一线之差的内容。

吃线与留线根据加工目的和画线的粗细来确定。例如，加工误差要求特别小，可用画线刀刃划线或划子画线。加工误差属于中高档产品用铅笔画线即可。铅笔画线一般误差为0.25mm，吃线和留线是对划子和铅笔画线而讲的。

一、凿榫眼时的吃线与留线

凿榫眼时按画线情况分清榫眼的大面、小面、后面、里面，分清榫眼线、前皮线。

凿子切削前皮线时吃半线，就是刃尖要切削铅笔线或是划子线的一半线。留下一半线的痕迹，叫吃半线。铅笔线画线较粗时一般是0.35mm，吃半线就是切削0.17mm，约留0.18mm的线痕作为衡量榫眼线离前皮线的距离。

凿榫眼时，榫头宽度线在榫眼处的里面和后面，即榫结合时的内面，应留一线凿削叫留线。大面和小面朝向榫结合外面应吃一线，就是应把铅笔画的线在凿榫时切除叫吃线。这样榫头和榫眼结合时，椎头宽度方向达到进榫头时紧，出榫头时松。而且备木楔时形成榫头梯形，达到坚固而牢实。见第五章图5-16。

二、锯榫头时的吃线与留线

锯榫头分锯榫头线和锯榫肩线。

锯榫头线时，单榫线分前皮线、榫厚线；双榫头线也分前皮线、榫厚线。前皮线锯割时吃半线，榫厚线锯割时以前皮线为基准对着榫眼凿出后的宽度确定吃线或者留线多少。这是因为凿刃的宽窄和实际要求尺寸不一，往往相差在刃部的逐渐磨短和缩窄。榫头厚度往往要和榫眼宽度相吻合；一般大于或者小于半线结合就达到合格标准。

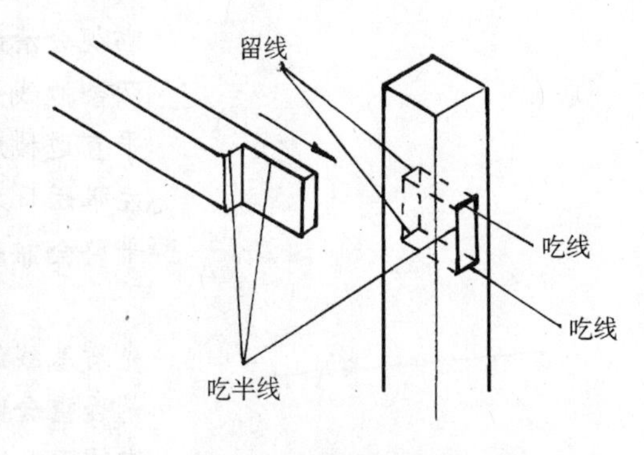

图 6-6　吃线留线锯凿示意

锯榫肩时的吃线与留线。锯割榫肩线时留半线进行锯割，快锯到椎头根部时吃线，如图 6-6。其目的是当榫头进入榫眼，用木楔打紧时，榫肩木料横断面与榫眼木料纵断面用力挤压后使榫结合形成既紧又严实的效果。

三、刨木料时的吃线与留线

刨木料时如果是刨木枋料或者框板料时常常留一线。如配合做榫，板材榫结合，其板材多吃线刨削。装镶板槽结合，要根据槽刃宽度吃半线为好。半榫框料结合，榫头宽度应留半线刨料。

四、雕花板的吃线与留线

雕花板在透雕时根据雕刻情况具体确定。透雕一般锯割掏空时留半线。圆雕轮廓线锯时吃半线。通雕一般也吃半线挖凿。细雕时吃线，阴刻时一般吃线。雕刻吃线应是层层细雕，逐层画线，雕刻后线型不留，其多以加工经验值确定。

总之吃线与留线的目的是考虑到榫结合的技术要求，是木工雕刻框架结构加工的基础，对于吃留线要根据工艺效果的要求，灵活掌握松紧和牢实程度等方面的加工。

口　诀：

木工雕刻加工线，
吃线留线是条件。
凿榫分清前皮线，
榫结合时内外面。
前皮线凿削切半线，
内面留线外吃线。

榫头榫厚前皮线，
前皮吃半依凿宽。
榫肩结合要齐严，
锯肩留半内吃线。
刨木常常留一线，

做榫搭接吃半线。

雕花粗刻留一线，

通雕细雕要吃线。

第三节　雕刻拼缝技术

拼缝是把两块及两块以上的木料刨削拼接后胶合在一起，使之达到雕刻工件宽度或厚度的要求。

一、拼缝要求

木工雕刻加工技术，对拼缝要求较为严格。拼好的缝越严实越好，还得保证经久耐用。因此，一要选材正确，同种材质的木料相对搭配，边材或心材相对搭配；二要纹理连贯，粗细纹理搭配适中；三要加工程序合理，胶合效果良好。

二、雕刻拼缝的现象

（一）翘缝

翘缝是拼缝中常出现的现象，多因刨削习惯和用力不匀使木料加工面出现微翘。其刨削面用眼较难观察，只是两块板拼接在一起时出现一头严，一头翘起或有微缝的现象。

（二）黑缝

黑缝是拼缝中刨削或粘合的原因形成。黑缝有三种情况：一是拼的缝两头空，也叫梢空，这种黑缝不耐久而易干缩开裂，拼缝板不允许出现这种现象；二是拼缝一面严，一面空产生黑缝，这是多因拼缝板胶合时放置不当造成，这种现象更不允许出现；三是两头严，中间空，形成中间黑缝，这种黑缝如不超过拼缝长度的1/4或1/5时可适当用在不重要的部位。

（三）平直

多块板拼缝后，粘接时不产生板面翘曲现象，不产生弯曲现象。应该是多板拼缝要平直，翘板错位要立正。只要拼缝平正才合乎加工的质量要求。

三、拼缝技术

（一）正确配料

拼缝一般为多块木板相拼对在一起，按需要的材料进行搭配。边材相对，弯边相对，木纹相近，材色相近相对。边材相对时，端头断面的年轮方向要正反掉换位置。中材径切板相对时，径切板不需掉换位置。弦切板相对时，需正反掉换位置。

多块木板相对时，要排好位置，数出几道缝，根据自己技术熟练程度的加工经验值，自己确定每道缝加大10mm左右的刨削加工量即可。另一方面为了保证长度方向每块板的位置，加之多板合缝顺序不乱，通常还需要打号，如图6-7。

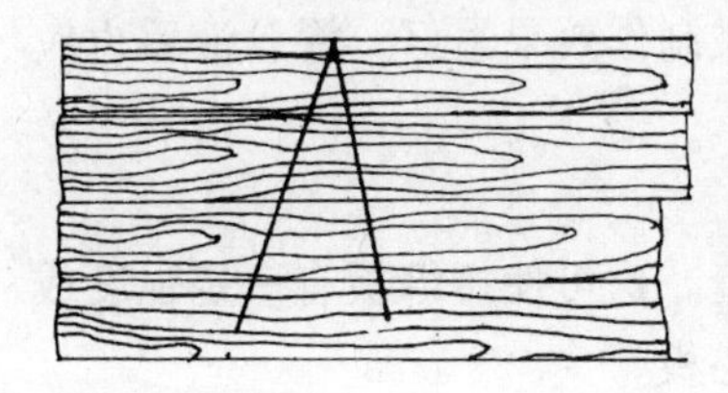
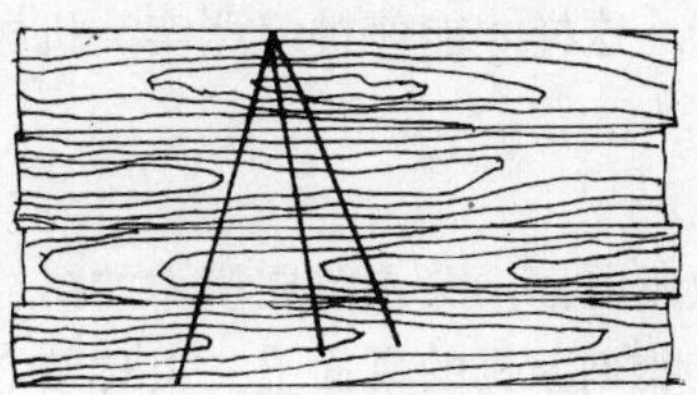
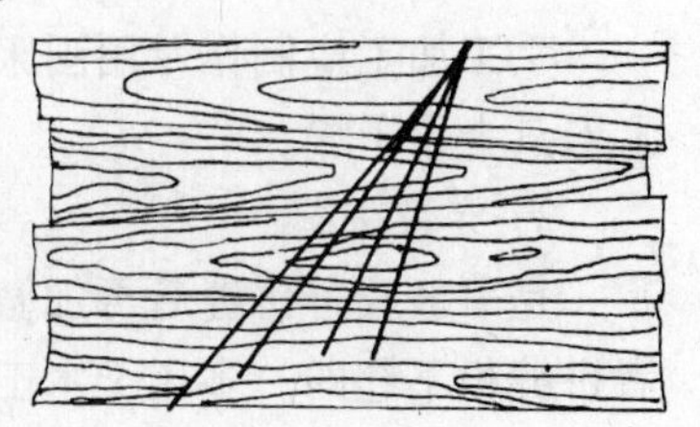

图6-7　拼缝板常用符号

（二）拼缝粗刨

拼缝刨削前，对于加工的每块板边先粗刨一次，刨子吃刀量可大些。粗刨达到每块板边刨直取平，不凸不凹，不翘棱。1m 以内的薄板拼缝刨削时一般中途不停顿，腿脚不换步，应一刨到底，不要左右偏歪。还要用力均匀，并根据手推感觉，高的地方多刨，低处少刨，达到平整的目的。如果加工超过 1m 的拼缝刨削，中途可适当掌握刨削停顿和腿脚换步，其刨削方法和前一样。

（三）细刨合缝

经过粗刨加工后，细刨合缝是关键的一步。细刨要求刨底面越平整，拼缝越省力又省工。细刨刨刃要求刃口锋利、刃口平整、不凸不凹。细刨拼缝刨削方法和粗刨相同，但细刨一定要吃刀量小，用力平稳，保持匀速前推。常常还以手感状况，高处用力，低处少刨，精细合缝。细刨刨好后，两块板边相合缝时，向前或者向后一搓，不觉光滑，左右摆动不翘曲，用眼观察，无黑缝、无空缝、两端头合缝严实证明细刨合缝符合要求。

（四）拼缝注意事项

拼缝刨削时要保证工作台面的平整。木卡口要求卡紧木板，前后不得松动，左右不得摆动。拼缝涂胶时保证胶液洁净，无杂物。粘接时，按顺序号，先试一下每块板严实程度无误即可涂胶。顺序不能颠倒搞错，涂胶时木卡口先卡紧一块木板，左手拿第二块和第一块拼缝板相对着，右手用胶刷均匀涂胶于两块板边的合缝面上，涂胶完毕，放下胶刷，迅速拿起第二块木板和第一块木板合在一起，前后一搓，使胶液搓匀，左右摆正不翘曲，还要使顺序号对正，观察拼缝板反面平整，即粘合完毕。依次可粘其它几块木板。如粘合的木板很长，可两人配合涂胶。粘好的缝注意放于阴凉干燥处，并把板面立正、立直存放。

（五）拼缝的方式

拼缝的方式有：加梢拼缝、裁口缝、企口缝、夹板条拼缝、穿带拼缝、平拼缝等。

1．加梢拼缝

包括上木梢、上竹梢、上钉梢等。

加梢拼缝：在粗刨后先得画出梢眼，大木梢用凿先凿榫眼，圆木或竹梢，用钻先钻空眼。上木梢长度不长于两个空眼的深度合在一起，即不顶缝为好。木梢眼做好后即可用刨合缝，缝严实后涂胶前加上木梢，涂胶后用卡具把板料卡紧使胶液挤出。

加梢拼缝应先根据拼缝板的宽度提前做好或试好卡具，北方俗称“扎床”，涂胶后可很方便的卡紧拼缝板，保证粘接缝的严实。

加梢拼缝容许中间有微空缝，但不容许翘缝或者两头空缝。因为中间虽然有微空缝时当卡具卡紧时，缝可挤紧严实。

2．裁口缝、企口缝、夹板条拼缝

手工加工应制作专用刨床，这样才能使拼缝严实。机械制作效果最好。涂胶液后也应上卡具卡紧干燥。

3．穿带拼缝

是一般胶合拼缝后再加做燕尾槽，穿入燕尾横木的拼缝。这可使拼缝板有一定强度或者拼缝板不翘曲。多用于木工雕刻家具的桌面上，俗称装心板。

4．平拼缝

是常用的拼缝方法。是把两块板边刨平直后，粘胶合在一起。不得出现粘结不实和黑缝的现象。

口　诀：

拼缝技术讲实用，
缝严胶好要耐用。
选材搭配材适中，
拼缝刨削是实功。

台面平整板立正，
避免翘缝和黑缝。
加销裁口穿带缝，
一般拼对道理同。

第四节　雕刻胶合技术

雕刻胶合技术的关键是掌握胶合材料及其使用方法。

常用的胶合材料一是蛋白质胶，有动物蛋白质胶和植物蛋白质胶。它是用动植物的蛋白质在碱的作用下制成的胶料；二是合成树脂胶，以苯酚、脲素、三聚氰胺和甲醛等物质经碱性物催化缩合而成的胶料。

常用的动植物蛋白质胶有：鱼鳔、骨胶、猪皮胶等。其形状有块状、粒状或条状的。

常用的合成树脂胶有：白乳胶（聚醋酸乙烯乳液)、酚醛树脂胶、尿醛树脂胶等。

一、动物蛋白质胶

(一) 鱼鳔

古时北方叫鳔胶，南方叫明胶，现市场销售较少。它是用鱼鳔、鱼皮等作为原料制成的。鱼鳔需调制后才能使用。其方法是先将鳔打碎，温水浸泡一段时间，用专制的铸铁胶锅熬煮沸腾约半小时，把多余的水去掉。用木锤及斧的木把端头将胶捣烂，如果用一般胶锅炖煮后，可把炖煮的胶放在石臼或木板上捣制。捣制时要锤匀，直至无粒状后，用木棒或斧的木把边捣边拉起胶的粘条随时搅在把上。随搅随捣，搅到一定厚度时用刀刃割成小块凉干待用。在胶合时用一般胶锅，根据气候冷暖适当加入水中几块，调好浓度用于胶合。我国的古木雕多用鱼鳔进行胶合。

鱼鳔成本高，加工复杂，现用量很小。

(二) 骨胶

骨胶是用兽皮、筋角、爪等为原料制成的。如用牛皮、驴皮、羊猪的筋骨、爪子等进行熬制。其中以牛皮为原料制成的茶褐色半透明胶，质量较好仅次于鱼鳔。

骨胶常用于木材胶合，好胶硬而亮，并且难捣碎，干燥而匀净。好胶水泡后易膨胀，但不易溶解。次胶色暗无光，杂质多而有臭酸气味。次胶多用于榫结合的部位。

(三) 猪皮鳔

主要是用猪皮或其它动物的皮骨作原料熬制而成，颜色灰白，粘合力良好。

猪皮鳔的制成品多数是条状，调制时可将胶打碎，先在20℃左右水中浸泡大约6小时左右，将多余的水倒掉，用斧在木板上把条状胶砍断成小块，放入胶罐中用水炖煮。水温在85℃左右胶液可溶解，炖煮胶时勤搅拌几次，使胶液炖煮均匀成为稀糊状后即可使用。

二、动物蛋白质胶胶液的配制及要求

“冬流流，夏稠稠”。这是雕刻胶液配制的习惯标准，就是在冬天气候寒冷温度低的情况下，胶应能流开并且还要稀些；夏天气候暖温度高，胶应稠些。浓度适当的胶液在熬制时，用胶刷搅拌，胶刷提起时胶液缓慢而连续下流。稀的胶液当胶刷提起时，胶液流动急速而连续，并流到胶筒内会出现较小声响。

木工雕刻中，胶的浓度应视加工物的情况而定。如果要拼缝稠稀必须适度，太稠会有黑缝出现，太稀拼缝粘合不牢实。

熬制胶液时，应保持清洁，不得混入锯末、砂土、刨花等杂物。胶液不能烧煳，不能存放时间过久，还不能过多时间的炖煮，否则粘性会减弱。

在炎热的夏天煮胶时，尽量当天用多少，煮多少。如当天未用完，剩下的胶液必须熬热煮开，取出胶筒放于干燥通风处。处理不当胶液会发霉变质，不能使用。

三、合成树脂胶

（一）白乳胶

白乳胶是以醋酸乙烯为单体，聚乙烯醇为乳化剂，过硫酸铵为引发剂，以水为介质，进行乳液聚合反应而成的乳白色粘稠液体。白乳胶可用水稀释，而且干后形成半透明胶膜，胶合使用方便，而且强度好，还不用熬煮。白乳胶的缺点是耐水耐热性差。如果和尿醛树脂混合使用能提高其耐水、耐热性。

白乳胶适用于拼缝、榫结合，还可用于纸质粘贴，皮革、陶瓷等胶合。用水稀释可当乳液漆代替底漆涂饰。

（二）酚醛树脂胶

酚醛树脂胶是一种粘稠状的物质，由甲醛和苯在催化剂可性钠的作用下反应而成。酚醛树脂胶耐水性好，其胶合的木件待胶完全固化后放入水中也不会脱胶。酚醛树脂胶是双组份，包括树脂和催化剂。树脂一旦接触催化剂可很快固化，因此必须分别存装。配制酚醛树脂胶液时，室温高时催化剂少加；室温低时催化剂多加。根据室温加催化剂的方法说明如下：

酚醛树脂1kg（活性时间约2～3小时）

室温　15℃　　苯磺铵　12g

室温　20℃　　苯磺铵　9g

室温　25℃　　苯磺铵　6g

（三）尿醛树脂胶

尿醛树脂胶由尿醛树脂配氯化铵为凝固剂，搅拌均匀即可使用。尿醛树脂胶耐水，大中型木器厂广泛采用，尿醛树脂的凝固剂氯化铵溶液的浓度一般要求为20%。尿醛树脂胶同样需要根据室温配制，其用量说明如下：

尿醛树脂1kg（活性时间约2～4小时）

室温　15℃　　氯化铵　16mL

室温　20℃　　氯化铵　14mL

室温　30℃　　氯化铵　10mL

室温　35℃　　　　氯化铵　7mL

尿醛树脂胶是水溶性的，配制好的胶液在没有凝固前，可用水冲洗掉，如果超过2～4小时的活性时间就很快结块凝固，配制胶液时大约按每平方米400～800g计算用胶量进行配制为好。

口　诀：

胶合常用蛋白胶，
鱼鳔骨胶猪皮胶。
常用合成树脂胶，
乳胶酚醛尿醛胶。

蛋白胶液要配制，
蒸煮冬流和夏稠。
胶液干净不烧煳，
夏不存放时间久。

合成树脂白乳胶，
醋酸乙烯为单体，
聚乙烯醇乳化剂，
过流酸铵引发剂。
用水稀释成胶膜，
不用蒸煮强度好。

酚醛尿醛树脂胶，
耐水性好粘得牢。
配制合理按比例，
活性时间掌握好。

第五节　雕刻做榫技术

做榫主要是榫头（卯）与榫眼（孔）的配合。榫头与榫眼的配合称榫结合。做什么样的榫眼必须配合适的榫头，才能使榫结合从大小、方正、榫肩等方面配合的即牢固又严实。

雕刻榫结合方式分为框架式榫结合、箱板式榫结合。

一、框架式榫结合

框架式榫结合是以框架做榫并镶装板为主的结构。经过榫槽的连接把腿框、拉框纵横加工为一体，使镶装板和铺盖的面板，形成稳定牢固，经久耐用的传统式木家具。

框架式榫结合其做榫规律是腿料或是竖料常常多做榫眼，拉框或是横料常做榫头，局部框料穿插做榫。但榫头和榫眼要根据受力情况定位。

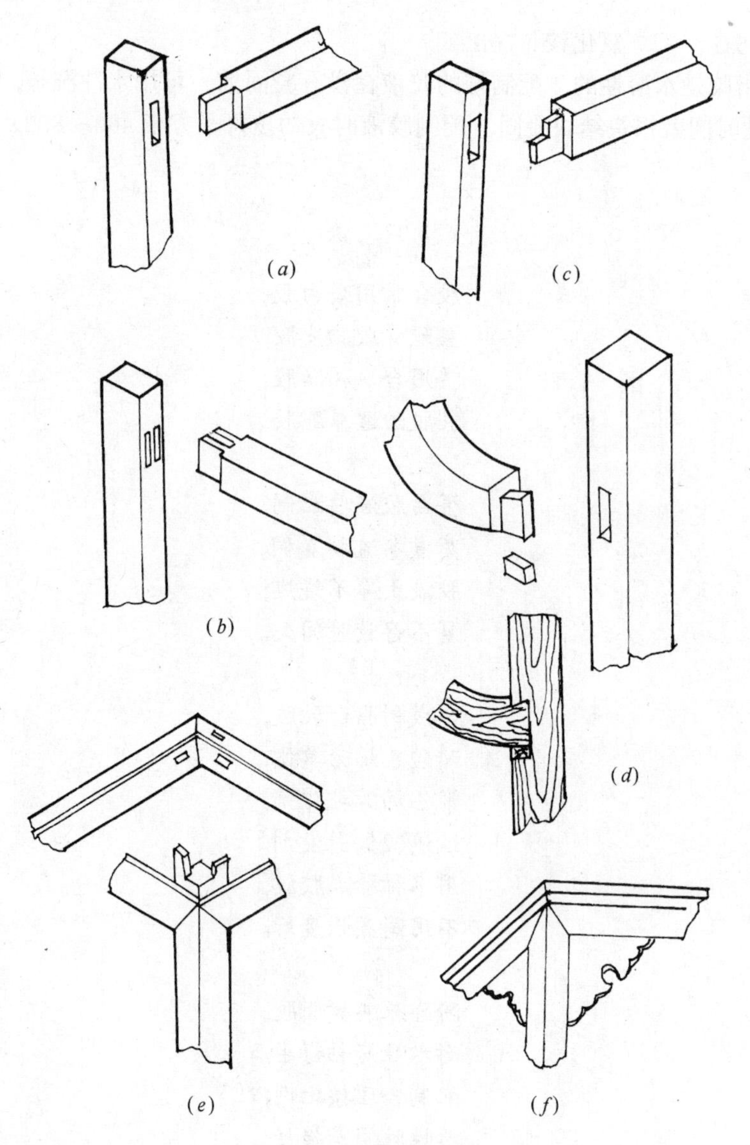

图 6-8 榫结合示意

(a) 直角单榫；(b) 直角双榫；(c) 大进小出单榫；(d) 勾挂榫；(e) 俊角榫；(f) 托角榫

框架式榫结合包括直榫、斜榫、俊角榫、三面俊角榫、插肩榫等形式，如图 6-8。

斜榫的榫眼呈斜形，榫头的榫肩取斜势即可。榫头插入榫眼后榫肩形成的斜势和榫眼能配合严实，准确。

俊角榫多用于桌凳面板四角处，其组合方式按直榫原理的结合，只是把表面榫肩加工成45°角就可以了。

三面俊角榫是我国传统木雕家具中常采用的制作方法，多出现于凳几及桌类。三面俊角榫的用料粗大，制作精细。选用优质木料，配以质好纹理，其审美价值更高。因为三面俊角榫的组合是直榫、斜榫，有时还有常带插肩榫的综

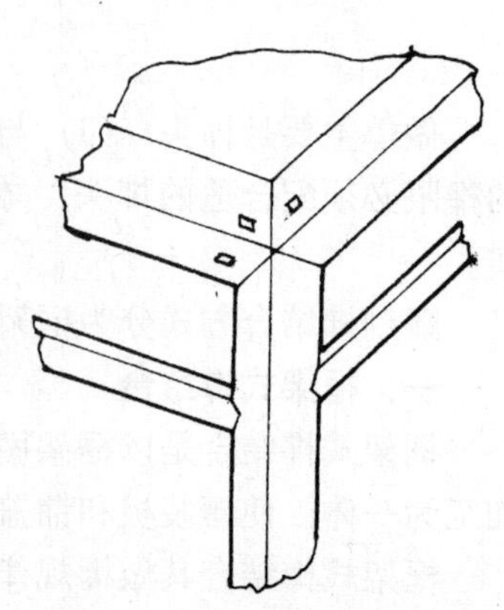

图 6-9 三面俊角榫示意

合形式。木雕家具的面、腿及网板的角部组合常常采用三面俊角榫，如图 6-9。

插肩榫的制作也是木雕家具中常采用的方式。框架组合过程中，由于起线、坡棱的线型要求，榫结合时直榫的榫肩起线和坡棱宽度，表现出线型部分的俊角组合。榫眼处要去除高的部分与卡皮相交严实，这样可形成结构合理、样式美观的形式，如图 6-10。

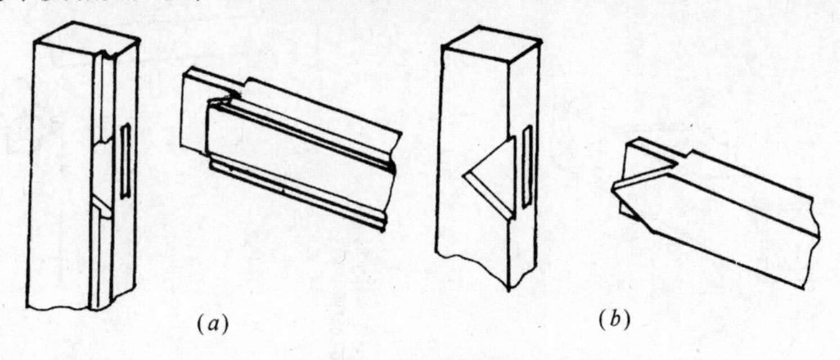

图 6-10　插肩榫

(*a*) 起线插肩榫；(*b*) 俊角插肩榫

二、箱板式榫结合

箱板式榫结合是以板做榫的结构形式。板和板用榫相连为一体，作为传统雕刻家具常用的方法。箱板式榫结合形式常用于木箱、抽屉、薄板制做框等。

木箱的榫结合常采用机械加工，手工制作时式样一般为直榫结合或燕尾榫结合。

木箱的榫结合方法，根据木箱的大小高度或加工要求，确定做榫数量。做榫的数量越多其精度要求越高。做榫时还要注意两板端头拼缝处要互相错位，不能对在一起，这样可避免开缝，如图 6-11。

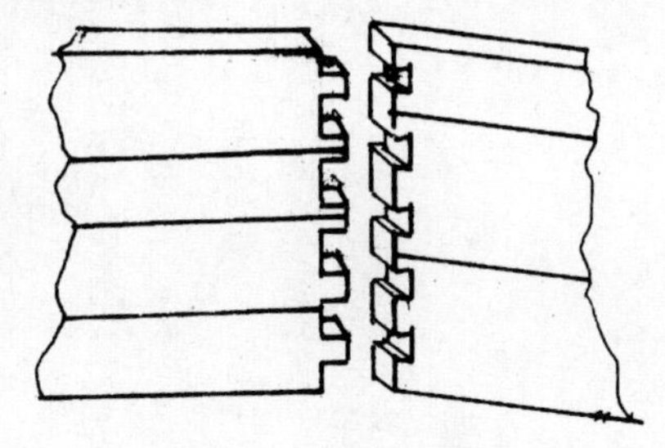

图 6-11　木箱板榫结合

直榫结合时榫的数量要多，榫的规格要匀称适度。板的厚度要大于榫的宽度，并依此等分。在板的端头要先画前后的面板榫眼线，后画两侧的箱板榫。加工锯榫头时先锯面板榫眼，要留线；后锯侧板榫头，要吃半线。用钢丝锯锯出前后面板和两侧箱板榫头或榫眼处，用铲锤对未锯好的地方加以修正、涂胶组合打紧。松动处用斧砍小木楔涂胶钉紧。

做箱榫时要求组合的木板薄厚一致，不翘不裂。

手工制作木箱燕尾榫。组合方式同样要根据大小、高低和加工要求确定做榫数量。

燕尾榫的数量，依次等分在板的端头，先画前后两块面板的燕尾榫眼，一般斜度 15°左右即可。按规律多以一、三、五、七、九单数做榫眼。锯出燕尾榫眼后，把面板放在两侧板的端头处，对正宽度把燕尾榫头用铅笔一一模画在侧板端头，用角尺或勒线方式连接画出燕尾榫头的长度（肩线）和宽度线。用锯子留线锯割，涂胶结合。

抽屉两侧板和面板组合同样常用燕尾榫，两侧板和后挡板常用直榫结合，如图 6-12。

箱板做榫有时形似直榫，实际是燕尾榫结合。比如以直榫画线，榫眼口留线，榫眼内吃线锯出的榫眼，粘胶结合刨削平直平整后基本上看不出燕尾榫的斜度。有时框架榫结合也是这样。

三、榫结合的其它形式

手工制作榫结合，多因跟师学艺，技术能力差别很大。其实榫结合的形式还有许多，例如燕尾榫搭结、面部不露榫头的结合、暗燕尾榫结合（图 6-13)、暗燕尾榫槽结合等等，这些作法技术要求高必须严丝合缝。

其它榫结合还有三角形搭接方式、十字插肩型搭结方式等。

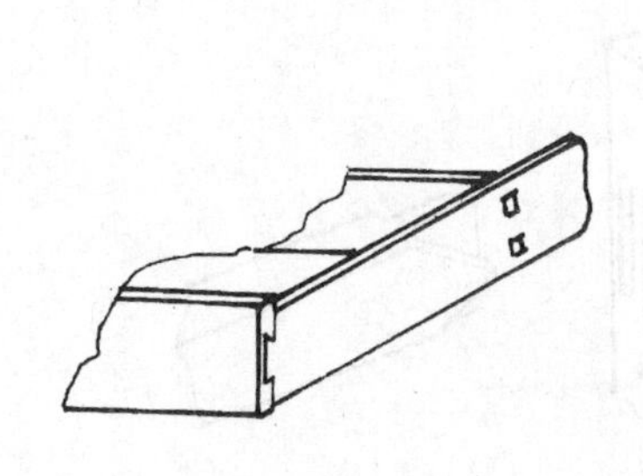

图 6-12　抽屉板榫结合

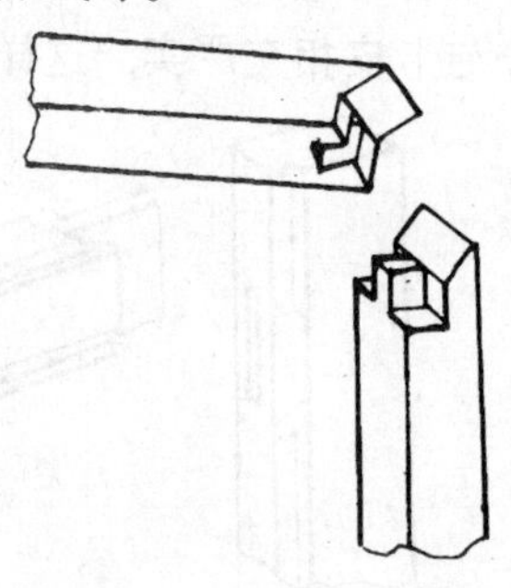

图 6-13　暗燕尾榫结合

口　诀：

做榫技术规律清，
卯榫配合连接稳。
框架结合镶装板，
传统方式久耐用。

直榫斜榫俊角榫，
单榫双榫丁字榫。
如板做榫箱板式，
薄厚一致不翘裂。

燕尾锯割有标准，
单数排列榫眼匀，
榫结合式样不确定，
或大或小美耐用。

第六节　木雕制作工艺和顺序

木雕的制作工艺可分为阴雕、阳雕、圆雕、透雕。

木雕制作顺序介绍选料画草图、制粗坯、凿刻、锯轮廓、铲削、雕刻。

一、制作工艺

1. 阴雕（阴刻）。又叫沉雕，是运用线条雕刻物体的形影，常把图案低凹于木料平面。如图 6-14、图 6-15、图 6-16、图 6-17。多表现在屏风、隔扇门、牌匾和家具的装板雕刻。其雕刻方法比较省工时。常常以文字，或是梅、兰、竹、菊等图案出现。常见的有“五福捧寿”、“宝瓶梅菊”、“二龙戏珠”、“片片祥云”等图案，还有吉祥和激昂的诗句。

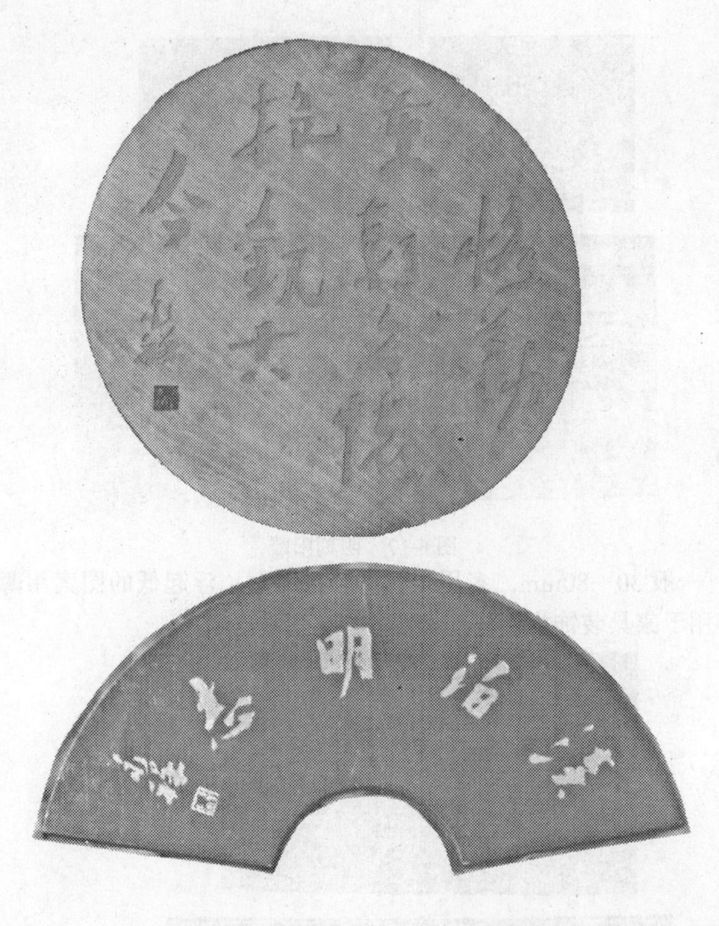

图 6-14　字刻

图 6-15　传统面托阴雕

图 6-16　柜板阴雕

2. 阳雕。也叫浮雕，在木板上浮起雕刻的图案。是运用我国古代绣画像的形式进行凸凹轮廓的铲雕。图案的空白地方铲底平整干净。浮起雕刻的图案有高有低，浮起高的图

图 6-17　阴刻阳雕

案用厚板制作，一般 30～80mm，多用于建筑装饰雕刻；浮起低的图案用薄板制作，一般 15～25mm，多用于家具装饰板制作，如图 6-18。

图 6-18　抽屉面、门装板、神柱上部浮雕

阳雕需用的工时多，技术要求高，形式变幻多样。做工好的应该是线条流畅、深浅匀衡、铲底平整，具有清淡的立体艺术效果。阳雕必须把浮起图案的轮廓外围铲低、铲平。有的阳雕图案是和阴雕手法混合出现的。如花叶纹、龙须纹等线条的雕刻。

3．圆雕、圆雕是立体雕，如图 6-19。圆雕历来多取材于佛像、仙人、珍禽异兽等方面，也有取材于花果的。圆雕刀工具有多层镂通的技巧。好的圆雕物象上给人以玲珑剔透的感觉，并随着雕工观点的不同，从形态的每一角度都可呈现其刀工和艺术的完美感。

圆雕作品的技法是先主体锯铲轮廓，再加工物象的陪衬部分；从上至下，由表及里逐层凿剔；先雕粗、后雕细，直至细部雕刻磨光。

圆雕作品雕刻过程中，对形状大的物体需要制作主体和陪衬部分的榫结合和胶结合。要随时雕刻随时补接，直至作品整体形象化。

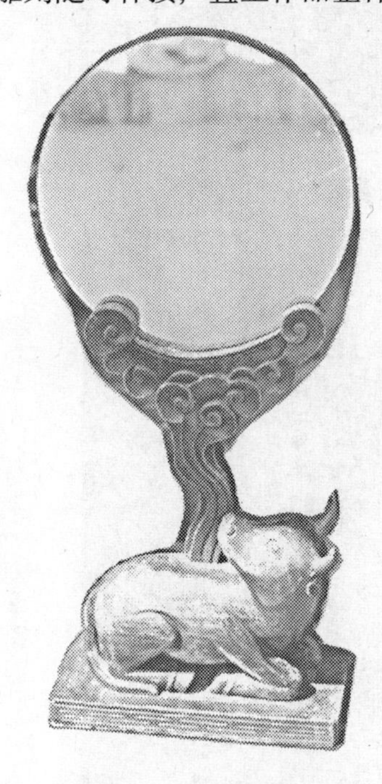

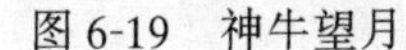

图 6-19　神牛望月

图 6-20　珍品透雕

4．透雕。南方叫通雕，吸收了圆雕、阴雕、阳雕的雕画长处。有的画底穿透，有的画底不穿透而多层镂通。有的多层镂通还形成四面立体，加工难度最大。好的透雕作品需要一定的美术功底和一定的高超技艺，还需要一定的专用工具。如图 6-20，图 6-21，图 6-22，图 6-23、图 6-24。

透雕可分为立体透雕和平面透雕。立体透雕除需特殊部位的连接外，几乎四周全部进行雕透和镂空。平面透雕是一般的通雕，多采用雕刻的物象周围，除需要连接的地方外全部雕透木板，雕刻手法以层层加深雕镂，使平面的深浅适度，造型完美。

建筑和家具的透雕多为平面透雕，其特点是艺术性和美术性的雕镂，达到图案均匀活泼、交错穿插、融合变通、厚实丰满的特色。

二、制作顺序

1．选料和画草图。选所需要的木板，尺寸恰当，并留有榫结合的余地，表面还要加工平整光滑。如需要拼缝加宽，还得粘接严实才能使用。把绘制好的图案放于木板面上，左右

图 6-21　插飞坐斗与串枝葡萄

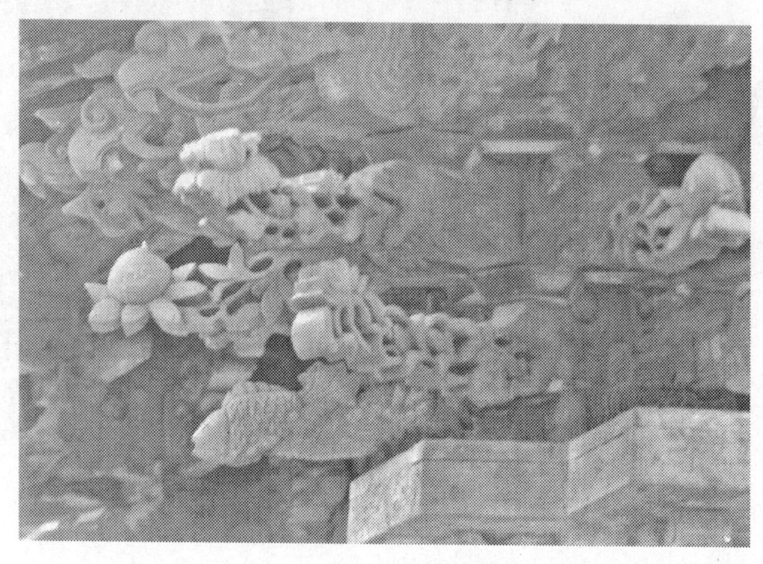

图 6-22　阳泉李家祠堂一角

上下对好位置。木料上存在的缺陷、节子和空洞等部位尽量避开雕刻部位，留在刻去的部分。

图案放于加工好的木板上面后，用复写纸印于木料上。也可以先画轮廓线制粗坯后随画随雕。

2. 制粗坯。把画样印制在木板上后，用锯、刨、铲、凿雕刻出大体轮廓。

3. 凿刻。用木槌敲打圆铲，凿出固定的曲线和轮廓，挖去加工量大的部分。

4. 锯轮廓。如果是透雕图案，应先用木钻钻空，穿入钢丝锯，锯出轮廓线后再凿刻。

5. 铲削。固定的曲线凿出，轮廓线锯出即可进行铲削，平铲铲削要求铲出的木料面光洁不留痕迹棱，保持平整，线条流畅。圆铲铲削的花瓣、云纹、回纹要选择铲的大小，层层逐个铲出。镂通穿透雕刻要用反口铲或翘头圆铲进行铲雕，加工过程中一定要防止损坏雕件。

6. 雕刻。用斜雕刀刻出线条，用宽窄不等的平口铲、圆口铲精细雕刻。花叶上的纹

图 6-23　山西乔家大院俭德门

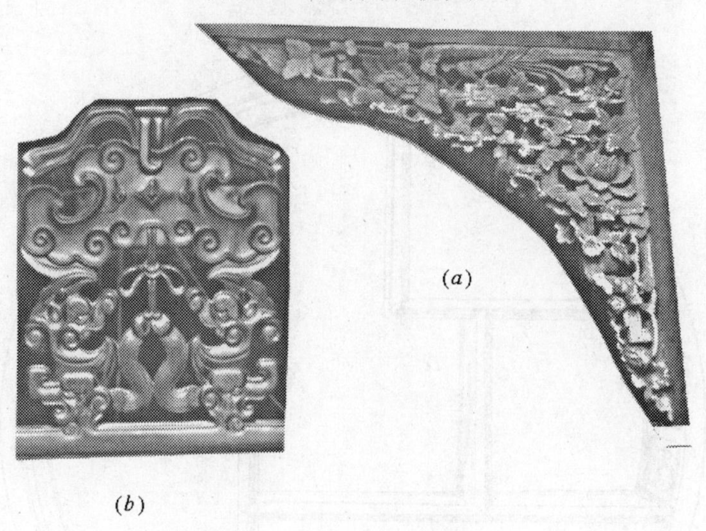

(*a*)

(*b*)

图 6-24　浮雕与透雕结合

(*a*) 龙凤呈祥富贵平安；(*b*) 椅子靠背

络、衣服纹饰、动物身纹、龙头的龙须，可配合龙须刀等专用工具进行雕刻、剔挖。

口　诀：

匾板屏门多阴雕，
家具建筑多浮雕。
圆雕立体多镂通，
人体佛像动物多。
还有花果也精雕，
活泼穿插技艺高。
选配草图制粗坯，
凿刻轮廓细铲雕。

第七章　家具雕刻实例

木工雕刻技术是木材知识、工具运用、选材配料、构思和造型、操作基本功等在实践中的总和。雕刻实例主要介绍加工制作顺序和方法。本章的家具雕刻实例有：祥云托月博古架的制作、镜屏牙子板的制作、茶几的制作、八仙桌的制作、木雕龙椅的制作。

第一节　祥云托月博古架的制作

祥云托月博古架是以祥云图案作底座，以圆形框架为月圆，圆内有存放物件的博古架。如图 7-1。

图 7-1　祥云托月博古架

一、规格要求及制作说明

1．圆形框架直径为 700mm，博古架总高度为 780mm，厚度为 230mm。

2．祥云图案座的高度 150mm，长 700mm，厚度 250mm。

3．制作说明：博古架的圆形框架正面呈浑面形状，（即凸面圆棱形）。存放物件的搁板框料正面也是浑面形状。搁板镶于框内要刨槽组装。横竖框架交接处做俊角榫，和圆形框架交接处不做俊角但是肩线应略带弧形锯做严实。圆形框架和祥云座相联结要稳固合理。

总之，制作形状达到圆框匀直，横框方正得当，结构合理严实。

二、下料

材质可选用核桃木、椴木、楸木、柳木等。

（一）搁板框架料

长横框　530mm×43mm×30mm　2 根

中横框　310mm×43mm×30mm　2 根

上横框　330mm×43mm×30mm　2 根

上竖框　330mm×43mm×30mm　2 根

中竖框　220mm×43mm×30mm　2 根

下竖框　460mm×43mm×30mm　2 根

侧面短拉框　230mm×43mm×30mm　16 根

中横框包头圆料　250mm×50mm×50mm　1 根

（二）圆弧形外框料

460mm×35mm（外圆半径 350mm，内圆半径 315mm）×43mm 共 10 根

注意，圆形框料需用 43mm 厚的木板，带弯木纹形状的更好，按内外圆画线后用弯锯逐根锯出。

（三）座料和板料

祥云座料　750mm×150mm×210mm　1 块

祥云雕花板料　750mm×150mm×25mm　1 块

色垫花板　200mm×100mm×12mm　3 块

镶装凳板　300mm×190mm×12mm　3 块

270mm×190mm×12mm　4 块

200mm×190mm×12mm　1 块

300mm×190mm×12mm　1 块

130mm×190mm×12mm　1 块

三、制作顺序和要求

（一）搁板框架

1. 按下料尺寸刨削方正规矩，吃留线匀称。

框料可加工成 40mm×27mm 的方料，净料厚度必须统一尺寸才便于画线加工。

2. 镶板和框料装槽时，刨槽宽度、深度要一种规格，镶板长宽尺寸要小于实际尺寸 1mm，锯割刨直，薄厚刨平紧松适当。因为镶装时太紧容易顶开横竖框料的榫结合处。

3. 博古架的横竖框料正面和后面不露榫，以半榫粘胶结合为好。圆圈框侧面可以做透榫。加工制作榫头时以吃半线锯榫，浑面圆棱用 30mm 圆刨刨光，不得留有戗茬。

（二）圆框架

圆圈框架备料 10 根是两个圆圈的框料，每个圆圈按 5 段做搭接榫相连。

相连做榫前下料的宽度、厚度和弧形长度要规矩平整，相连做榫胶合时以平整地面放圆圈样，做成圆圈，干燥后再次找出圆心，画出内外圆线锯刨修正。平整圆圈的厚度，把

搁板架放在圆圈上模画出榫眼位置做榫眼。凿榫眼时注意分段凿眼，不得损坏。凿出榫眼后净光圈架，把圆形棱用铁柄刨刨好待粘胶组装。

圆框架画线做榫的位置要和搭接榫错开位置。侧面色垫处拉框也要尽量和搭接榫错位，避免拉框榫和搭接榫重合影响质量。

(三) 祥云座的制作

祥云座用两块木料制作，即座料和图案板，图案板按图画线分层雕出祥云图案，形状自然，深浅均匀。雕刻前用平刨把图案板背面和座料对缝合严。座料按图案板的高低、长短轮廓形状加工锯出，把圆形架底部分放在座料上画线，锯出后制作稳固圆形架的结合部位。粘胶钉接在一起时用平刨再平整一回，粘胶时把图案雕花板稳固于底座上。

对于中间和侧面的色垫雕花板安装时一定要紧松合适，平整光洁。

口　诀：

祥云托月博古架，
圆形框料五段作，
选料弯纹取弧度，
俊角插肩搁板架。
圈架座料牢组合，
色垫座料细雕刻。

第二节　镜屏牙子板的制作

镜屏牙子板的制作主要是指镜子或屏风的顶楣板、下楣板和下牙子板的制作。

一、顶楣板的制作

1. 规格（净料）：600mm×80mm×18mm。

2. 材质：核桃木、椴木、柳木、楸木等。

3. 选材下料：选纹顺无节的干燥木料，毛料下料锯成 660mm×90mm×21mm 的木板一块。

4. 刨料：选质好的大小两个面刨削平直光滑，要求不得弯翘。用尺子和铅笔按净料尺寸勒线，宽窄线画出后刨光，前面如有戗茬用小刨净光。

5. 绘制图案花纹：图案可根据自己的爱好按规格要求绘制。以如意花纹为例（图7-2），中间先画如意头图，两边花纹先画出一边图案，然后对称摹画另一边。应该注意的是在绘制图案前必须先画好

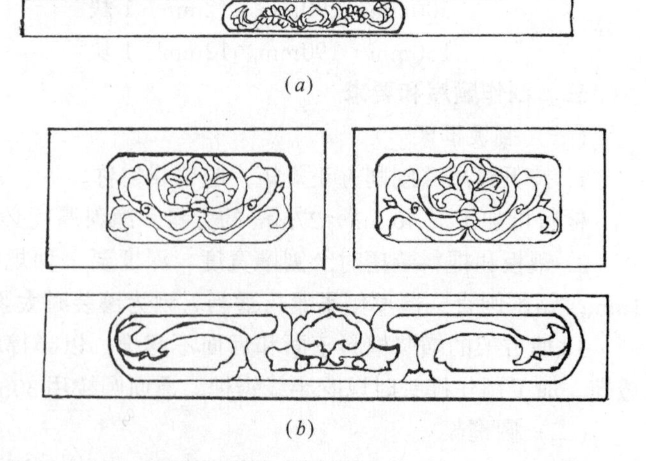

图 7-2　顶楣板和下楣板图案
(a) 顶楣板；(b) 下楣板

两端头的榫头线和截线，确定和镜屏架结合时占用的部位，余下部分居中绘制图案。

6．钻孔：按照需要在刻空的部位钻直径8～10mm孔眼。

7．锯掏：选质量好的钢丝锯调整好锯刃后锯掏。锯掏时，锯丝穿入板孔必须弹紧拉直，调整好锯齿方向，垫稳楣板，平整地踩在凳子上，立正锯子即可进行锯割。锯掏的部分较大时也可用弯锯锯掏，以便加快锯割速度。

8．凿刻：凿刻时一定要垫实花板，以免凿坏，要把握花板凿刻铲削位置。轻重、深浅要适度匀称，慢慢刻制。顺序是先雕粗坯轮廓，然后细刻和打磨完成。

二、下楣板的制作

1．规格：530mm×100mm×12mm

2．材质：同前。

3．选材下料：选纹顺干燥的木料。规格为560mm×160mm×15mm的木板一块。

4．刨料：同前。

5．绘制图案：绘制图案要和顶楣板图案协调起来。下楣板四边只留镶槽8mm的余边画截线。图案选择如意草纹图、莲花草纹图、单瓶草纹图、双狮滚绣球图案等都可以，见图7-3、图7-4、图7-5。

图7-3 下楣板雕刻实样

图7-4 单瓶座如意草纹雕刻实样

图7-5 双狮滚绣球图案

6．钻孔：同前。

7．锯掏：先锯中间，两边锯时吃线大小要相同，锯掏出的木板不要丢弃，反转画出另一边的图案。

8．凿刻：按花板位置凿刻，线条要深浅匀称，圆弧线条丰满圆滑。需要换工具雕刻时要尽量在刻制完一个部分后再换工具。先锯后凿再铲雕。

三、牙子板的制作

1．规格：600mm×80mm×18mm

2．材质：同前。

3．选材下料：选650mm×90mm×20mm的木板1块。

4．刨料：先刨大面和下面，画线后刨出另外两个面。

5．绘制图案花纹：中间如意纹，两端用草纹连接，木板两端留出30mm的榫头，内花板截线和顶楣板相同。

6．钻孔：同前。

7．锯掏：锯时吃半线锯割，牙板下端可用弯锯锯割。

8．凿刻：用大圆铲先凿刻草纹处圆线较大的地方，再用小圆铲凿刻较小的圆线。用力轻重得当，深浅匀称，圆度匀净。用雕刀刻制细部，用平铲铲底外围。

口 诀：

镜屏样式可自选，
牙板楣板顶楣板。
制作方法要了解，
设计图案应耐看。
规格材质选好料，
刨料方正四个面。
图案画好钻出孔，
圆铲先切圆弧线。

第三节 八仙桌的制作

八仙桌实际上是高方桌。古代以八仙图案雕刻制作称八仙桌，周边图案雕有八位仙人像的叫明八仙桌，周边图案雕八位仙人各执器物的叫暗八仙桌。往往把图案制作在桌的拉框上面缠腰部分，或者是雕刻在托角牙板上。有的在图案中间配以寿字或其它文图，有一种古色古香的感觉。

下面以暗八仙桌的制作为例。

1．桌面用大理石，桌子尺寸900mm×900mm×780mm，桌子材质选用核桃木制作。

2．各部分框料毛料尺寸：

（1）桌面框料　950mm×100mm×23mm　4根

（2）桌面大理石　700mm×700mm×20mm　1块

（3）束腰回纹拉不断框料　880mm×60mm×30mm　4根

（4）圆线条　900mm×60mm×10mm　4根

(5) 拉框　860mm×60mm×30mm　　8 根

(6) 缠腰花板（暗八仙雕花板）　880mm×150mm×15mm　　4 块

(7) 腿料　830mm×60mm×60mm　　4 根

3. 制作顺序：

(1) 选料。选木质干燥和木纹较顺的木材。先选配出腿料，并适当加长加工时的余量，然后选无节的雕花束腰框料和雕花缠腰板。另外再选配正面好的木材作拉框等料，缺陷一定要朝内使用。

(2) 刨料。刨料要平整方直，不斜不翘，使误差极小。其净料常以宽窄线留线加工。

(3) 腿料、面料、拉框等结构组合形式，按第六章所介绍的方法进行制作。

(4) 腿料。腿料加工要根据工匠自己的技术高低和日常爱好进行制作。可作成圆腿形、罗锅形、起线浑面形、狮爪形、竹节形等，只是下料时加粗或缩小腿料规格即可。腿料的形状还要与面框和拉框料配合。圆形或方形的线条要协调一致，保证耐看耐用。

(5) 榫结合制作要俊角插肩形。

(6) 大理石面板镶装。桌子架加工好后，束腰拉不断框料要刨平整。4 根桌面框料要和大理石面板刨成一样厚，做暗榫，并且净光。然后用地板胶或玻璃胶粘合镶装，用钉加固。

(7) 雕花缠腰板的制作。先量出上下拉框四面孔档的精确尺寸，按净尺寸绘出图案四幅。画在雕花板上进行刻制。

(8) 图案雕刻。顺序和牙子板相同。要从形意、表象、层次方面表现出美的韵味和刀工技巧。也可随画随雕。雕好后镶装在上下框架内。

八仙桌的参考图见第二篇图谱器物类，也可参照图 7-6 式样制作，还可不雕刻八仙及器物，只雕刻八个色垫相镶，见图 7-7。

图 7-6　八仙桌参考样

口　诀：

俗称八仙有明暗，
人物器物雕图案。

现代尺度古色样，
腿框缠腰配完善。
腿料式样选好形，
面框圆方配线形。
做榫俊角榫牢实，
配料匀净又耐用。

图7-7　色垫参考样

第四节　雕花茶几的制作

雕花茶几的样式如图7-8，四条浮雕图的狮子腿，在圆弧形雕龙圆网板的配衬下显得古色古香。大理石面板的光洁耐用更能呈现茶几的贵重豪华感觉。

图7-8　雕花茶几

一、尺寸要求及材质

茶几规格 1190mm×450mm×450mm；大理石面板 1100mm×350mm×20mm。材质选用核桃木。

二、各部分净料尺寸

1. 面框木料	1190mm×45mm×20mm	2 根
	450mm×45mm×20mm	2 根
2. 束腰拉不断花条	1150mm×45mm×30mm	2 根
	390mm×45mm×30mm	2 根
3. 圆条	1170mm×10mm×60mm	2 根
	410mm×10mm×60mm	2 根
4. 雕花网板	1090mm×100mm×30mm	2 块
	320mm×100mm×30mm	2 块
5. 凳框料	1080mm×45mm×30mm	2 根
	360mm×45mm×30mm	4 根
6. 腿料	480mm×80mm×80mm	4 根
7. 五合板	780mm×360mm	1 块

三、制作方法

1. 选材下料。干燥和木纹顺直的好木料要先保证雕花板、面料、腿料的使用。拉框和内凳框料保证一面材质好即可。下料适当加大加工余量。

2. 刨料。先选好面刨平直，画出宽窄线后要留线加工。面框料要先刨成方料，待装镶大理石板时才刨圆和俊角做榫。雕花牙板刨成方料后，把大面朝外，再刨成大圆弧形才能画图案雕刻。腿料刨成方料后画出弯曲形状线，用弯锯锯出狮子腿样，刨锉光滑才能画浮雕图案雕刻。

3. 图案花纹。束腰画出的回纹拉不断图案要求宽窄均匀。雕花网板正面为“二龙戏珠”图案，但画图案时龙须不需要画出，只到图案雕刻完善时才能用龙须刀把龙须一条条自然地刻出。茶几两个侧面的雕花网板，画莲花图案雕出即可。

雕刻图案花纹时，注意在画图案前一定要先把榫眼、榫肩和截锯线先画好后才能画图雕刻，否则容易造成制作失误。

4. 钻孔。钻一直径 8～10mm 孔眼便于锯掏，锯孔必须正不能歪斜。

5. 锯掏。用钢丝锯吃线均匀绕着弯度一块块锯掉掏空的部分。

6. 凿刻、铲削、雕花。牙板的祥云花朵要用大小圆凿均匀地凿出深度和铲出层次。龙身用大小铲刀铲圆滑并且用砂纸磨光，然后再用圆铲刻出深浅合适的鱼鳞状纹身。龙头部分用斜雕刀一步步细雕，其效果还要达到层次分明，形状自然，精巧别致，使娴熟的刀工手法得到表现。

狮子腿雕刻前应把榫眼、榫肩全部凿锯好，其画线和制作见后节木雕龙椅的狮子腿做法。

束腰拉不断的雕刻深度要一致，并且要保持回纹铲底整齐和光滑。

7. 组装。雕刻后用砂纸修磨光滑，榫肩、榫眼部位进行细致的修正，达到齐正和严丝合缝。要细心查看各部位的组合部分全部合适后进行涂胶组合。榫结合要松紧适度，粘接牢实，钉接稳固，不伤木材。面、腿、框料、牙板组合后方正不翘。

口　诀：

雕花茶几大理石面，
规格尺寸可自选。
制作顺序作参照，
干燥纹顺配好料。
腿雕锯弯粗细铲，
网板刨圆画图案。
龙身铲圆刻鳞纹，

龙须不画刻线匀。
祥云凿铲三层次，
回纹齐平深一致。
榫肩榫眼严合缝，
粘胶牢实做方正。

第五节　木雕龙椅的制作

木雕龙椅的设计和制作需要技术功底比较全面的高级工匠。因为木雕龙椅集艺术性、实用性、传统性和豪华性于一体，所以制作过程中对尺度要求、图案要求、雕功要求、规格要求、木质要求、制作要求、雕刻顺序有严格的标准。

一、尺度要求

木雕龙椅的各部分尺寸，是参照人体的各部分尺寸和现代沙发的比例要求进行设计的。

木雕龙椅的整体形状尺度，必须达到正面豪华匀称，背、座、扶手高度恰到好处；侧面高低得当，背斜适度，扶手弯曲典雅别致。

二、图案要求

木雕龙椅见附录2刀功与制作彩图。该木雕龙椅是按照民俗传统的古色古香的吉祥图案设计制作的，叫木雕沙发椅，也叫五龙沙发椅。

木雕龙椅座下网板有一条龙图；扶手有二条龙图；靠背有二条龙图，寓意“五龙腾飞”。四条粗大的狮子腿支撑座面，寓意“高高在上”。盘座的束腰配以“富贵拉不断”的回纹图案。靠背上的“二龙戏珠”生动活泼。靠背的浑面边棱圆曲高低恰当，又起到保护雕刻图案的作用。靠背中部不用大理石镶嵌，而选择花布泡沫镶装软垫，能保证人体背部不感觉到阴凉。靠背部分的如意图案很像月亮倒映的影子，形成了“祥云托月”图案。还有扶手架内巧妙地配以龙身镶装于内，和扶手龙头形成腾飞的样子，呈现出活泼可爱、豪华别致、古色古香的图案造型，使艺术价值远远超出了实用价值，而实用价值又完善了艺术价值，达到了耐看优美和耐用高雅二者的融合。

三、雕功要求

雕功要求手法娴熟，层层雕镂。具体要求是：

1．靠背和座下网板的雕刻以多层透雕。

2．束腰回纹和狮子腿上部的图案用浅浮雕。

3．扶手的龙头、扶手架内的龙身、狮子腿下的爪可采用圆雕手法刻制。

4．锯掏透雕处要修正光滑。

5．铲雕面光滑、匀称、深浅一致，线条自然流畅。

6．龙须和龙身的龙鳞应在全部雕刻面完成后再进行细刻。

四、规格要求

1．总高度　1130mm；座高 430mm；背高　700mm；座宽 700mm；座内宽　520mm；座内深度550mm。

2．靠背雕花板一块，图样见图7-9。具体尺寸是上宽　600mm（不包括榫头）；下宽480mm（不包括榫头）、厚35～40mm。

3．雕花板下拉框一根。490mm×30mm×45mm（另加榫头长）。

图7-9　靠背雕花画样

4．靠背两边立柱二根。490mm×（大头70小头50）×40mm（另加榫头长）。

5．二个扶手如图7-10、图7-11。高320mm；宽70mm；龙头处宽85mm；厚35mm；龙头处厚130mm；另加榫头长60mm（注：扶手由多块弯板合缝粘接挤压而成）。

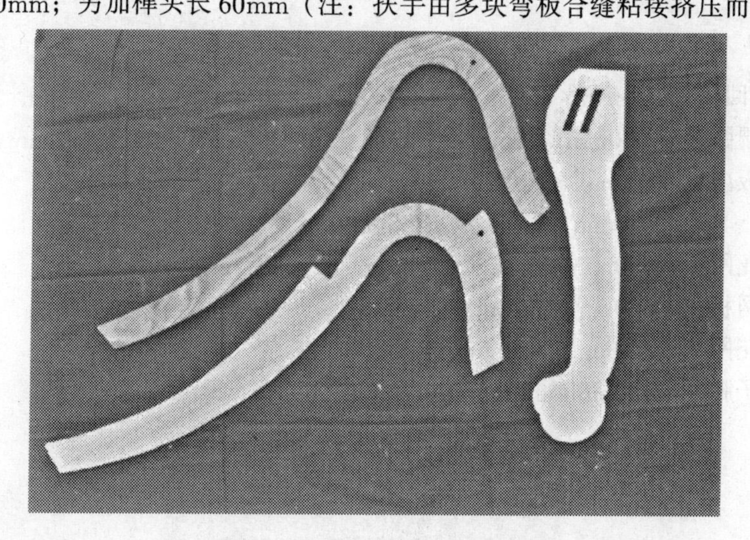

图7-10　扶手、狮子腿样板

6．扶手架内双面雕龙身花板二块，见图7-12，尺寸为490mm×220mm×35mm。

7．座面装心板二块，可用五合板代替，尺寸为550mm×80mm×13mm。

8．座面框架700mm×80mm×30mm二根；550mm×80mm×30mm二根。

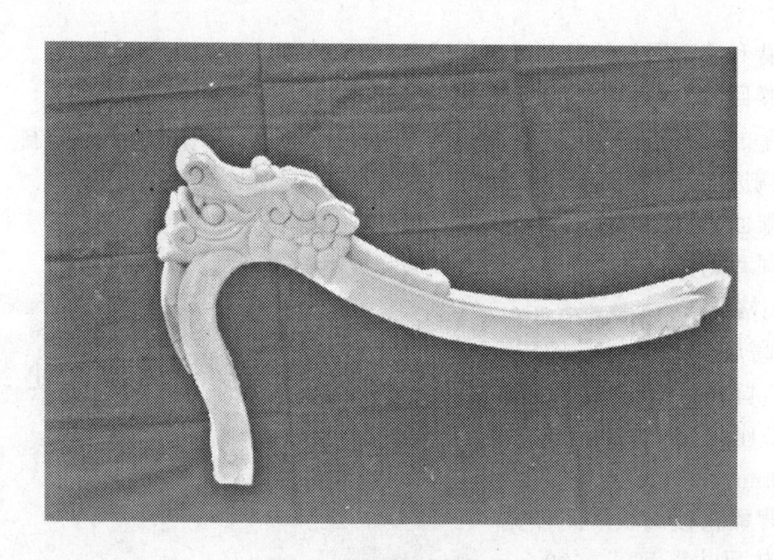

图 7-11　雕刻后的扶手

图 7-12　扶手架内龙身雕花画样

9. 束腰回纹框 650mm×30mm×50mm 二根；470mm×30mm×50mm 二根。

10. 束腰圆线条 670mm×10mm×50mm 二根；490mm×10mm×50mm 二根。

11. 网板内板　600mm×120mm×25mm　二块（不雕刻）。
　　420mm×120mm×25mm　二块（不雕刻）。

12. 雕龙网板　600mm×120mm×35mm　一块（前面）。
　　后网板　600mm×120mm×35mm　一块（不雕刻）。
　　雕花网板　420mm×120mm×35mm　二块（侧面）。

13. 狮子腿　400mm×100mm×100mm　四根，见图 7-13。

图 7-13　狮子腿雕花画样

五、木质要求

1. 高档木质要求：红木、花梨木、核桃木等，要统一以一种木料加工。

2. 中档木质要求：核桃木、椴木、柳木等，要以二种和三种木料搭配加工。

3. 中低档木质要求：桦木、色木、椴木、柳木等细质木料，并经过合理干燥后搭配使用，框架木料品种不作限制，但不允许有带节带朽的木料。

六、制作要求

1. 靠背板在选料搭配中要符合木材的选材配料标准。拼缝时不准有黑缝翘缝现象，胶粘严实。节子在配料中要去除掉，一般不允许存在，特殊情况可放在雕刻掉的地方。

2. 木材保证干燥，榫头榫眼按制作技术要求加工。榫结合方正严实，并且使用浓度大的胶液内外涂胶稳固。

3. 木楔子要求“一卯三打楔”，即用三个木楔蘸胶打紧榫头，榫眼处两边各打一个，中间再打一个破头楔。木楔子紧固后，在侧面再钻 6～8mm 孔，穿木销或竹销蘸胶打紧，保证年长日久不得开榫。

4. 扶手制作要求，常常以多板粘接，尤其龙头部位要求严格。好的龙头扶手弯曲处横顺木块粘接严密，选配料干燥合乎要求，制作合理，不开不裂，不变形。扶手高出的龙头部分常以加大弯曲板的尺寸，做成一个横顺不变形的整体木块。这样就达到了雕刻的龙头不走样和不变形。

5. 腿上网板和狮子腿的做榫连接。腿上网板分内网板和外雕花网板。狮子腿要做榫眼和内网板连接形成扎实的架子，外网板雕花后严严实实，平平正正镶于两腿间胶粘拼接，如图 7-14。

图 7-14　网板与狮子腿连接组合

6. 制作图案应先按净尺寸画好，网板和狮子腿是先刨成圆弧形和锯成弯曲形状，打磨光滑后再画出图案进行铲雕好。

七、雕刻顺序

1. 放样。把画好的图案画在耐用的纸上，然后再誊印在木板上就可以雕刻制作了。靠背图样见图 7-9；狮子腿上部画样见图 7-13；扶手架内龙身见图 7-12；扶手龙头可随雕随画，如图 7-11。但注意两扶手的样式应对称一致。

2. 锯掏。能锯掏的空处以留半线加工，靠背的外圆曲边、如意形内圆边，要先铲刻圆滑光洁。只能在最后加工龙须和龙鳞。见附录 2 彩图。

3. 祥云图案要分层次刻制，一般分三层。扶手龙头要造型适中，龙口不宜张开太大，要给人以手扶时和观看适中的丰满活泼可爱的感觉。

4. 狮子腿的浮雕铲得要一样深。线条圆滑凹凸要灵活自然。爪子和圆球要圆滑形象。见附录 2 彩图。

5. 制作要求和雕刻顺序应以个人技艺水平和处理问题、解决问题的方式为主，用其所长，不一定雷同。只要架子做好，配料得当，雕功恰到好处就行了。刀功方法见附录 2 彩图。

口　诀：

讲究尺寸雕龙椅，
高宽斜形讲匀齐。
“五龙腾飞”有寓意，
“高高在上”狮子腿。

祥云衬托如意月，
“二龙戏珠”雕靠背。
束腰“富贵拉不断”，
浑面圆曲周围配。

木质要求分档次，
制作要求严平齐。
刀功方法见图示，
结构处理因人宜。

第六节　清式官帽椅的制作

一、图纸设计

规格：570mm×390mm×1100mm。

图纸：见图 7-15、图 7-16、图 7-17。

二、设备及制作方式

1. 设备：多用刨床一台。

2. 制作方式：传统手工制作。

3. 结构：框架式。

4. 打磨：手工或专用打磨机。

5. 油漆：选用醇酸清漆涂刷。水着色涂漆方式。

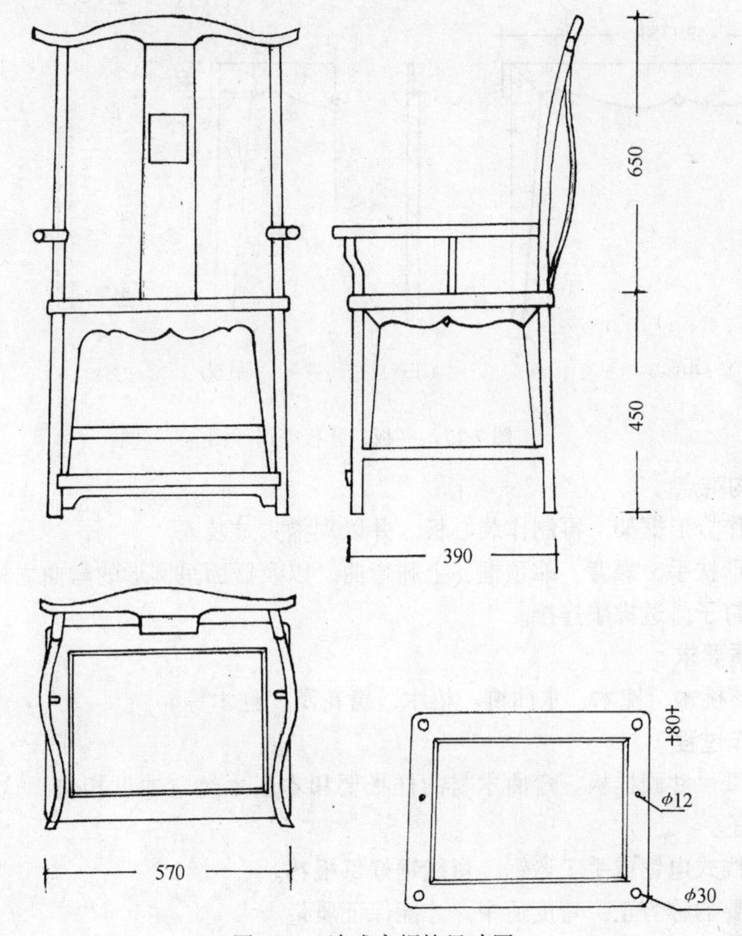

图 7-15　清式官帽椅尺寸图

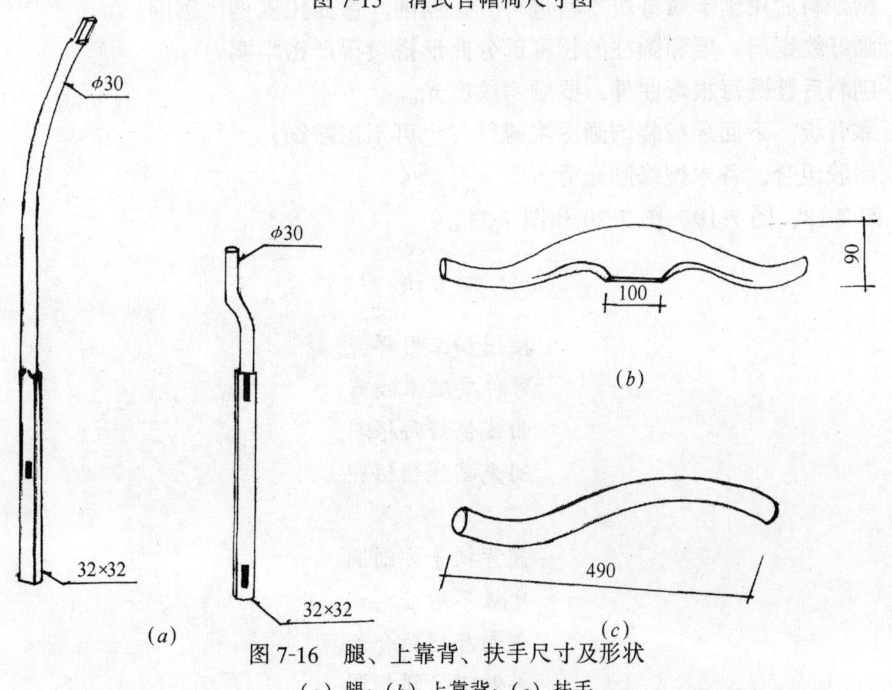

图 7-16　腿、上靠背、扶手尺寸及形状

（a）腿；（b）上靠背；（c）扶手

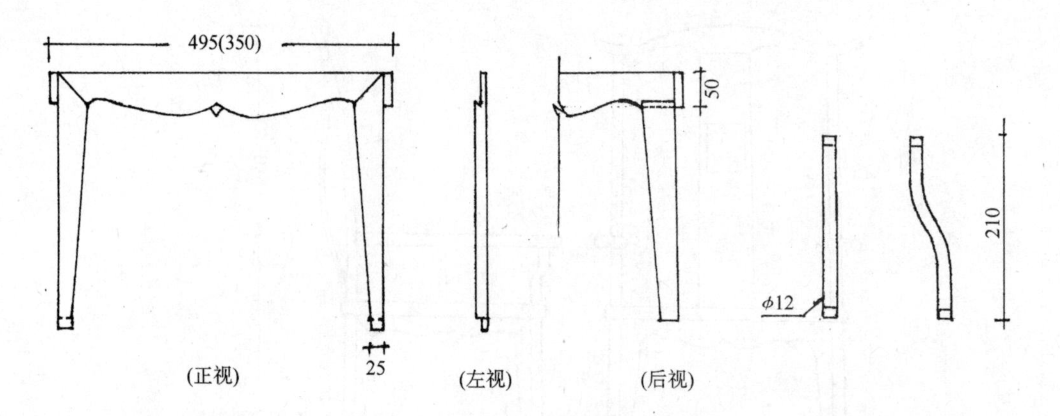

图 7-17　夹板、牙板等尺寸图

三、结构难点

1. 先制作方形框架，再制作装心板，并以剔槽方式装入。

2. 弯曲形扶手、靠背、靠顶框、上腿弯曲，以及截面呈圆形的弯曲立柱部分。

3. 不用钉子，透榫眼连接。

四、材质要求

可选用核桃木、槐木、水曲柳、椿木、黄花犁、红木等。

五、制作过程

1. 按图纸尺寸画样板。弯曲木材的样板要和木料木纹弯曲度相仿，这样可保证榫的受力状况良好。

2. 用曲线式电锯或手工弯锯，留线锯好每根料。

3. 锯料要匀称方正，弯度适中，才能保证质量。

4. 锯好料后用刨子对每块木料进行方正刨削，弯曲用铁柄刨刨削。

5. 画好线锯肩。要和圆柱的长度部分曲形搭接得严密牢实。

6. 刨料后锉圆每根弯曲件，要顺木纹磨光。

7. 靠背板，下面牙板装饰画图案雕刻（也可不加雕饰)。

8. 涂胶组合，备木楔修刨光滑。

见图 7-18、图 7-19、图 7-20 和图 7-21。

口　诀：

按图加工用样板，
弯件要顺木纹弯。
曲线锯好每根料，
刨光画线凿锯卯。

靠背扶手方刨圆，
牙板不雕应刻线。
先制座框结合好，
再做四角腿框圆。

穿入腿后上扶手，
胶粘备楔刨光修。

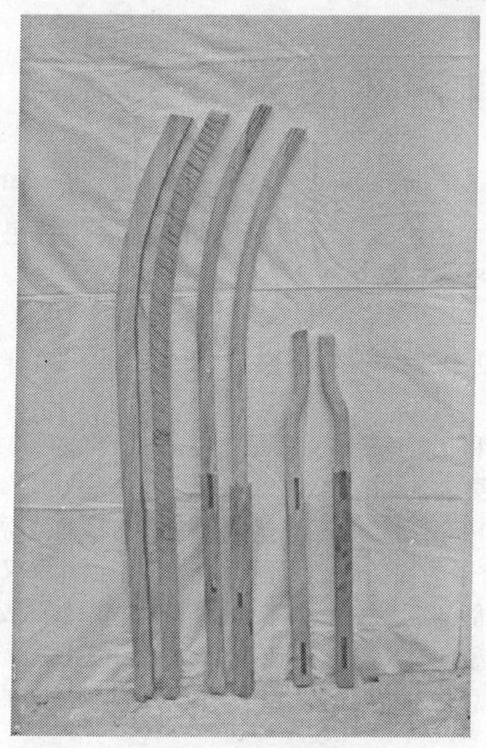

图 7-18　锯好的腿料

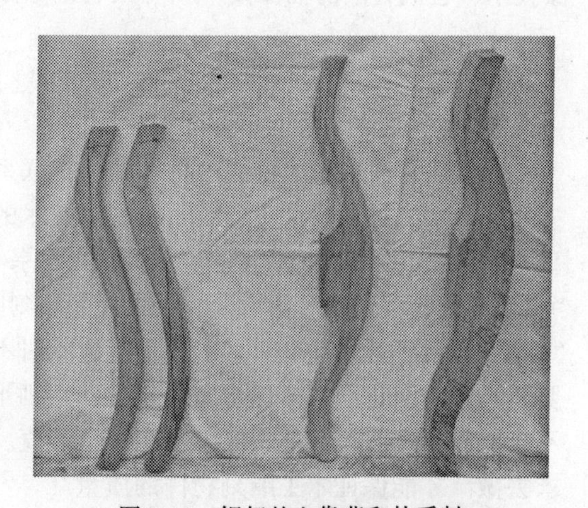

图 7-19　锯好的上靠背和扶手料

图 7-20　组合好的清式官帽椅

图 7-21　制作完成清式官帽椅

第八章　木雕油漆技术

油漆是一种着色剂和保护膜。油漆可使木雕产品保持质感，同时改变或提高木雕产品的质量档次。木雕油漆技术包括：木工雕刻和油漆的关系、油漆中常用的工具、木本色油漆技术、合成大漆的油漆技术和意大利聚酯漆喷涂方法。

第一节　木工雕刻和油漆的关系

木工雕刻技术和木雕油漆技术是互相联系和互相适应的关系。

一、木工雕刻技术应适应木雕油漆技术的要求

木雕产品制作时应处处按油漆时的效果和标准达到平正、整洁、光滑的目的。常有"木工不留线，留线一大片"。就是木工雕刻时画的加工线必须刨干净才便于油漆。又有"木工不留胶，留胶脏一片"。这是指施胶时不能乱滴答、乱流淌。尤其榫肩榫眼处的胶液要净光和用刨花蘸水擦抹干净。还有木工刨平整面时，一定要把刨刃磨好，手工刨净光时不应留有刨痕。尤其是圆棱线条应圆滑匀直。总之木工雕刻加工时只有处处按油漆时的要求去做，才能保证木工雕刻物件的质量。

二、油漆技术应适应木工雕刻的要求

好的木雕产品应该有好的油漆技术作保证。俗有："木工的家具油工的衣"。好的木雕产品从材料搭配、木质表现、做工档次标准以及结构合理和表面效果等方面都具备了很好的条件，油漆的"穿衣"应有较高的标准才会保证和提高木雕产品的质量，油漆的"穿衣"应该结合木雕产品的实际现状达到好的油漆效果。

三、木雕和油漆的关系

木工雕刻和油漆技术相联系，其一，好的木雕产品很可能达到好的油漆效果，但是好的油漆效果必须有好的木雕产品来作保证。其二，好的木工雕刻大师应具备几分油漆的功底。好的油工师傅也应有几分木工基础知识，这样才能更加完善自己，提高木雕工艺水平。

口　诀：

油漆木雕孪兄弟，
木工制作油工衣。
既相适应又互补，
上乘质量高工艺。

第二节　油漆中常用的工具

油漆中常用的工具包括：刮涂工具、刷涂工具、喷涂工具和喷涂设备。

一、刮涂工具

常用的刮涂工具是刮腻刀，也叫油灰刀。市场上出售的是钢片刮腻刀，有大小型号之分。自制的有牛角形、木板形、橡胶形、刮板形等式样。

1. 钢片形刮腻刀。由薄钢片加工成大小不等的各种规格，上装木柄组合而成。其质量标准是，手柄牢实，刀口薄而齐平，弹性柔和。

2. 牛角形刮腻刀，也叫牛角刮板。用水牛角锯成3mm左右的薄坯，刮刀刃部和画线的划子一样，需磨薄，规格大小以使用合适为宜。其优点是不会刮伤木料表面，造成发黑现象。其缺点是易受热变形。为了保证刮刀刃部的平齐和不弯曲，使用后应擦干净，并插入专制木块的锯缝中固定其形状，就能保证刮刀刃部不会变形。

3. 木板形刮刀。用于燥和木纹较顺直的薄木片砍磨制成，宽窄尺寸按需要自制。优点是木工制作方便，随用随制。按照好用和爱好砍出把柄和刃部，并用刨子把刃部两面刨削平整，然后用砂布放在平台上，磨平刃口。好的木刮板用后不抛弃，要用布擦干净存放，防止变形开裂。

4. 橡胶形刮刀。其多为刮内圆形线条或者是刮边棱腻子时使用。其形状和尺寸可按刮涂物的宽度而定。常用的为5～8mm厚的橡胶板制作，刮刀的刃口部用砂布修磨平直和圆滑，用后擦干净存放。

5. 刮板形大刮刀。宽度200mm左右，钢片镶于木板上或安装塑料手把。多用于质量较次的家具平面满刮腻子用，能达到相应的平整度和刮腻面的无刀痕。

二、刷涂工具

刷涂工具常指手工刷漆和涂漆用的工具。

刷漆用的工具有猪鬃刷、羊毛刷、排笔刷、圆鬃刷、歪把子刷、画笔等。

擦涂用的工具有擦色用的麻布、乱蚕丝、脱脂棉、棉纱、软刨花等。又包括浸涂用的浸漆槽、铁箅子、铁钩子。还包括滚涂用的油辊子等等。

1. 猪鬃刷。油漆常用的刷子，用梳理好的猪鬃用胶粘接一起，然后用0.03mm的薄铁皮包紧压制在木柄上组合而成。

猪鬃刷的规格很多，小至10mm，大到约200mm宽。常使用的一般为65～75mm宽。购买时以刷毛直和刷毛整齐为准，并能保证刷漆时不掉毛和刷头不松动为优质品。

猪鬃刷适用于刷粘度稠的漆料，例如调和漆、磁漆、大漆等。

2. 羊毛刷。由狼毫和羊毛经挑选梳理后，粘胶用薄铁片压紧在木把上组合而成。其特点是刷子薄、刷毛软。刷漆时一般不易掉毛。

3. 排笔刷。毛笔杆形状的多根竹管穿排一起，再用狼毫或羊毛梳理后胶粘装入每个管子中制成。排笔刷宽度一般多用3管、5管、10管制作。如果在市场选购时，注意管齐毛齐、毛多毛长、组合牢实、刷毛不掉为好刷子。

4. 圆鬃刷、歪把子刷、画笔等。这些刷涂工具主要用于油漆畸形物件和修饰描画线条木纹等方面。质量同样要保证牢实好用不掉毛为好。

5. 擦涂工具。油漆施工中，用于擦涂的工具分为：擦涂漆着色时用的麻布（麻袋片），擦涂水着色时用的棉纱、软刨花、破布团等，擦涂面漆和虫胶漆用脱脂棉和白软布，擦涂大漆用乱蚕丝等等。

擦涂工具应根据油漆人员的技艺和擦涂物面的条件区别使用。

6. 浸涂工具。浸涂常用于数量多的小件油漆，可使物件经浸漆后色匀和薄厚一致，又能使物件各部分都能浸涂到油漆。但缺点是过稀和过稠不宜掌握，稀易露底，稠易流淌和积漆慢干。并且要根据夏秋两季节掌握好浸漆的时间和粘度。

浸涂工具一般是制作二个浸漆槽。一个作为浸漆使用，另一个在上面放上铁箅子控漆用。另外配备铁钩子用于钩拿浸涂的物件。

7. 滚涂工具。它是用羊毛毡子和形似羊毛的腈绒制成的圆滚子。和一般油印机辊子使用的道理一样，用于滚涂调和漆、聚酯漆和油漆滚花等等。滚涂还要和刷涂配合，滚涂不到的地方用刷子补油完成。

三、喷涂工具和喷涂设备

(一) 喷涂工具

喷涂工具属于机械涂漆。其优点是速度快，用工少。缺点是消耗和浪费大。

常用的喷涂工具包括喷枪、橡胶管、钳子和喷枪扳手等。喷板利用压缩空气将油漆液体从油罐中吸到喷枪的枪嘴处，并且吹散开形成漆雾，均匀地涂于物件表面从而达到涂漆的效果。

1. 喷枪。常用的喷枪有对嘴式和扁嘴式。对嘴式喷枪主要适用于调和漆的喷涂，喷涂时喷出的漆雾形成为圆形。扁嘴式喷枪主要用于高档硝基漆、聚氨酯漆和聚酯漆的喷涂，喷涂时漆雾可形成圆锥形和扇形，并且能自由对换和旋转。

2. 橡胶管。橡胶管是输送空气用的，要选择耐用耐腐蚀，粗细合适和长短配套质量好的。

3. 钳子、扳手。这是连接橡胶管子和调整喷枪专用的工具，要妥善保管使用。

(二) 喷涂设备

常用的喷涂设备有空气压缩机、油水分离器、空气净化器等。

1. 空气压缩机。一般常用的设备，现市场型号很多，有移动式和固定式两种。家具喷漆一般用移动压缩机，移动式压缩机的压力能供给一支喷枪的压缩空气使用即可。

2. 油水分离器。它是用于去除压缩空气中的油水、灰尘等杂质的。分离器中的滤层要常常清理干净。

3. 空气净化器。其可以把分离出的水、油污通过排污装置自动排出，从而使净化器出口处获得很洁净的压缩空气。

口　诀：

刷漆常用毛刷子，
猪鬃羊毛和排笔。
圆鬃歪脖和画笔，
种类形状全备齐。

擦涂麻纱乱蚕丝，
浸涂漆槽油辊子。
喷涂工具和设备，
装置要用净化器。

第三节　木本色油漆技术

木本色油漆俗称靠木色。经油漆刷涂或喷涂后木材木纹还清晰可辨。油漆后色泽匀称能继续保持自然木纹的美观和丰满质感。

木本色油漆也要着色，深浅颜色可自由调配。其罩面漆选用刷涂和喷涂都可以。刷涂常用的有酯胶清漆、酚醛清漆、醇酸清漆等。喷涂常用的有硝基清漆、聚酯清面漆等等。

现以刷涂醇酸清漆罩面的木本色油漆技术为例，介绍施工程序如下：

1．打磨──→刷胶水。用0号砂布将白坯进行细致地打磨。

（1）要求一定要顺木纹打磨。

（2）木质未刨光的地方或者是戗茬部位，可先用细铁锉顺木纹锉磨，再用砂布打磨光滑。

（3）榫肩处留有的胶液迹和留有的墨线迹等脏处一定要清除和打磨干净。

（4）钉子帽外露处用锤子和铁冲子打入木质内不得外露。

（5）经过打磨的物件表面，无脏迹无刨痕，无砂布横擦的痕迹。必须保持光滑干净。

（6）白坯打磨还必须保持木器物件不改变线条的形状。方呈方形，圆呈圆形，不能磨伤变形显得线型不舒展。

（7）白坯打磨干净光滑后用乳胶液加温水稀释。浓度为15％～25％满刷涂一遍。

2．打磨──→刮腻子。用0号砂布把刷过胶液的白坯打磨一遍，仍保持顺木纹打磨。

（1）配腻子。腻子的体质颜料常用滑石粉调配。木本色腻子最好选用药用滑石粉（中药店出售）。

（2）色料。大白粉、涂料黄、氧化铁红、墨汁等少许。

（3）确定颜色。油漆的颜色按爱好调制，木本色颜色首先取决于色匀，其次是保证油漆的亮光或亚光的流平性要好，给人以丰满的质感。确定颜色要根据木料等级的客观情况调配为好。一般情况下，找同木质刨光的木板，用棉纱蘸色擦涂，试一试能呈现出木本色的深浅情况。如果需要色深些，调配颜色时加黄色或红色少许观察涂于湿木板面呈现的颜色就可以了。

（4）调配颜色的方法。调配时体质颜料以滑石粉为主，用于填充木鬃眼；主色颜料少许，用于确定发黄或发红。其它颜料为辅，略加调入。

调配颜色的稀释剂用油色和水色都可以。

（5）调配时要找相同的木板净光试色。尽量在木质色深的地方试色，这样可以保证色深色浅的基本协调匀称。

（6）调腻子。可用乳胶液稀释后配制。乳胶液浓度和水的比例一般在1:2或3:5左右。太清腻子不牢，太浓稠腻子就太硬又不宜打磨。

调腻子时以滑石粉为主，略加点颜色。腻子的颜色要和发黄和发红擦底色相协调，太浅易留白斑，太重太深易留下颜色的斑点。腻子和色的调配是木本色油漆的关键技术。

（7）刮腻子。木本色油漆不能满刮腻子，要填补缺陷处。选用油灰刀要宽窄合适，小缺陷处用窄灰刀。

(8) 刮腻子的方法是抹上去再刮平，不留不平的痕迹。腻子多少要适度，圆棱处用橡胶刮刀，榫肩处只刮缝隙。不能满涂满刮，乱涂物件表面，重要表面要多打磨少刮腻。

3. 打磨——刮二道腻子。顺木纹把干燥的头道腻子打磨光滑，如没有刮腻子的地方和没有刮好腻子的地方要刮二道腻子。

其顺序和方法同前。

如果二道腻子有问题可继续刮三道腻子。

4. 打磨——上色。顺木纹方向把干燥后的腻子打磨光滑，擦干净准备上色。

(1) 水色的着色处理。水色是用水加胶作稀释剂，其颜色调成糊状色浆刷于木质表面，用棉纱、刨花等擦干净。擦色浆一是把需要的颜色均匀地浸入木质着色；二是能使色浆把木质表面鬃眼填平，保证罩面漆的流平性。

(2) 油色的着色处理。油色是用汽油和清漆作稀释剂，同样把颜色调成糊状色浆，刷于木质表面，用麻布（麻袋片）擦涂干净。同样是把颜色均匀地浸入木质着色，同样能把木质表面鬃眼填平，保证罩面油漆的流平性。

但是油色的配制比例比水色有一定难度，过稀易使色浅不匀，过稠发粘不好擦净。

现以醇酸油漆为例，调配油色比例如下：

1) 白木纹油色：

醇酸清漆	3 份
90 号汽油	7 份
滑石粉	适量

2) 微黄木纹油色：

醇酸清漆	3 份
90 号汽油	7 份
药用滑石粉	适量
质好的涂料黄	少许

3) 红木木纹油色：

醇酸清漆	2.5 份
90 号汽油	7.5 份
药用滑石粉	适量
油画颜料黑、黄、红	少许

(3) 着色。木质好，做工细，木质颜色匀称的物件宜颜色鲜而浅些。木质好，做工细，木质颜色深浅不匀称的物件宜色重或色深些。着色的深浅是油漆的关键环节，以颜色的调配匀称为重点。深浅协调，冷暖色柔和。颜色的种类因人而异恰到好处。不能深色一片，浅色一片。尤其腻子处的胶液迹出现的白花斑不能上色，一定要打磨干净后再着色。

着色刷涂色浆时，要在湿润时揩擦，不得发干，如果刷涂太稠可再调稀些，油着色一定要用麻布片，能保证擦匀称和打磨光亮的效果。

着色时辨别色匀与否只能在擦涂湿润时才能直观感觉到。干燥后就较难看出是否色匀了。

5. 刷油漆。着色干燥后要保证无脏物，无水滴，无灰尘，才能上漆。

刷漆时油漆要薄，刷到即可，不能太厚或者造成流滑现象。刷油漆后颜色就固定下来了。要检查好存在的缺陷下一步补修。

6. 打磨──→刮腻子──→刷油漆。第一遍油漆干燥后用500号水砂纸细细打磨一遍，重点处理油漆不均匀的地方和流滴处。色深地方多打磨，色浅地方少打磨，打磨后用原有腻子和油色补齐。色浅地方补色，用排笔和毛笔进行修饰。用砂纸打磨后即可上面漆。

7. 打磨──→刷清漆两遍。用500～800号水砂纸打磨平整。上清漆时要把缺陷处逐步修补完。刷子不能掉毛，且必须洗干净，刷漆的器皿也要擦洗干净。刷漆的室内要把窗子密封，不得使尘埃进入，把地面洒湿，使空气中尘埃杂物洒水清除。刷涂车间还要注意排风和净化空气。

8. 注意事项。因室内密封，油味过大，所以必须作好防护工作，杜绝烟火，并且在刷涂时戴上湿口罩进行调漆和刷漆，这样可以较好地防止油漆中毒。刷漆中有掉毛、尘埃点、和气泡等都要清除掉。醇酸清漆在刷涂时感觉稠时可调入少许90号汽油稀释。最后刷第二遍油漆应刷厚实一点，但不要造成流淌。刷子刷涂要利索，不能来回反复多刷。

口　诀：

木本色称靠木漆，
刷漆喷涂纹清晰。
深浅颜色任调配，
过滤涂刷罩面漆。

如刷醇酸罩面漆，
刷涂顺序心有底。
白坯打磨顺纹易，
脏迹刨痕不留底。

线条形状要舒展，
先刷胶液去毛刺。
腻子材料质细配，
体质料多色少许。

六份胶液四份水，
精细打磨保光洁。
物面多磨少刮腻，
范围要小补腻子。

水色油色擦底子，

擦涂工具应注意。
如擦油色举例子，
白木微黄红木配。

油漆浅色做工细，
调配深色木色异。
丰满质感讲匀称，
缺陷继续修补齐。

罩面至少三遍漆，
次次细砂打磨底。
吹打干净灰尘迹，
最后一遍漆面洁。

第四节　合成大漆的油漆技术

合成大漆是近年来市场销售的一种仿大漆型成品漆。这种漆流平性好，亮度适中，多用于家具的油漆。它是颜色较深而且较稠的一种罩面清漆。

合成大漆可作木本色油漆的罩面漆使用，其顺序同前一节。需要注意的是，因为合成大漆色深，如同虫胶漆（漆片）的颜色，刷涂不匀，薄厚不匀其色也不匀称。所以刷涂时漆膜要保证薄厚一致，恰到好处为宜。

合成大漆作醇酸调和漆罩面的施工程序是底子处理刷涂醇酸调和漆刷涂合成大漆。

一、底子处理

1. 白坯打磨。用 0 号砂布将白坯全面打磨并达到戗茬、锯痕、刨痕的磨平和磨光。底子处理过程中，不要求顺木纹打磨，只要能保证打磨平整光滑即可。有钉子的地方用锤子把钉帽钉入木料中。木线条和木棱角地方钉的钉子，要把打扁的钉帽拧正后顺木纹钉入，保证孔眼要小。

白坯打磨也可先用水胶液刷涂一遍，或者用 10 份水配 3 份乳胶液搅匀刷涂。因为胶液干燥后物件木面上的毛刺容易磨光。

2. 腻子调配。腻子调配可分油腻和胶腻。油腻是用油漆把滑石粉或黄土（过筛）调成泥状使用。油腻易打磨，但腻子粘合牢实程度差。胶腻是用水胶液或乳胶液把滑石粉或黄土调成泥状使用。胶液的稠稀要配好。胶液太稠不易打磨，胶液太稀腻不牢实。胶液稠稀按正常用胶一般加水 30％～50％为好。

腻子的稠稀还得根据具体情况而定，补腻多的地方稠些，补腻少的地方稀些。

腻子调配要加颜色。木雕腻子应适当加入些颜色，如粉红色或朱红色。因为木雕透雕处、镂空处较多，一次很难补全腻子，腻子加色的目的是根据色差来区别每次腻子是否抹全和刮到。

3. 刮腻子。木雕油漆的刮腻子应进行三遍，第一遍全刮，一定要薄，棱面、曲面全刮到。木雕雕花处细部一般只刮抹个别小缺陷处，因为满刮后其图案形状难辨别，所以应多打磨而少刮腻。透雕处的木质横断面必须刮腻，以保证油漆的流平性。腻子应干燥一遍打磨一遍，每次修补未刮好的缺陷。

二、刷涂醇酸调和漆

1．漆的颜色。大部分木雕桌椅常常都油枣红色。枣红色有两种，即枣红色和深枣红色。其漆色配制是按照市场销售的醇酸调和漆的黑漆和红漆两种搅拌匀称后刷涂的。

枣红色俗称有“一、九红”。是指黑红两种漆色相配的比例为1:9。深枣红色俗称有“二、八红”，色调黑一些，比例是2:8。

2．漆的配制。调和漆两种和两种以上互相调配时，必须要求是同种漆之间进行配制，如酯胶漆和酯胶漆相配，酚醛漆和酚醛漆相配，醇酸漆和醇酸漆相配。油漆相配不能混用。

漆配制后应搅匀，使用时必须过滤，而且按物件的用漆量一次配够，避免二次配制色不相同，油出的油色产生颜色不一致现象。

3．刷调和漆。调和漆要进行过滤，装到小盒和大点的漆碗中，多余的漆要密封存放。刷涂木雕物件时需用大小两个猪鬃刷。小孔眼处先用小刷子，刷涂后再用大刷子进行表面刷涂。刷完一个面再刷另一个面。木雕物件因雕刻面的雕镂不平容易流淌，所以要把物件平放地上施涂。如木雕龙椅要先把靠背放平油好干燥后，再把椅子放正刷涂扶手等部位。

调和漆要刷涂二遍，才能保证油漆不露底子。刷涂一遍干燥后，必须用水砂纸打磨光滑，并要清除流淌地方和尘埃点等缺陷。该磨平的磨平，该修补的修补。

三、刷涂合成大漆

刷涂合成大漆时应根据稠稀情况适当调配。过稠时应加入适量醇酸清漆搅匀即可使用，但注意醇酸清漆的成分和合成大漆成分相同时才能调配，否则造成不能使用。简易的调配方法是，先在漆碗中倒少量合成大漆，再倒入少量醇酸清漆进行搅拌，油漆越搅越稠说明不能混调。搅拌后漆颜色无变化，稠稀也合适，亮度和流平性在刷涂试验时也正常，证明能调配。

刷涂合成大漆前的准备工作，一是把刷涂房间清理干净，门窗要关严，适当留一个通风口；二是要把房间地面喷洒水湿润，洒水需高些，把房间内空气中的尘埃清除得越净越好。夏天还要注意消灭蝇蚊，室内禁有烟雾；三是油漆的物件放于室内的正确位置，保证油漆的所有面刷涂时每个人的动作都能展开或蹲下站起。还要用旧报纸等遮盖地面，保证漆刷不沾脏物件。

刷涂人员的防毒面具要备好，一般用厚一点的棉纱布口罩用温水浸泡湿，只要控一下水戴上即可防止油味中毒。如刷漆时间长时，可多浸泡一次口罩。

刷涂用大小2个刷子，刷涂的顺序是先里后外，先上后下，从左至右。合成大漆色泽重，刷涂时注意处理颜色深一片浅一片不好看的现象，另外注意刷涂时刷子的互相接茬处，多刷一下，增厚一层漆，颜色就显重了。一定要保持薄厚均匀，着刷轻重适度。

刷涂合成大漆，每次应薄匀为好，并要多油几遍。最后一遍适当加厚漆膜，不流淌即可，使漆膜丰满，漆面平整光亮。

口　诀：

刷涂罩面合成漆，

白坯打磨平光洁。
如果要油木本色，
油漆过滤上面漆。
如涂底色调和漆，
“二八”“一九”调红黑，
雕花镂空腻加色，
细刮三遍补腻子。
相同成分调稀漆，
薄厚适度油好漆。

第五节　意大利聚酯漆的喷涂方法

意大利聚酯漆是近年来推广的一种高档家具漆。其油漆色泽齐全，绚丽多彩，漆膜柔刚丰满，典雅平滑，漆面硬亮，而且保光保色快干耐用。

意大利聚酯漆是按着系列区分的，有底漆系列和辅助材料系列；亮光系列和亚光面漆系列；闪光系列和闪银光面漆系列；银朱系列和银光面漆系列；透明底着色系列和面着色系列；拉纹漆系列和贝母幻彩漆系列；钻石漆系列和高胶地面漆系列等等。

意大利聚酯漆每一系列又包含着一定的油漆组份和颜色，例如面漆的组份有面漆、固化剂、稀释剂。底漆的组份有底漆、固化剂、稀释剂。油漆的颜色有红木色、酸枝黄、橙红、琥珀黄、紫红、棕色、黑色、灰色等等。

意大利聚酯漆常采用喷涂方法。油漆的物件如果其数量少时，底漆和腻子处理可采取刷涂方法。现介绍透明底着色和透明面漆的喷涂方法。

一、涂漆前的准备

1. 雕刻物件要制作精细，要求木工对木器表面的方正、曲线、平齐和光洁度必须加工好，而且圆钉眼尽量少或不出现。

2. 涂漆前需要把存在的钉帽用冲子打入木质中，有节子和开裂的地方木工还要修整好。

3. 刮腻和刷涂工具，以及喷涂工具要备好。

4. 油漆物件应放在室内，要求四周隔离一定距离，保证人员走动和喷漆空间的方便施工。

5. 油漆房间室内的环境要整理好，并且要洒水清理地面和空气中的尘埃。

二、打磨白坯

1. 清除汗迹、油迹、灰尘等不干净的表面脏物。

2. 打磨。木雕物件的木毛、木刺、刨痕等要顺木纹方向打磨，砂布要细些，用0号砂布较好。

3. 打磨应从里到外，从上至下，从左至右，依次打磨，横顺木料搭接处应该停顿打磨的地方细心磨光，不得出现顺纹横磨现象。

三、刮腻子

腻子种类多，使用透明面漆应使用透明腻子，并按着说明书配好固化剂、稀释剂。

1. 先用刮腻刀把大的缺陷部位刮好腻子，其余物面可用棉纱团蘸透明腻子把整个物件表面涂抹一次，也可用大刮刀刮平面，橡皮刮刀刮圆棱，还可以调稀腻子用刷子刷涂。刮腻子的要求只要达到木鬃眼的填平、缺陷部位补平补光即可。因为腻子是保证面漆的流平性好的关键。

2. 从刮腻子开始起就要带好防毒口罩。用日常的棉纱布白口罩，水中浸湿带上，就可以很好地防护。时间长时多浸湿几次保证防护目的。

3. 腻子干燥后要顺木纹方向细致地打磨光滑。

四、上封闭底漆

1. 封闭底漆一般是喷涂，也可刷涂。刷涂时稀释剂可多加一点。封闭底漆的作用是能把木材表面和油漆相隔绝，又可以增加漆膜的硬度，并使油漆渗透到木质内起到封闭作用。

2. 封闭底漆刷漆时，如果想要底着色，首先要选择调好色的有色底漆（也叫有色斯那）刷底漆。也可在透明底漆中加色浆调色。如果想要面着色，可选择有色透明面漆，或者在透明面漆中加色浆调色。

3. 封闭底漆调配的比例是：1 份底漆 0.2 份固化剂，即 1∶0.2。稀释剂根据刷涂和喷涂情况决定，也可根据说明书调配。

4. 刷涂封闭底漆要每隔半小时一次，要求 2～5 次，达到漆膜平整的效果即可。刷涂好的封闭底漆应是颜色匀称，流平性好，这样可节省大量面漆。

5. 刷涂时保证工序到位，刷涂一次干燥后打磨一次。打磨用 500～800 号水砂纸。

6. 封闭底漆涂好了需干燥 8～12 小时后，方可再进行下道油漆工序。

7. 如果刷涂后的物件表面还有洞眼，可用 502 胶填平，干燥后打磨光滑即可。

五、喷涂透明面漆

1. 喷涂透明面漆要把握好温度和湿度。喷涂前底漆一定要干燥，阴雨天气不要喷涂，聚酯漆使用温度要求在 20～25℃ 较好。夏天如温度过高（39～40℃）时不要喷涂，可在晚上温度降低后再喷涂。

2. 透明面漆按说明书调配，常用的比例是，热天 1 份漆，0.4 份固化剂，1 份稀释剂，即 1∶0.4∶1。冷天 1 份漆，0.8 份固化剂，1 份稀释剂，即 1∶0.8∶1。

3. 如果油漆需要着色可改为喷涂有色面漆。

4. 喷涂前要严格检查设备，油水分离器和空气净化器工作状况要保证良好。

5. 喷涂时的喷枪要选用质量好、档次高的，一般喷枪效果不好。喷涂中正确调整好喷枪喷嘴与漆面距离。正确调整喷雾的圆状或扇形状态，达到使用得当。

6. 漆面不能有水和潮湿不干的地方，否则会出现起泡和泛白现象。喷漆不能薄厚不匀或流淌。面漆喷涂要隔 20 分钟后打磨再喷，要保证漆膜均匀。

六、施涂程序

（一）底着色的施涂程序

1. 白坯打磨。

2. 刮腻子。

3. 着色（刮涂、擦涂、刷涂、喷涂）。

4. 上底漆，底漆中加色浆。

5. 喷面漆（亮光和亚光）。

（二）面着色施涂程序

1. 白坯打磨。
2. 刮透明腻子。
3. 涂透明底漆。
4. 喷有色清面漆。
5. 罩光。

（三）面着色喷涂罩面漆施涂程序

1. 白坯打磨。
2. 刮腻子（原子灰、白乳胶腻子、虫胶腻子、聚酯漆腻子）。
3. 涂有色底漆。
4. 喷罩面漆（闪光、银珠、贝母、幻彩漆等）。
5. 罩光。

口　诀：

喷涂高档聚酯漆，
品种齐全讲系列。
准备周到要涂漆，
木器保质设备齐。

要顺木纹磨白坯，
修补必须刮腻子。
如用聚酯透明漆，
面漆喷涂刷底漆。

保证光滑填平底，
顺纹磨光封底漆。
配好色浆固化剂，
封闭底漆渗木质。
刷涂间隔半小时，
次次打磨除尘迹。

面漆固化稀释剂，
配好比例喷面漆。
严格要求按程序，
温度湿度适中时。

附录1　常见树种表皮颜色（纹理）及材质

楸树表皮颜色(纹理)及材质

椴树表皮颜色(纹理)及材质

柳树表皮颜色（纹理）及材质

核桃树表皮颜色（纹理）及材质

酸枣树表皮颜色(纹理)及材质

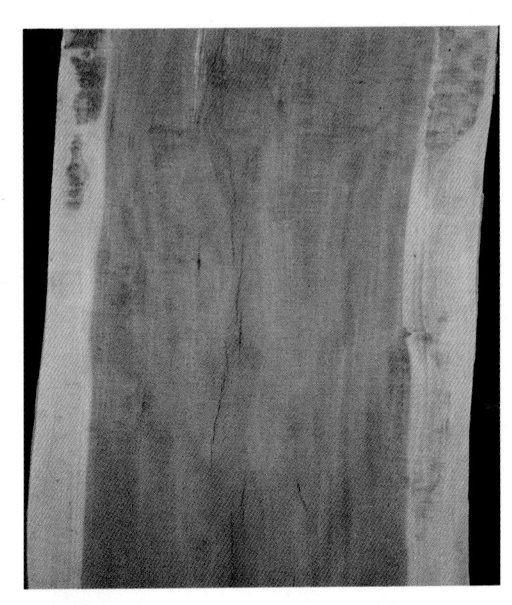

枣树表皮颜色（纹理）及材质

桦树表皮颜色(纹理)及材质

水曲柳表皮颜色(纹理)及材质

槐树表皮颜色(纹理)及材质

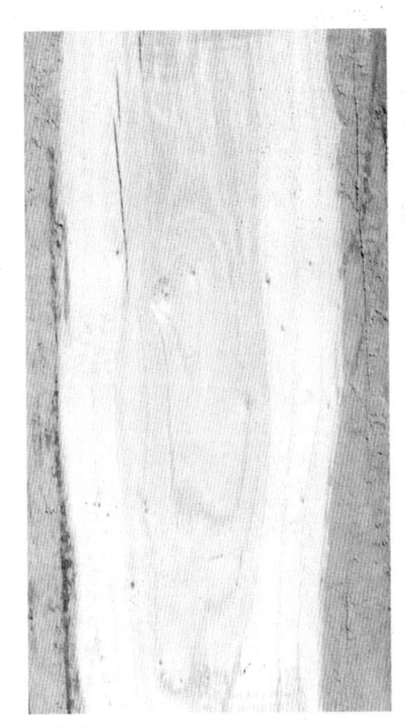

山西榆树表皮颜色（纹理）及材质

东北榆树表皮颜色（纹理）及材质

柏树表皮颜色（纹理）及材质

黄花松表皮颜色（纹理）及材质

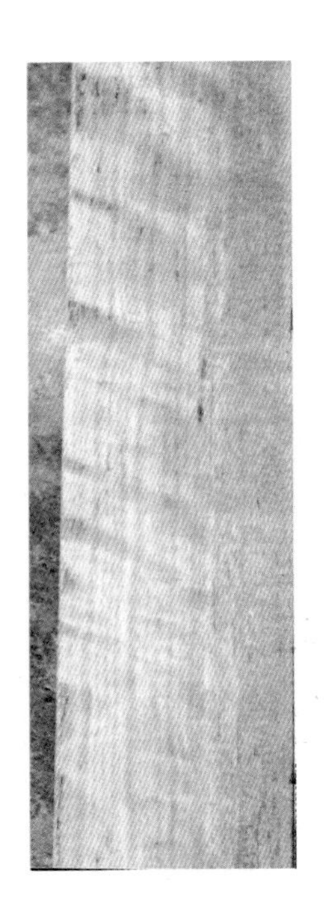

黑枣树表皮颜色(纹理)及材质

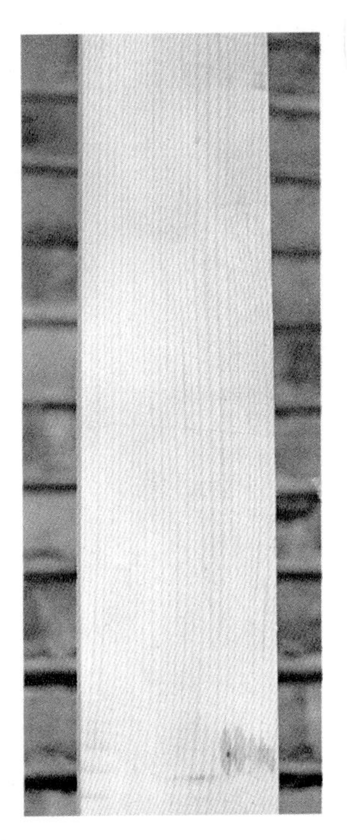

白松表皮颜色（纹理）及材质

红松表皮颜色（纹理）及材质

青松表皮颜色（纹理）及材质

杏树表皮颜色（纹理）及材质

梨树表皮颜色（纹理）及材质

椿树表皮颜色（纹理）及材质

色树表皮颜色（纹理）及材质

梧桐树表皮颜色（纹理）及材质

刺槐表皮颜色（纹理）及材质

椿柚树材质

黄波萝树材质

核桃楸材质

花椒树断面材质

东北楸材质

绿皮杨表皮颜色及纹理

钻天杨表皮颜色及纹理

苹果树表皮颜色及纹理

桑杏树表皮颜色及纹理

柴木表皮颜色及纹理

皂角树表皮颜色及纹理

大叶杨表皮颜色及纹理

小叶杨表皮颜色及纹理

附录 2　雕刻实例图片

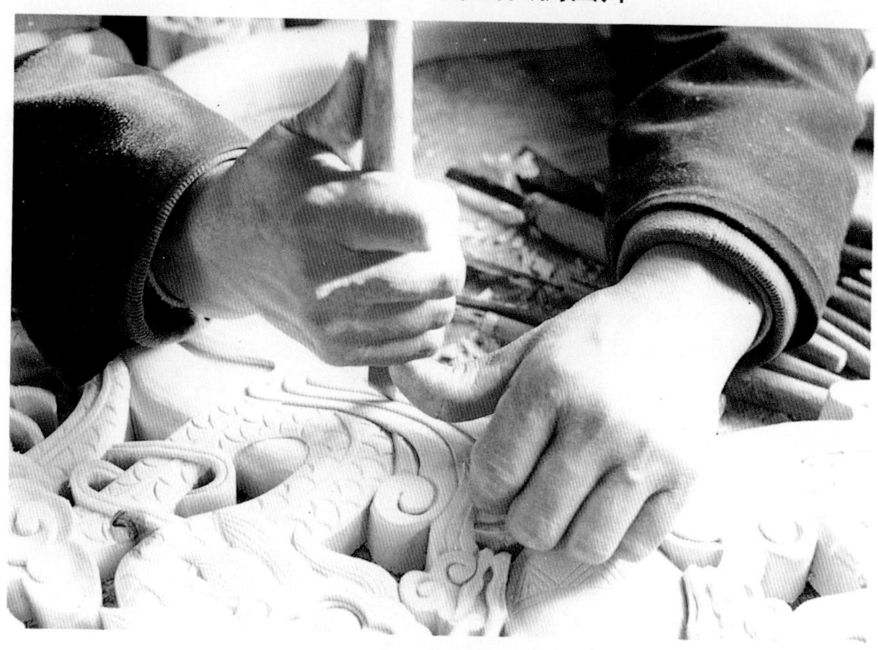

斜刀刻线技巧

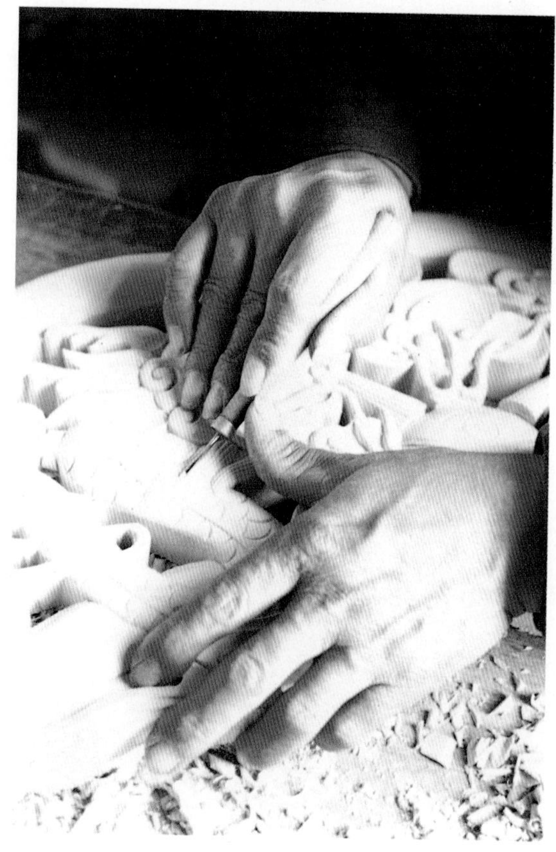

龙须雕刻技巧

圆铲刀功技巧

平铲刀功技巧

龙椅靠背雕刻前先锯掏镂空

完成细雕后的龙椅靠背

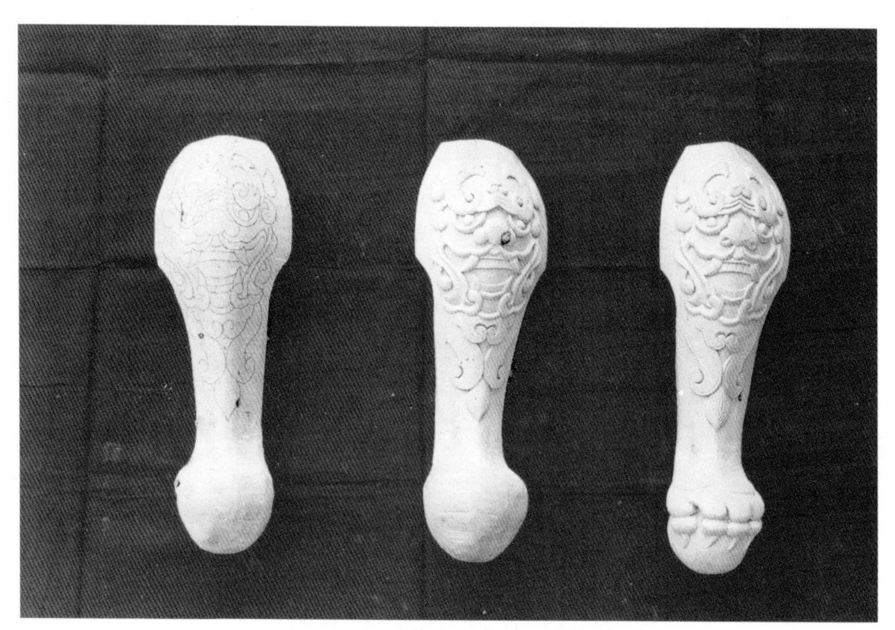

龙椅狮子腿的画线、粗雕、细雕

雕刻制作完成后的龙椅

第二篇

传统雕刻图谱

概 论

一、图谱的概念

图谱是有实用性和示范性的，较程式化的图形。谱与形的区别是：谱是调子或叫画样，形是图案，谱与形是抽象与具象的转换。谱与形本是相依的，谱缺形时显得单调抽象，程式化；形缺谱时难以制作。谱是定调，甚至是细微处的画样，形是雕刻加工后的表现。因此，按照木工雕刻的传统特点，根据木工雕刻结构的规范性，收集整理传统图谱，对木工雕刻技术的提高显得非常重要。

木工雕刻图谱繁简有别、整齐匀称、典雅别致，它和石雕、砖刻、彩绘等艺术是相互结合、相互发展的。其线条虽粗犷，但不失其传统制作技巧；其图形虽繁琐，但不失其高洁大雅。类别众多的图形，包含着大量中华民族历史的艺术瑰宝。因此，传统艺术图谱的收集对于提高传统制作技术，弘扬民族文化有着重要的意义。

木工传统雕刻图谱区别于其它绘画形式，它是一种用于艺术品的附着画，需经能工巧匠的精心雕刻，才会产生价值。当然，木工传统雕刻图谱有其特殊的形象美，加之一定的制作技术作保证，更呈现其艺术感染力和实用价值。美的图案藏于工匠们的悟性之中，只有智力与匠心的结合，才能创造出更加自然，更加鲜明，更具有价值和特点的作品。

中国工匠们的劳动大都是依照美的规律构思造型的。原始社会陶器上的旋涡纹和宋代瓷器上的卷草纹就是精巧奇特的图纹（图 1、图 2）。有的图纹还充满了幻想的神思（图 3）。尤其到清代更加艳丽，其图纹精致绝伦。

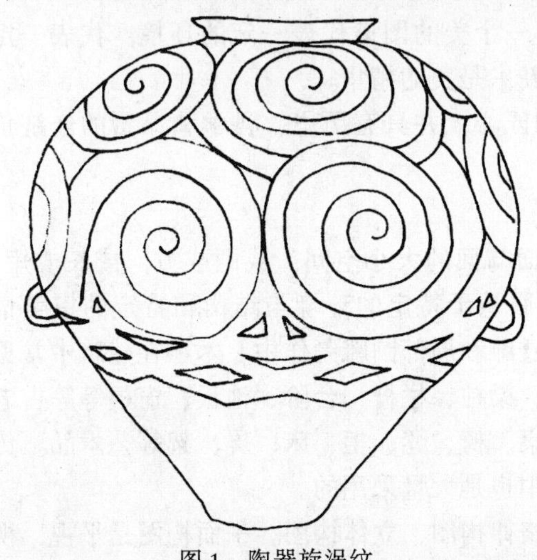

图 1　陶器旋涡纹

图 2　宋代瓷器卷草纹

在唐宋时期，传统图纹就得到了发展，逐渐形成了民间传统的谐音、象征、笺言、比拟、双关等至瑞吉祥的图画。明清时期传统艺术呈现出极盛期，日常生活中从居住的室内、室外工艺品，喜庆场合、逢年过节的吉祥图纹已广泛使用。我国古建筑中的木雕、石

图 3　虫纹

雕、砖刻艺术就是一种具有代表性的传统雕刻博物馆。从生活中的人物动物、飞鸟鱼虫、花果树木、山川风景、生活娱乐等方面构成了与社会生活相融合、相适应，自成一格耐人寻味的吉祥图。现在如果让我们对从事古建筑中木雕、石雕、砖雕等制作的工匠们进行评价的话，完全可以称他们为“匠家”。因为我们国家那些被列入世界文化遗产的古建筑，全都是这些不留姓名的匠家们所作。

二、图谱的作用

木工传统雕刻图谱是雕刻工艺制作中必不可少的图纹，而且和工匠们的制作技艺又是互为依存的。传统图谱又是传统文化的载体，具有象征意味与丰富内涵，具有民族艺术特色和民间气息。我们在应用中应加以区别地整理运用，并且使木雕技术与图谱在人们的生活环境和历史的发展中相得益彰，恰好相融，真正发挥其图纹美的作用。

1. 图谱为木雕技术创造制作的条件。既可用于一块板面框面雕刻，又可用于局部构件部分的雕刻，还可用于艺术品雕刻。浮雕、透雕、圆雕由木工自己选择。无图不能雕，无图不能画，只有能工巧匠独具匠心的选择才能体现物的内在美。

2. 图谱是精神构思，是美对物的表现形式。图谱在一定的环境中或者在自身的表现中让人产生美的韵味。

3. 图谱是审美艺术。当然也是实用性与艺术性的价值表现。美是无价的，但美也有价值，美可以实现更高的价值。

4. 图谱具有传统性。当然也是工匠艺术的财富，在人类历史发展的长河中，图谱其形和物的结合记载了人类的生存、发展、向往和特点。同时又沉淀了我国有特殊意义的国宝珍品，而且还使传统艺术起到了审美、开拓、发展的作用。

5. 木工雕刻传统图谱有陶冶和美育作用。一个美的图谱代表一定的环境，代表一定的历史和民族传统，经过多少代匠人提炼和创新，是美的精华。

6. 图谱有价值观。好的图谱蕴藏着特殊的匠心，并具有历史、科学和昂贵的经济价值。

三、传统图谱的配制

传统图谱的配制常常服从于雕刻物的附着面与面的大小空间，或圆或方，或长或短；又要服从于经济条件的需求，或简或繁；还要服从于特定的环境与结构和特定的审美情趣。传统图谱的配制多用于雕刻艺术的浮雕、透雕和局部圆雕制作中。木雕在建筑中常见的有墙面、地面、天花顶、箍头、藻井、门扇、梁柱、栏杆、台阶、池板、窗棂等等古老民情的题材。木雕在家具中更是题材广泛，如桌、椅、凳、柜、床、屏、架等艺术品。传统图谱的配置在石雕、瓷器的釉画和彩绘彩画中也是大量采用的。

木工传统雕刻图谱的配制分为平面构图、格律构图、立体构图。平面构图是平视，视点分散，图纹不重叠，层次前后不区分。就是用平面形式展开，画面自由的平视体构图，多见于木刻画。格律构图是方中有圆，圆中显图，对称排列，图纹填圆，如木雕屏风图、柜门图、窑洞天窗图。立体构图实际上相当于机械制图中的轴图，是把物像画面统一地有意倾斜成10°、20°、30°、60°，再经过画面的点、线、动、静，构画成为立体感的图纹。

当然，立体构图配制后还得由加工者在制作中，从立体的四周找出形体的部位点。从大到小，从高到低，从整体到局部；由细到粗，由简而繁步步深入透底地雕刻加工，即匠心的悟性和技巧。

四、图谱的审美特点

图谱的实用性和艺术性代表制作作品中的功利。这是物与画的互补，画促进了物美，物融入了画。充满活力的传统艺术图案能够表现人们追求美的内心世界。因为好的传统艺术图谱会让人心中泛起哲理的想象、美好的向往、自然与时代的体悟、匠心与雕功的大成。使人心里注入美丽、舒畅、清新、长久的感受和遐想。例如宫殿内房梁上的彩绘图纹、明清古家具的木雕艺术图纹等等。这些丰富多彩与千变万化的艺术图纹，颇具想象力和感染力。

木工传统雕刻图谱的审美意义还在于赋予了人们具体的向往与情怀。在传统图谱中有吉祥和瑞、兴业平安、理想生活的追求与期盼等内容。因此传统的木雕和典雅的艺术是让人们使用与审美的，需要达到图与物的完美结合。

五、图谱的内容和分类

木工雕传统图谱的艺术内容广泛，包罗万象。其画中有诗，诗中有画，构思巧妙，情意相融，寓意深刻，有趣味，且爱憎鲜明，加上精雕细刻，玲珑雕镂，千姿百态，真是美不胜数。

木工传统雕刻图谱可以从不同角度分类，实际制作技艺中常以图谱纹样的具体内容分类。可以分为龙、凤图谱；狮、麒麟图谱；人物类图谱；动物类图谱；鹤、蝙蝠图谱；祥云山水图谱；文字器物图谱；花鸟鱼虫图谱等多种。如人物类图案中的“受天福禄”、“天官赐福”、“指日高升”、“三娘教子”等。动物类图案中的“太平有象”、“麒麟送子”、“鹿鹤同春”、“辈辈封侯”、“三羊开泰”、“龟鹤齐龄”等。花鸟鱼虫图谱中的“丹凤朝阳”、“榴开百子”、“喜鹊登梅”、“鱼跃龙门”、“一品清莲（廉）”、“天地长春”、“藤蔓绵延”等等。其它还有龙纹、云纹、文字器物等图谱。使人以自然现象和自由想象寓意希望、纯真、刚劲、高洁、雅趣的艺术特点。

当然，木工传统雕刻图谱不能一味的临摹，应该用其所长，避其所短，用时代的观点去认识，去了解，达到适用与发展的目的。

第九章　建筑构件图谱

建筑雕刻的图谱表现在斗拱的部分。一般情况下以流空花卉的寿头、月季、荷花、金鱼等吉祥图案表现于民居和祠堂角拱处；以风头昂的吉祥图案表现于门楼、照壁（墙)、牌楼的斗拱处；以鞋头昂表现于庙宇正殿式牌楼的斗拱处。

建筑雕刻还应按如下部位选取图谱：

1. 亮拱处的鞋麻板一般选流空雕花图谱；承梓檩拱端一般选麻叶云头图谱；水戗竖带三寸岩下一般选回纹花饰图谱；墙门上下枋中央锦袱雕刻部分和斗拱延伸下垂的昂端一般选雕鞋脚状、风头状、金鱼及鱼龙状花卉等图谱。

2. 梁垫的前部一般选雕花卉、植物等图谱，如牡丹、兰花、吉祥物等。

3. 落地罩——柱间和枋下的网络镂空处。一般选雕两端下垂落地的棱花、方、圆、八角等形状的图谱。

4. 挂落——柱间和枋下似网络镂空处。一般选雕挂落两端下垂不落地，且有一定装饰的雕花图谱。

5. 雀替——对称镶于柱与枋两角间。一般选雕虎头、宝瓶如意、二龙戏珠、凤凰戏牡丹等图谱。

6. 挂芽——荷花柱头上端两旁的耳形物雕花板。常选雕宝瓶，文房四宝，八仙器物等图谱。

7. 柱头——墙门迁檐枋子两端下垂雕花状短柱的端头。可镂空雕饰。

8. 门、窗下裙板、中夹堂板和大梁底两旁蒲鞋头可雕花。

9. 垛头的中部兜肚可雕刻花纹。

10. 栏杆及窗的空档处可雕的花结（北方叫色垫)；两牌楼间的垫拱板可雕镂花卉；其它部位可选用浑面木角线，或亚面木线条等。

图 9-1～图 9-21 为常见的传统建筑构件雕刻图谱。

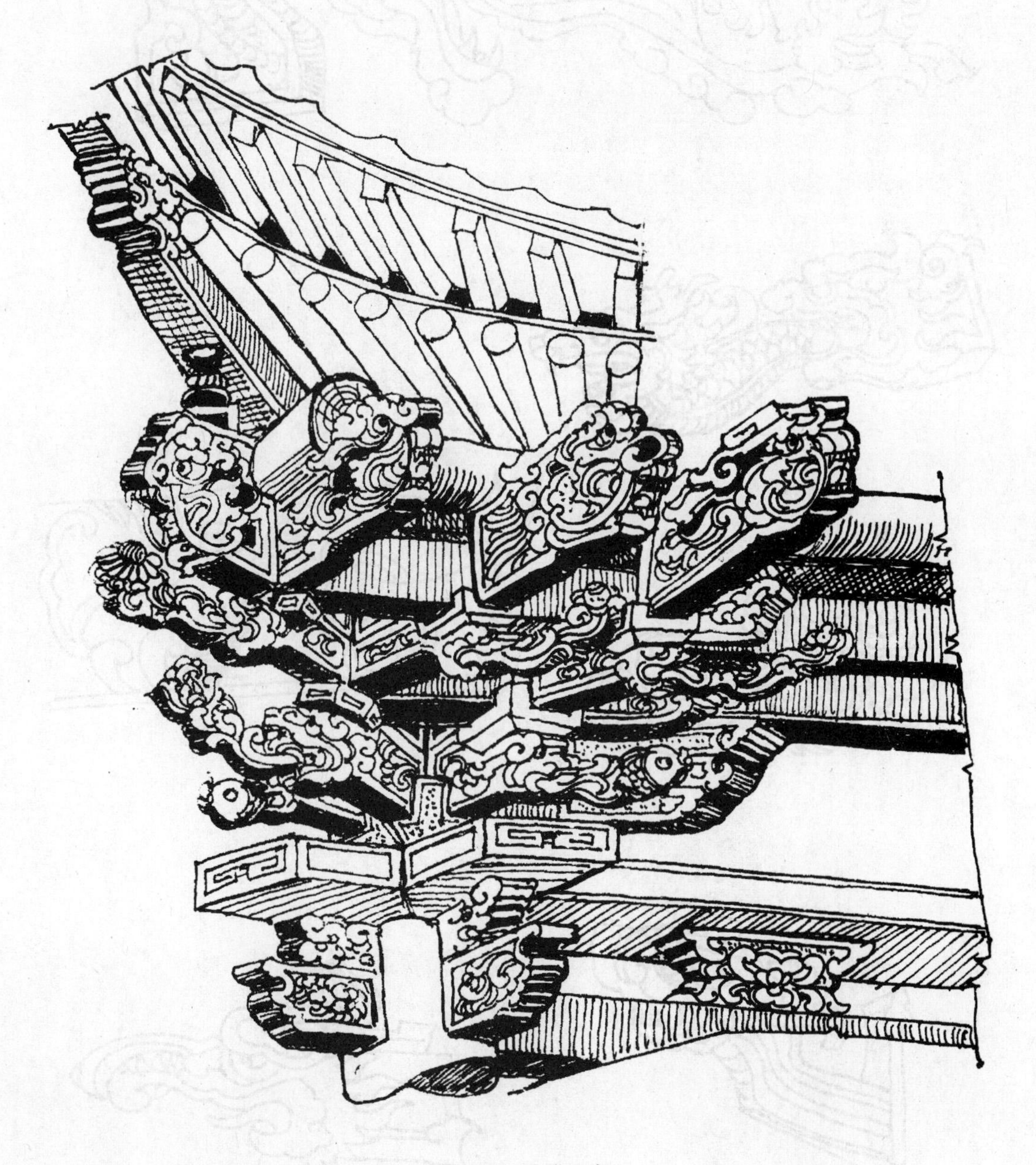

图 9-1　斗拱一角

图 9-2　拱端雕刻图谱

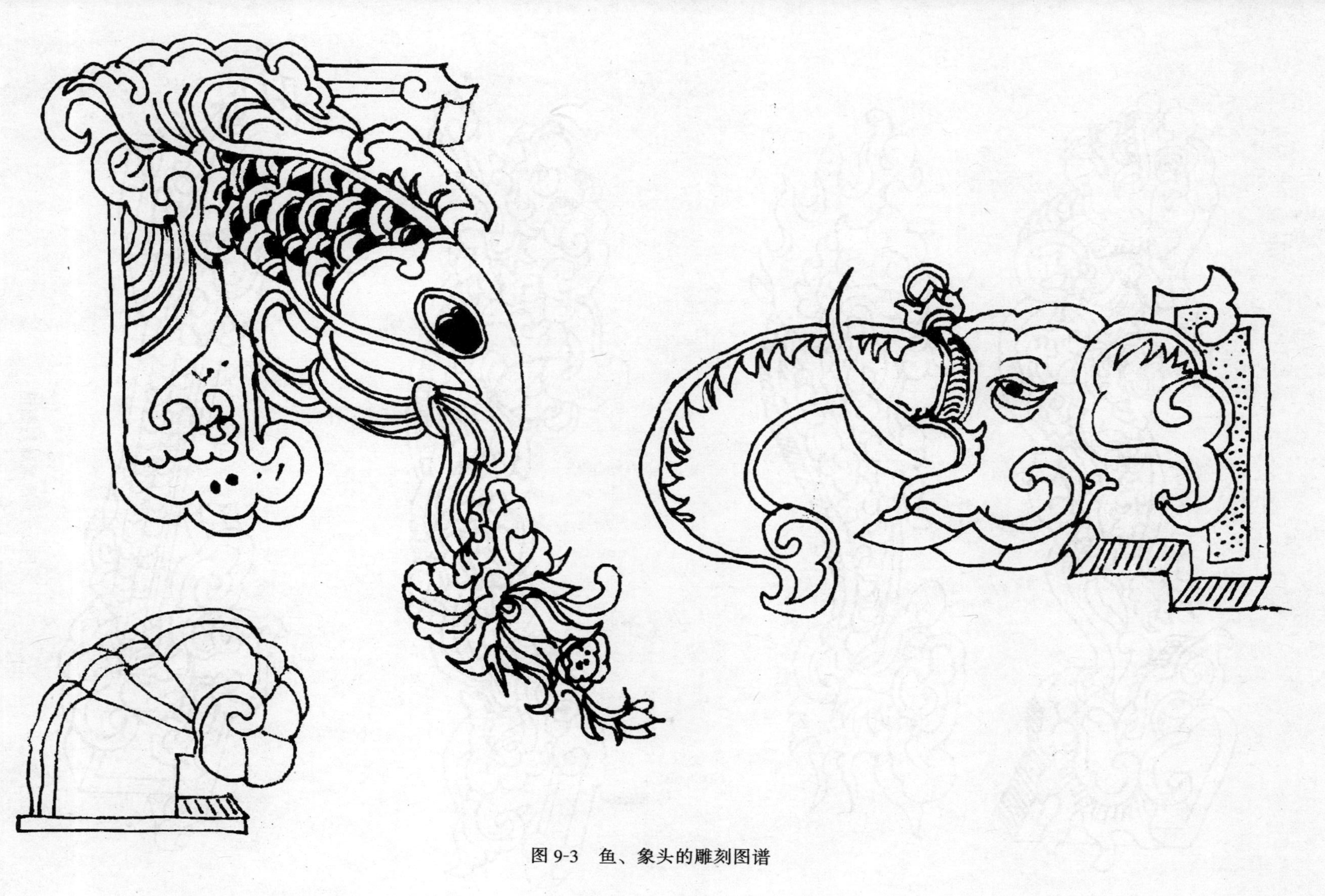

图 9-3　鱼、象头的雕刻图谱

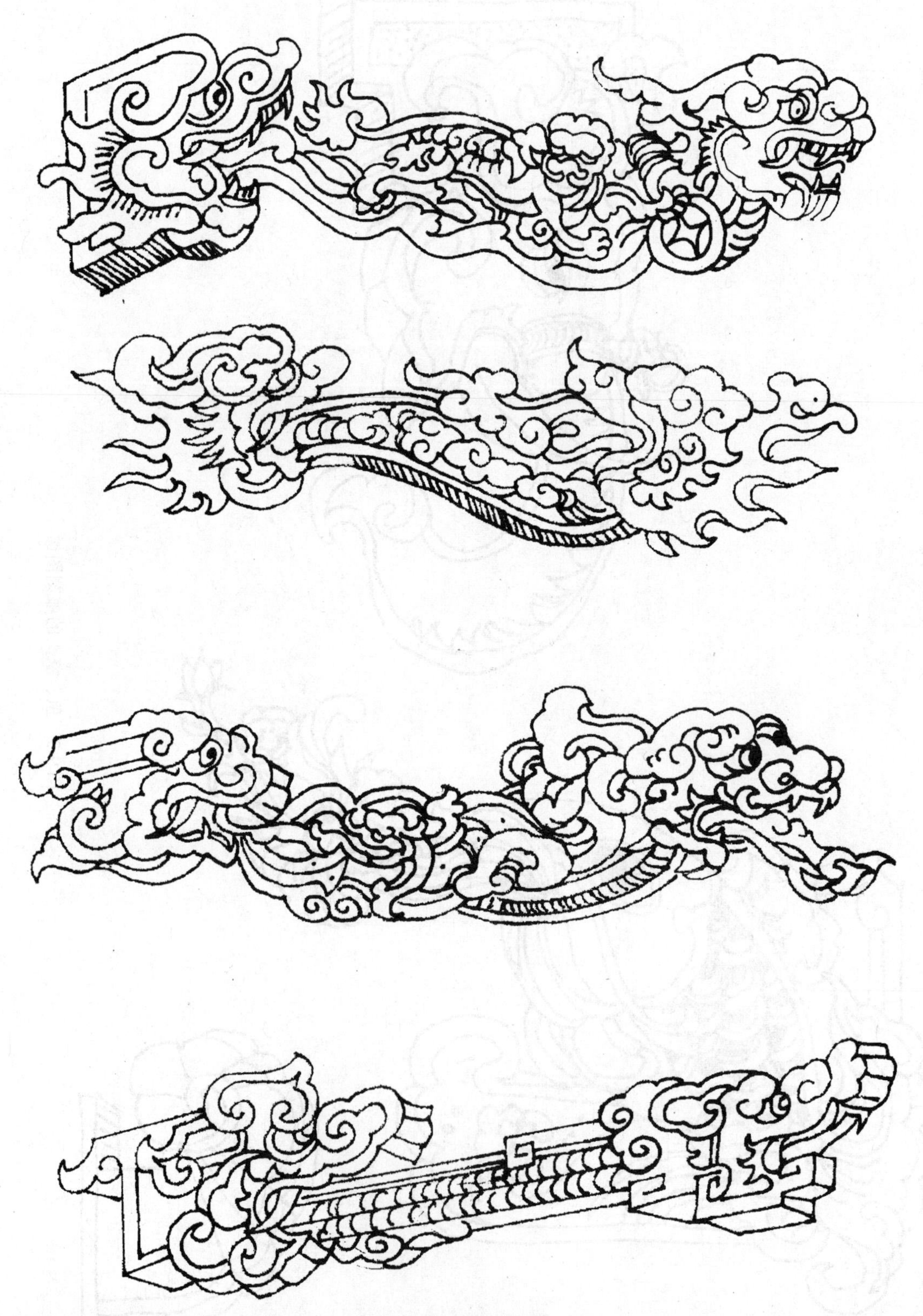

图 9-4　昂端雕刻图谱

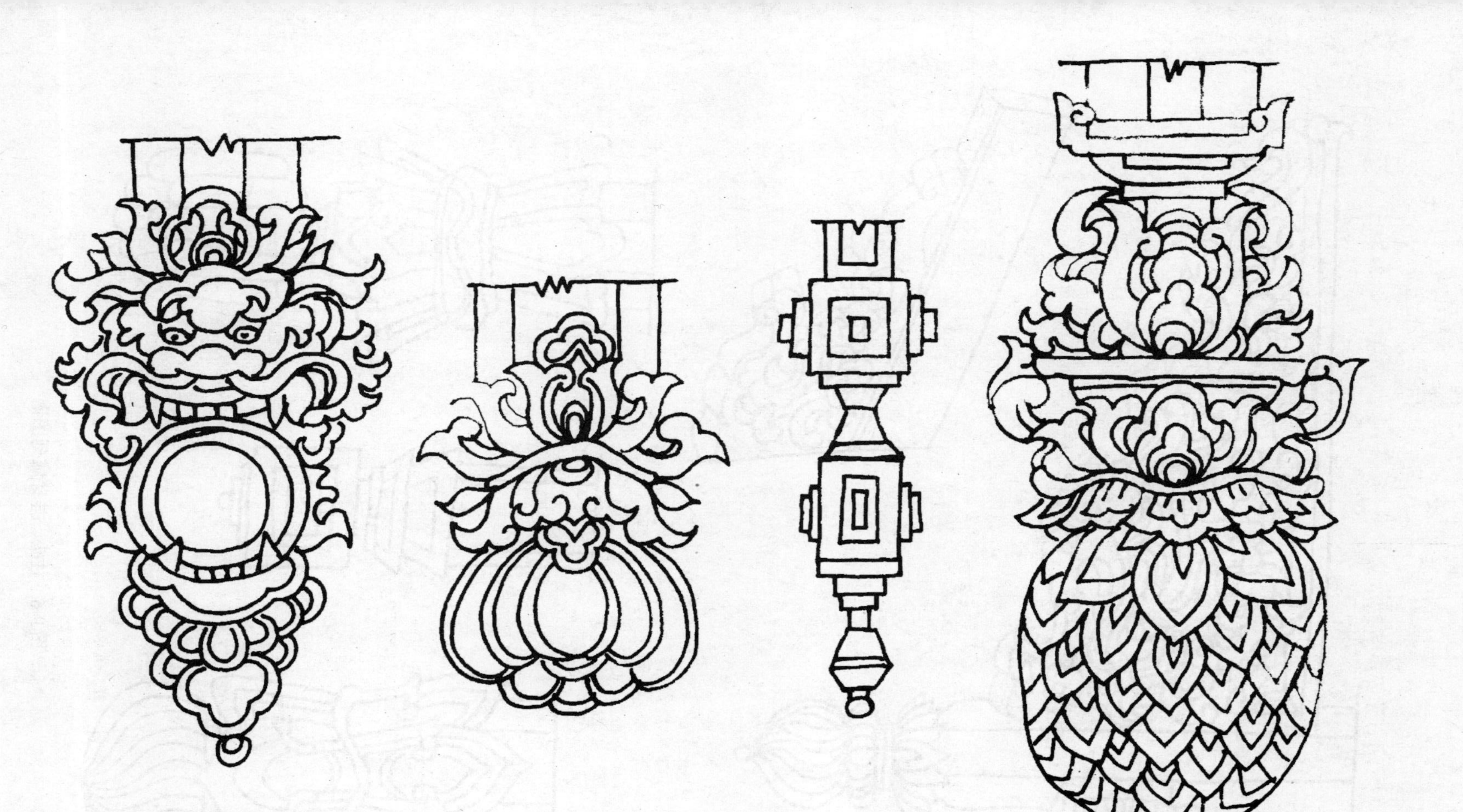

图 9-5　柱头雕刻图谱

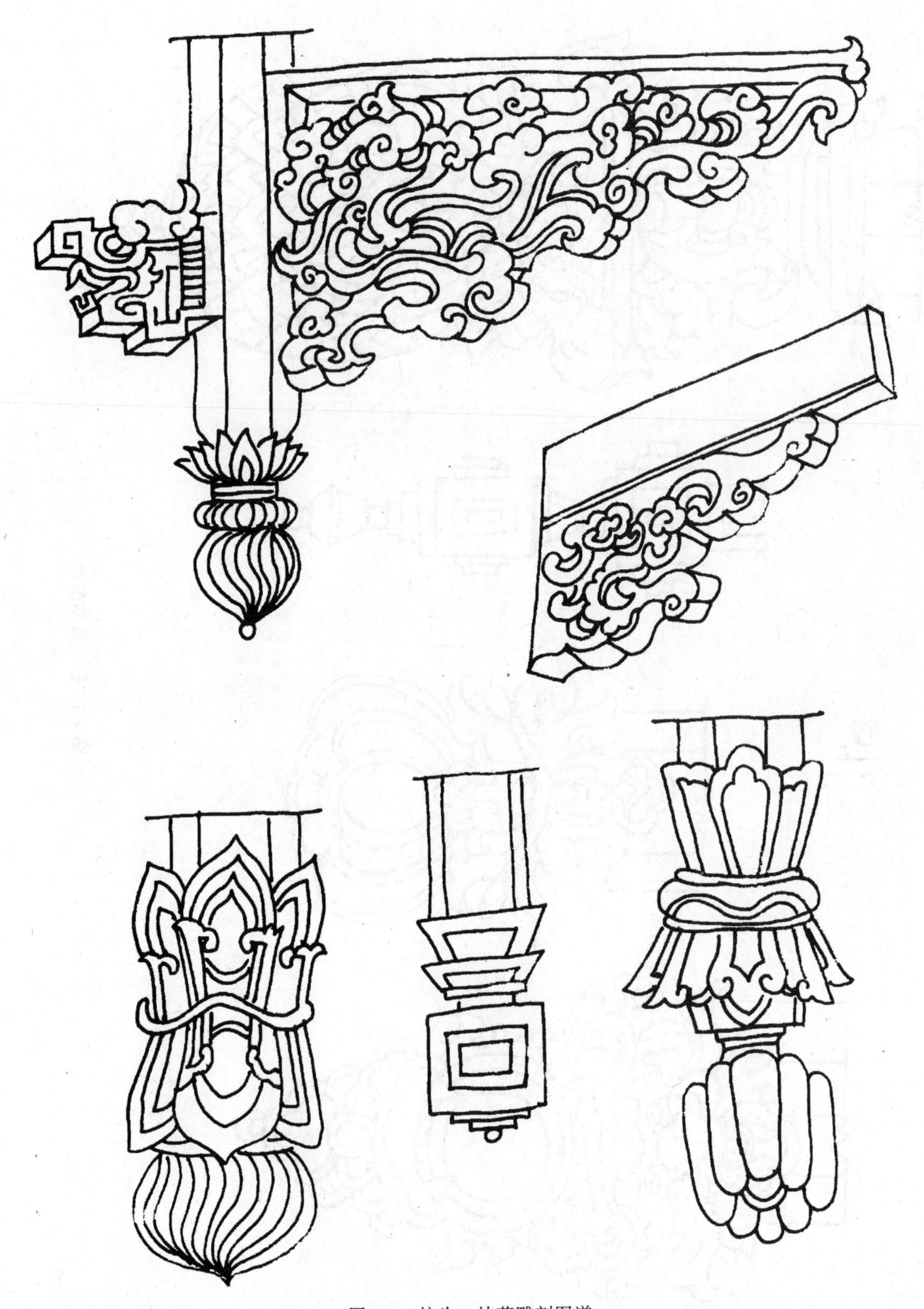

图 9-6　柱头、挂芽雕刻图谱

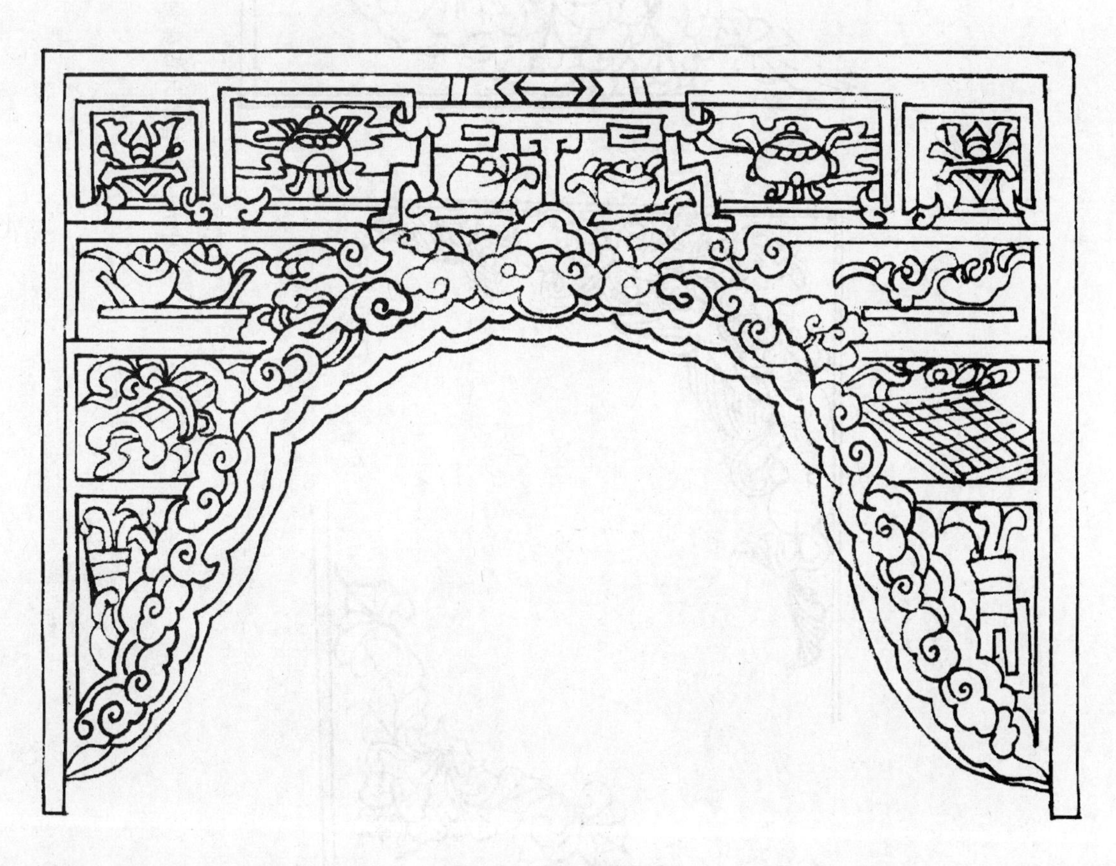

图 9-7　挂落雕刻图谱

图 9-8　雀替或牙板雕刻图谱（一）

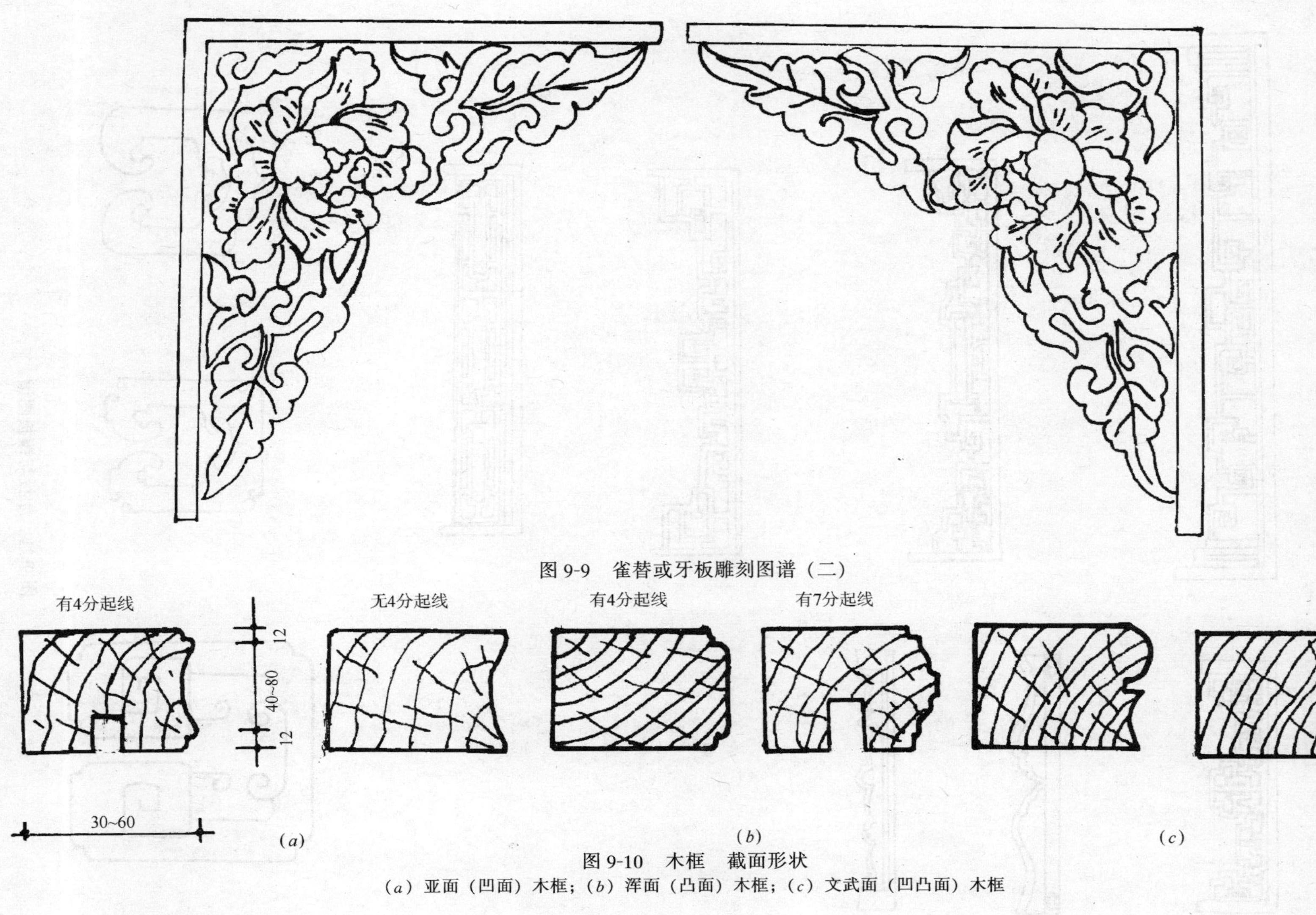

图 9-9　雀替或牙板雕刻图谱（二）

图 9-10　木框　截面形状

（*a*）亚面（凹面）木框；（*b*）浑面（凸面）木框；（*c*）文武面（凹凸面）木框

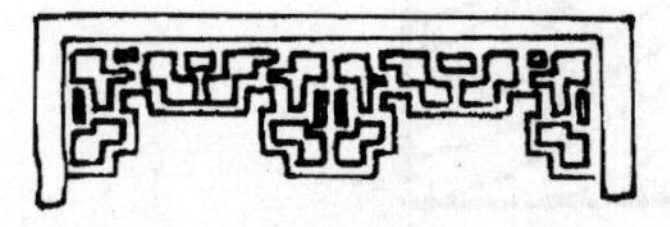
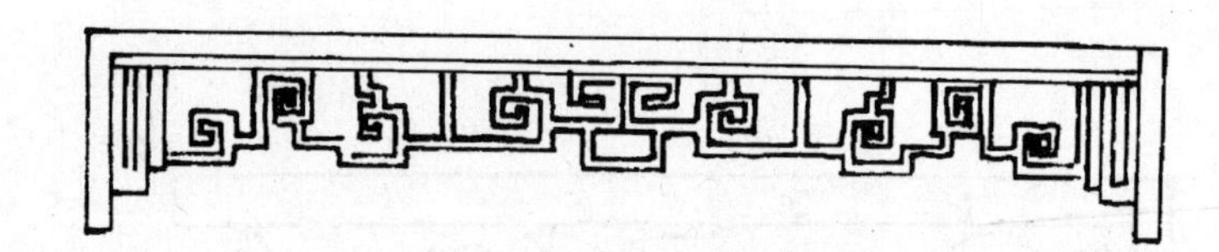
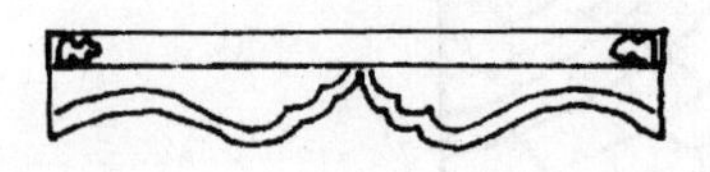
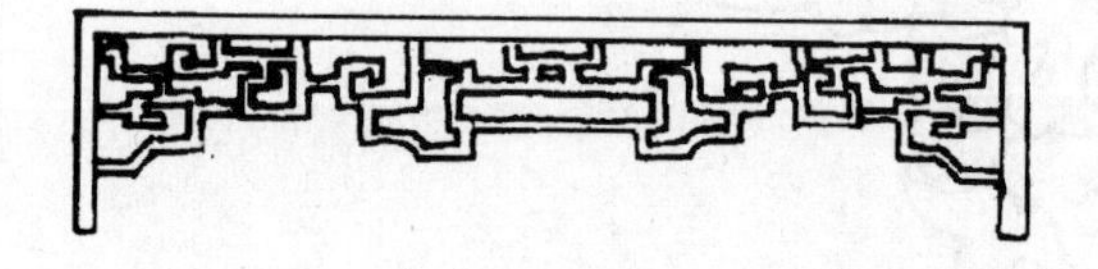

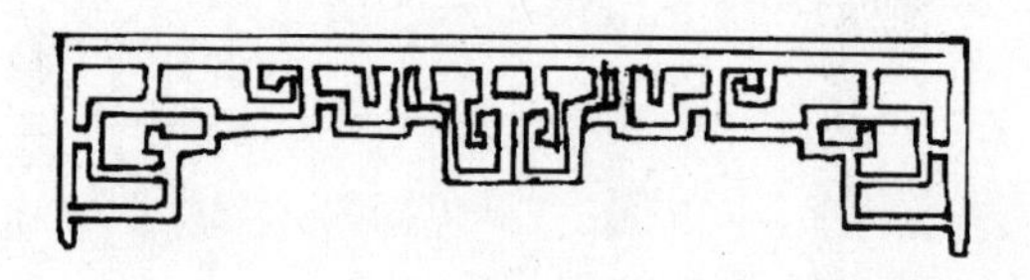
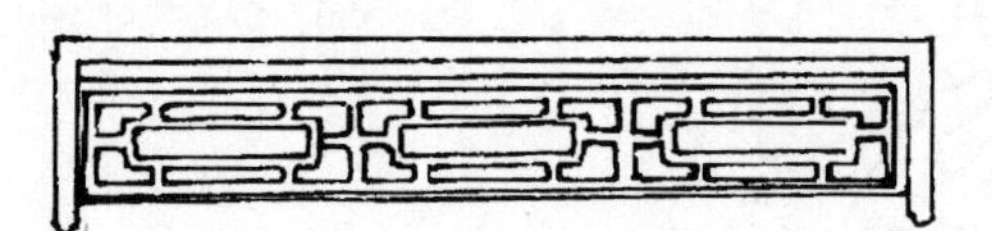

图 9-11　牙板与镶板图谱

图 9-12　镶板图谱

图 9-13　雀替图谱

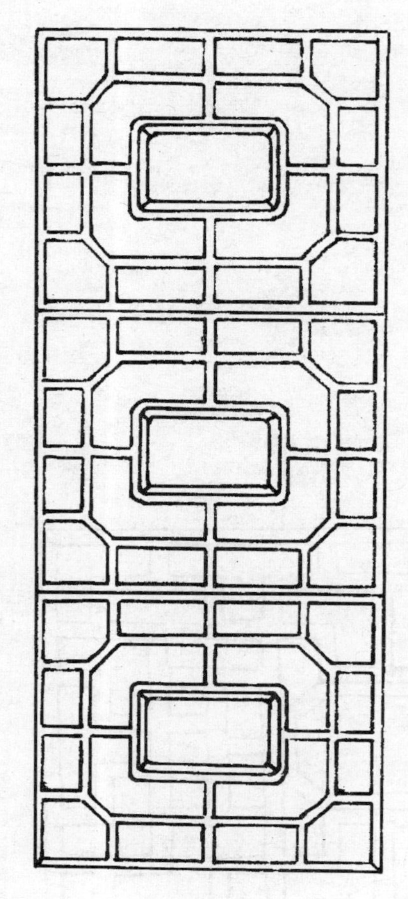

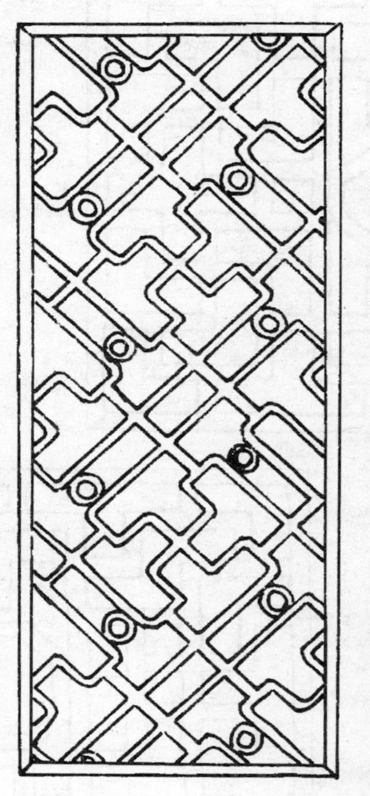

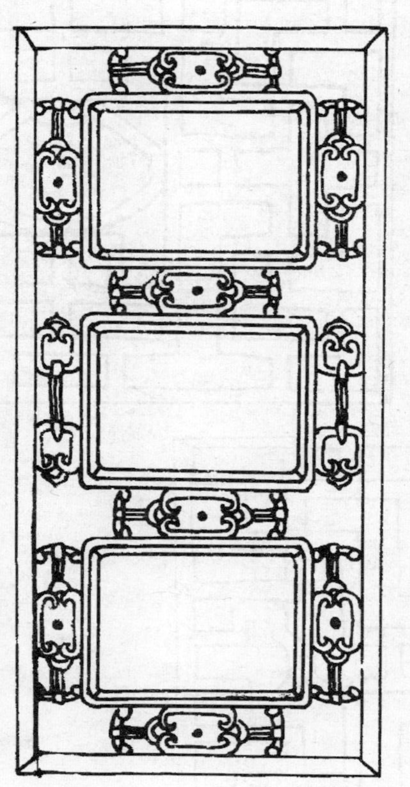

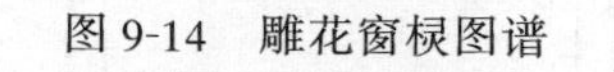

图 9-14　雕花窗棂图谱

图9-15　天窗图谱

灯芯窗

斜方灯笼窗

如意窗

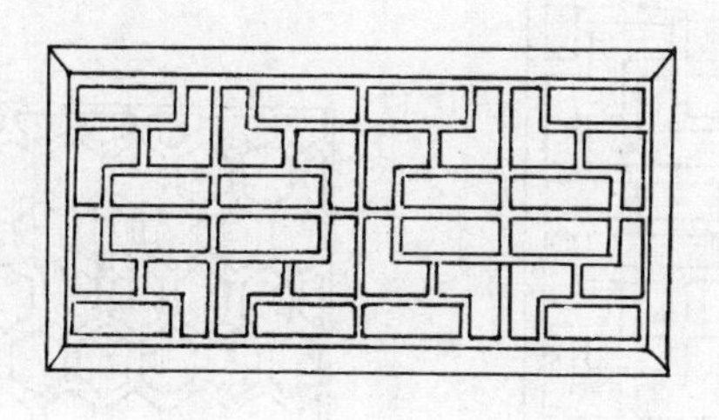
十字窗

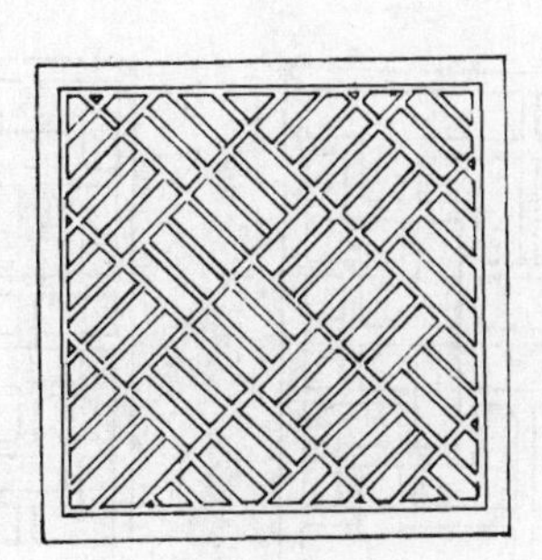
斜长格窗

图 9-16　各种窗图谱（一）

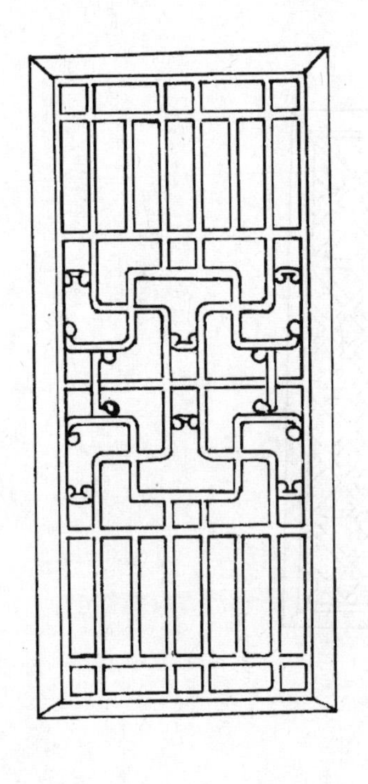
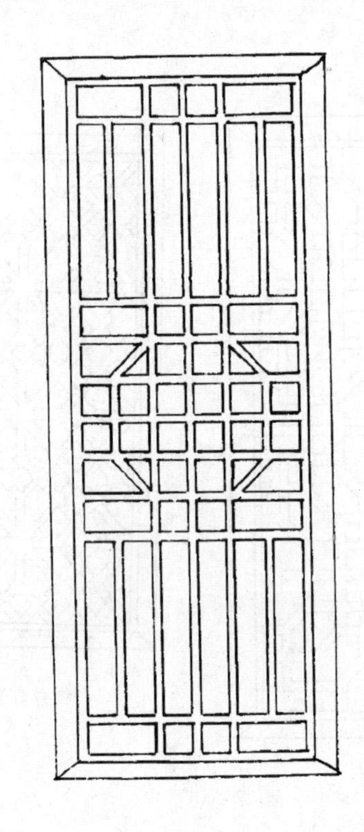

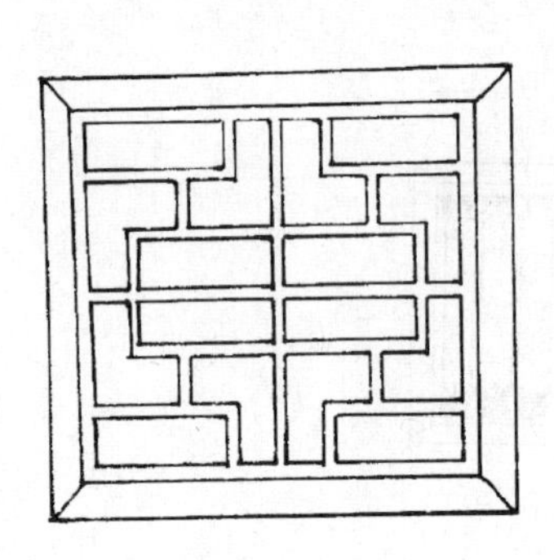
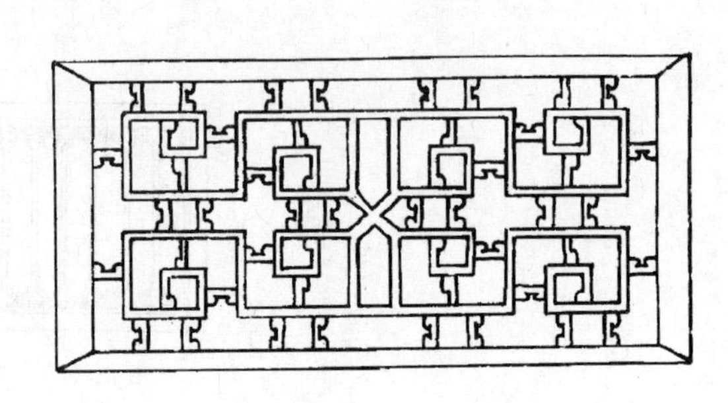

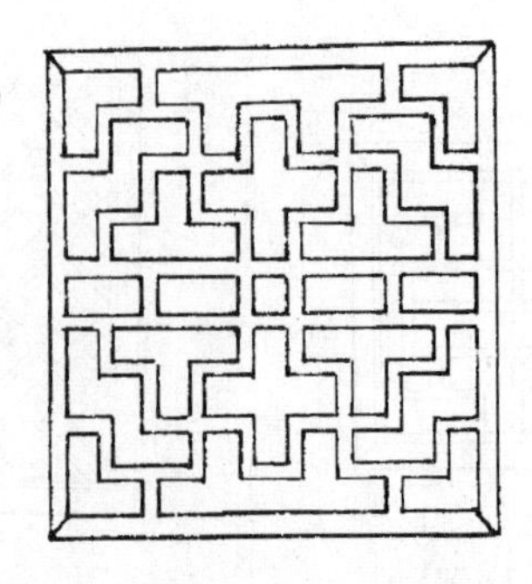
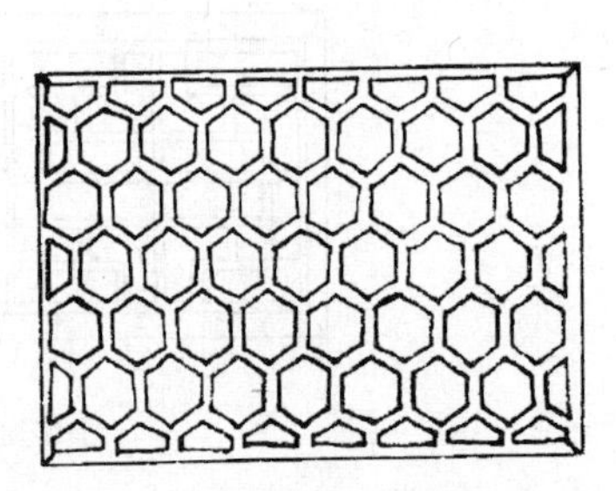

图 9-17　各种窗图谱（二）

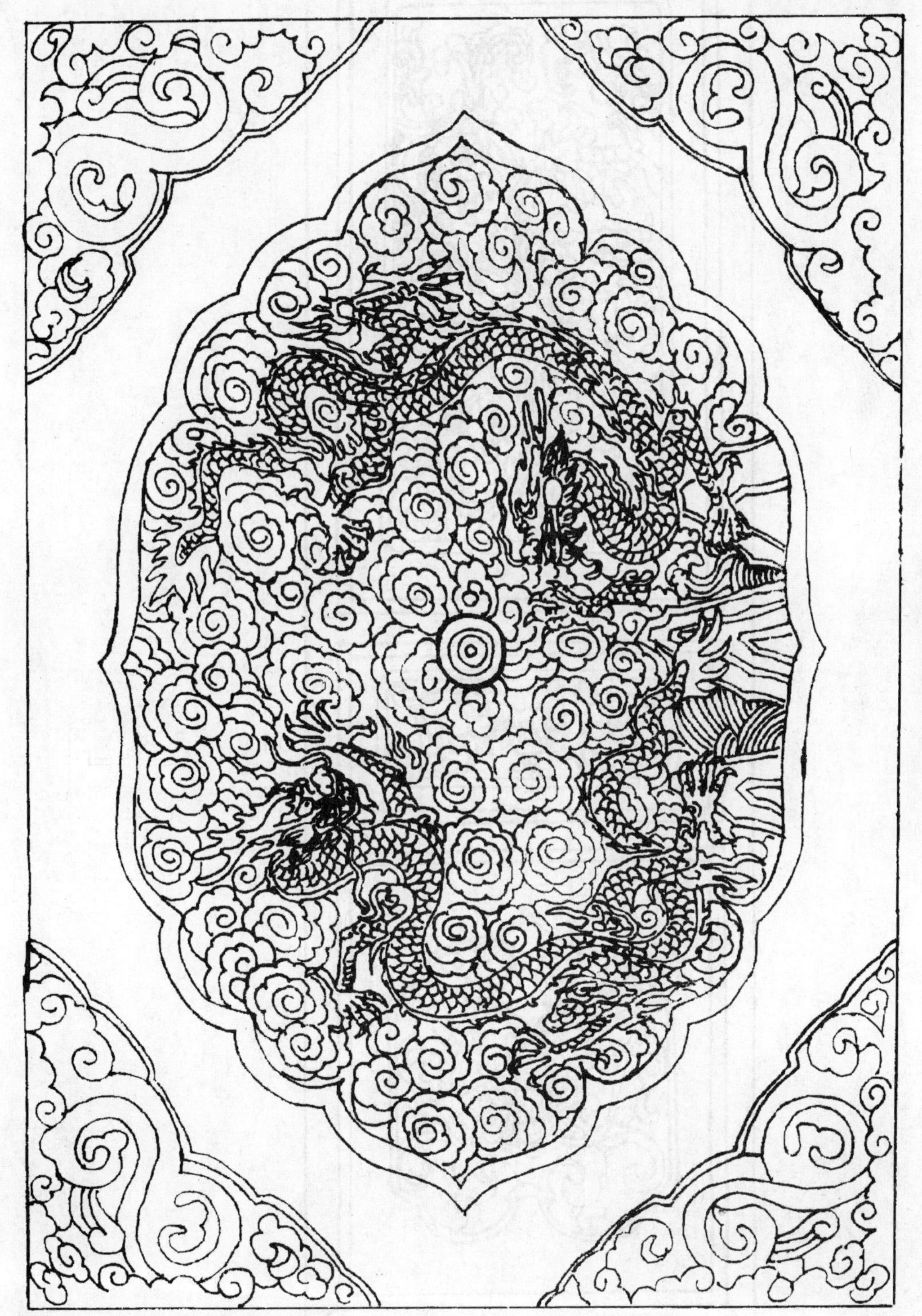

图 9-18 北京故宫升降二龙戏珠门镶板图谱

图 9-19　民间木门雕花图谱

图 9-20　贪星望日山石呈祥图谱

图 9-21　窗棂花结图谱

第十章　家具雕刻图谱

家具雕刻图谱的内容大致包括如下几个方面：

1. 表现在腿脚形状上的图谱。有老虎腿、狮子腿等的兽腿脚形；有罗锅腿、圆线并行腿、天鹅脚腿、曲线弯雕腿、竹节纹等雕饰的腿脚形。

2. 表现在束腰形状上的图谱。多为富贵不断头的回纹、工字纹、如意纹、万字纹、云纹等。网板形状有花结、回纹托角牙板、骨嵌和玉嵌点缀的浮雕等图形。还有卷草雕花和寿桃佛手等枝叶穿插的吉祥图。但是这些图形选用时必须符合加工中的托角、网板、束腰的拉接作用和榫卯结构上的严谨，以及使用功能上的比例得当。

3. 表现在椅子靠背和扶手上的图谱。整体造型骨格应多样化和着意刻画。要求结构符合力学要求，尺寸得体，并易于榫卯连接。按实有的需要进行点缀雕刻和造型设计，并且应和腿脚的部位图形协调，疏密相间。

4. 表现在镜屏上的图谱。有穿衣镜、托月镜、大屏风镜、坐屏等。其座底图宜选简练状实的；座身的立柱、站牙、托角和单瓶座的图谱应多使用玲珑雕刻；顶帽和楣板宜选用浮雕或剔透雕刻。

5. 表现在柜子上的图谱。镶装板、抽屉板、柜门柜面板多做浮雕图形。但柜顶和腿角网板或者牙板雕刻，应不拘一格的选用。

总之，家具雕刻在配制图谱上还应联系受力状况，在横竖交接支撑点部位，制作一些必要的卷口、牙板、牙条等装饰配件，达到实用和艺术美。

图 10-1～图 10-26 为常见的传统家具雕刻图谱。

图 10-1 柜门板图谱

图 10-2　木盘图纹

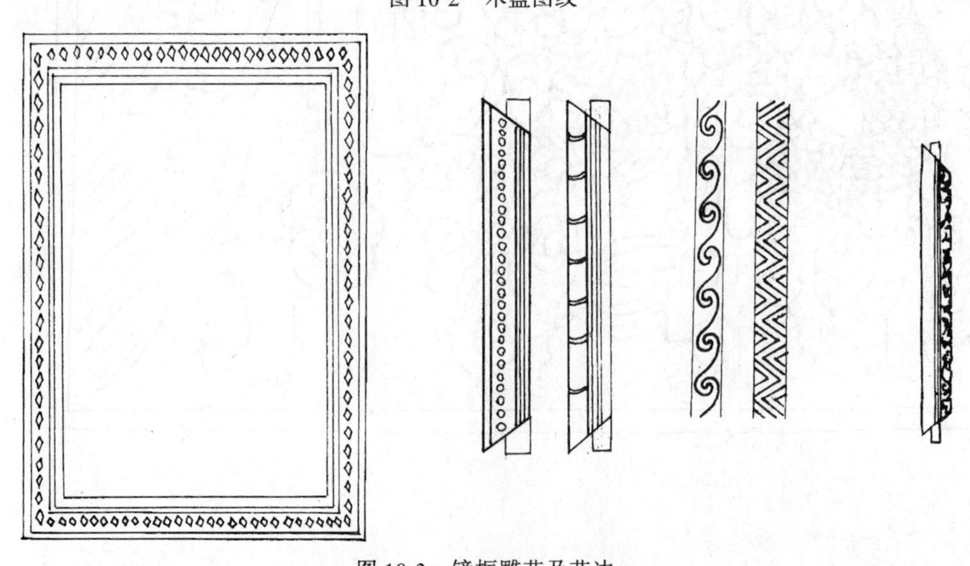
图 10-3　镜框雕花及花边

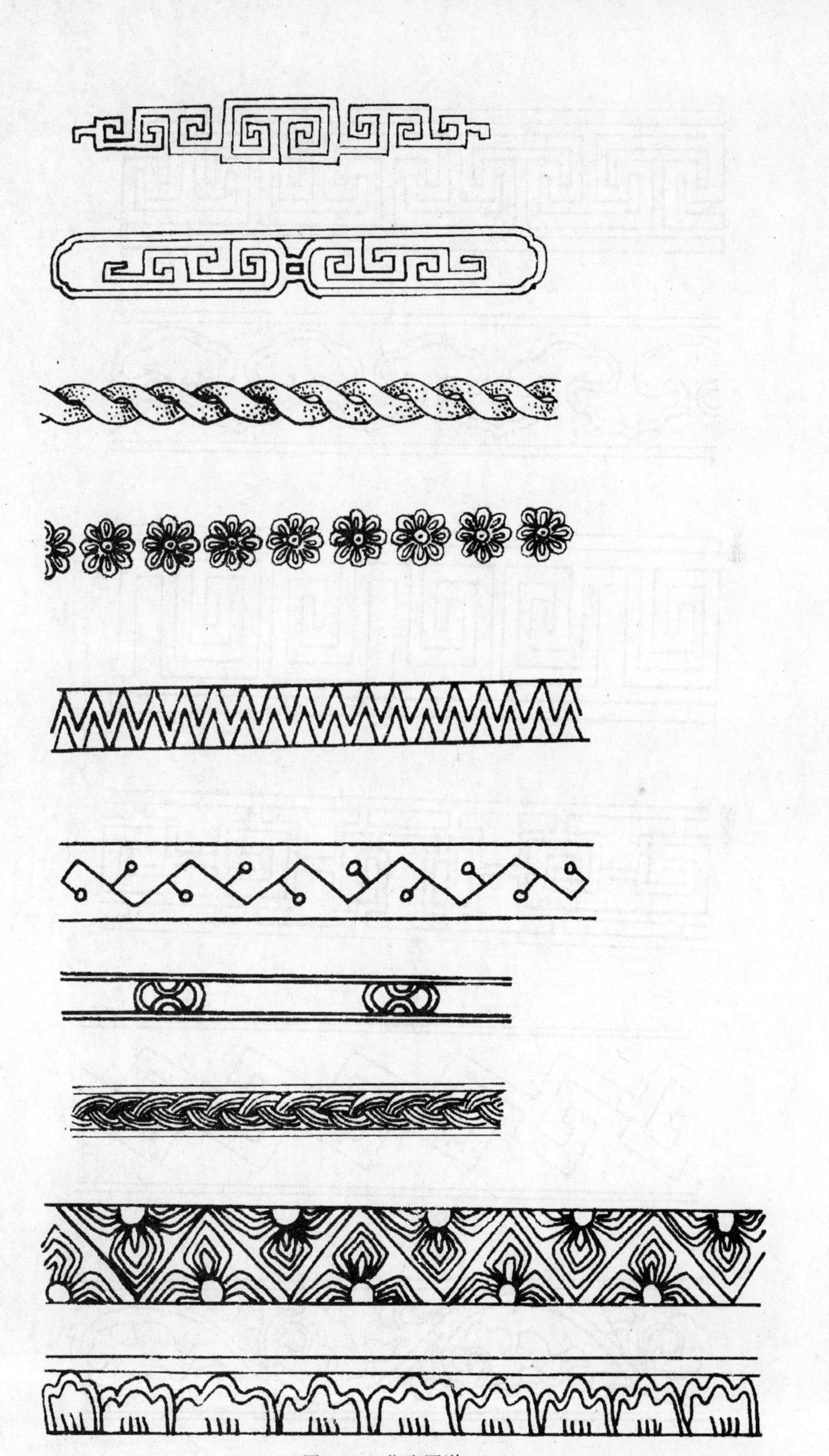

图 10-4　花边图谱（一）

图 10-5　花边图谱（二）

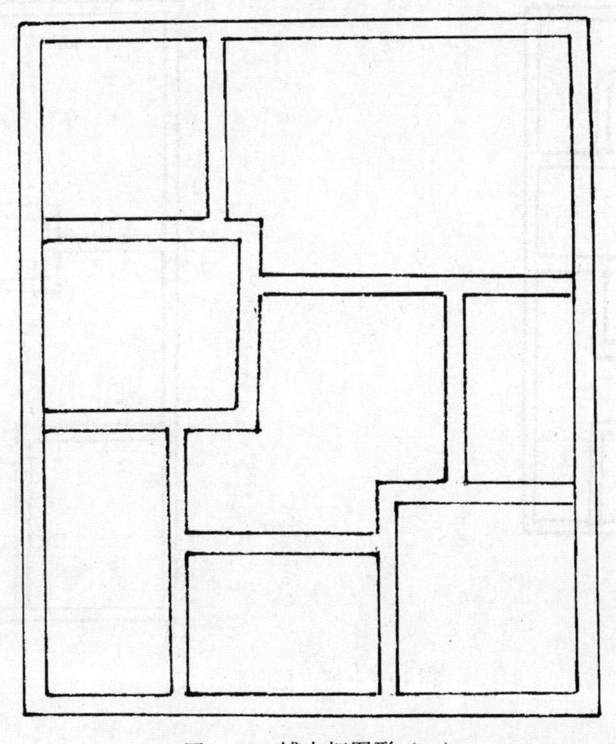

图 10-6　博古柜图形（一）

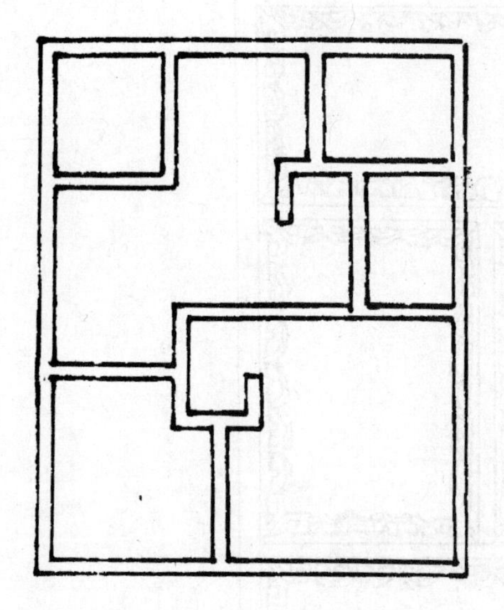

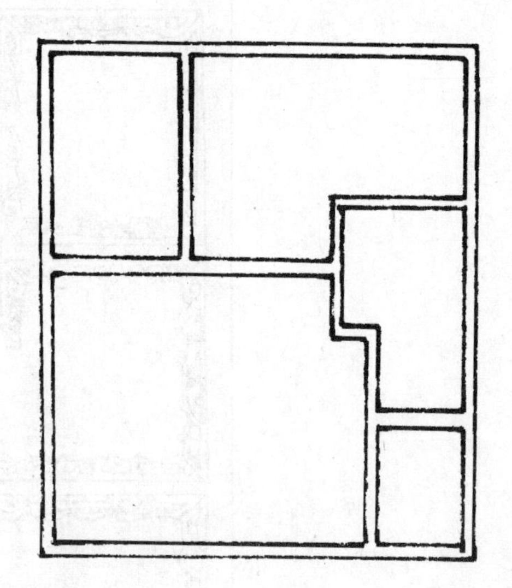

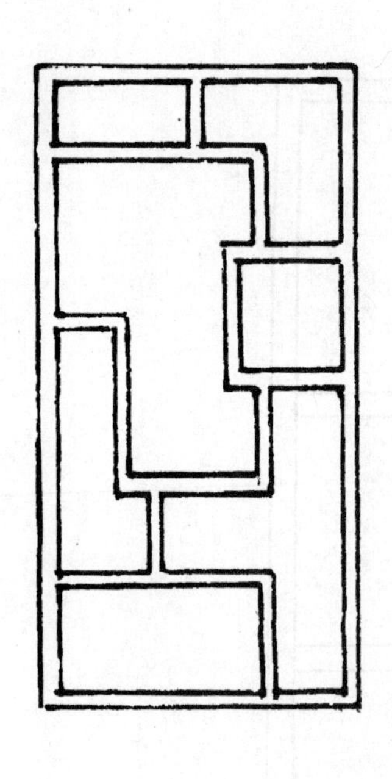

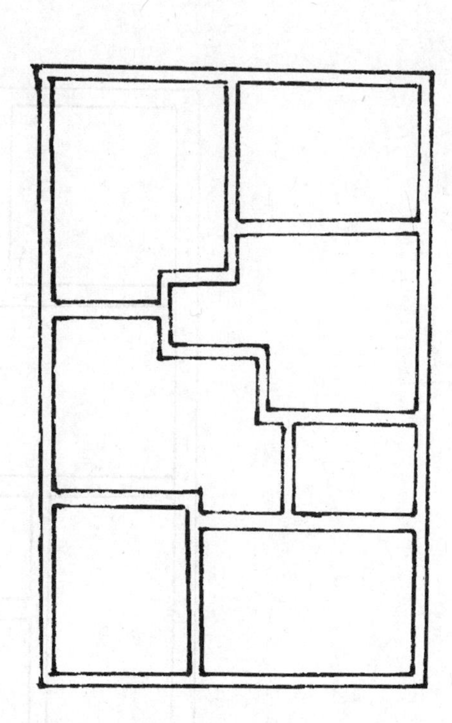

图 10-7　博古柜图形（二）

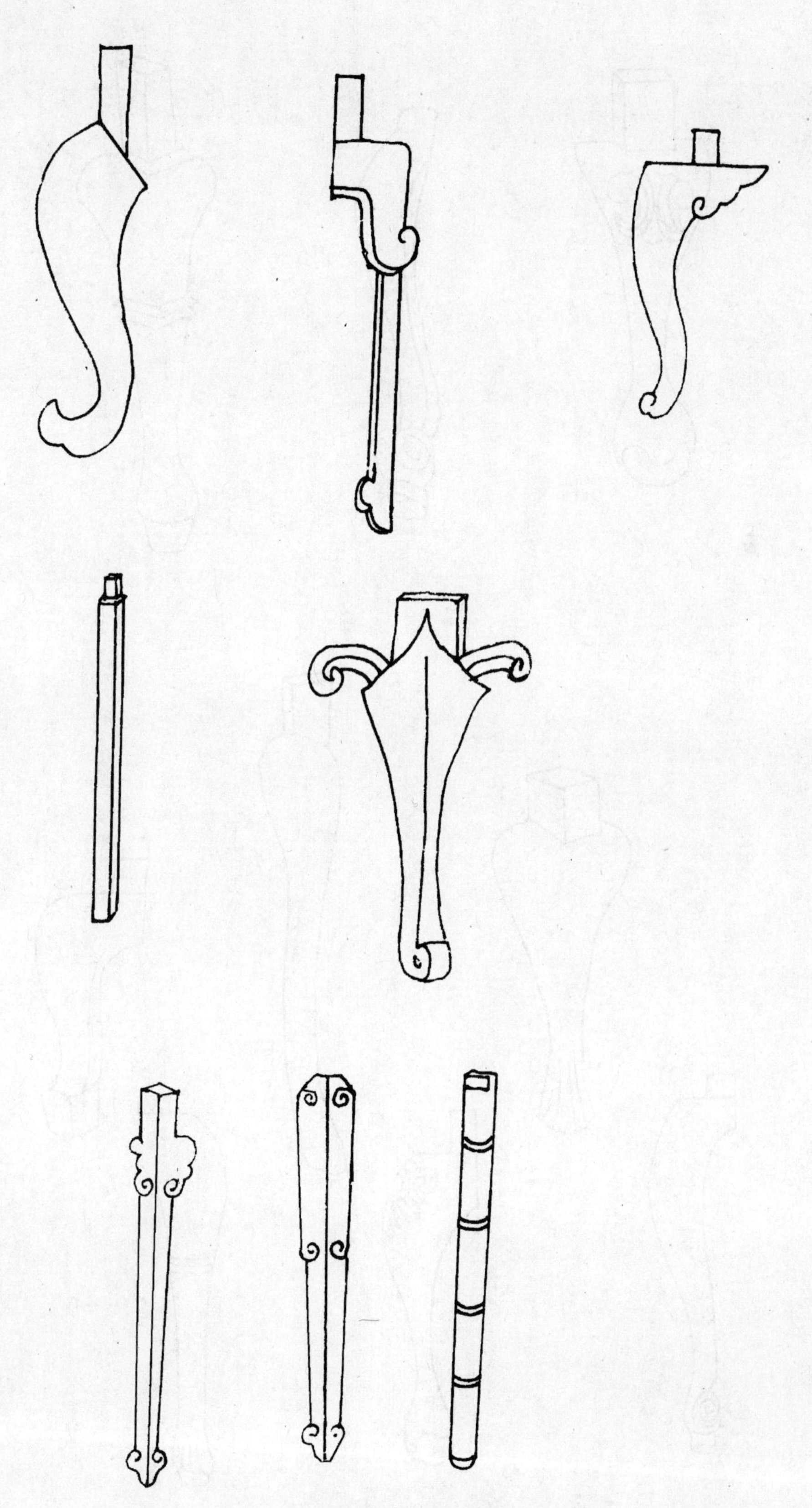

图 10-8　椅、桌和茶几腿的形状（一）

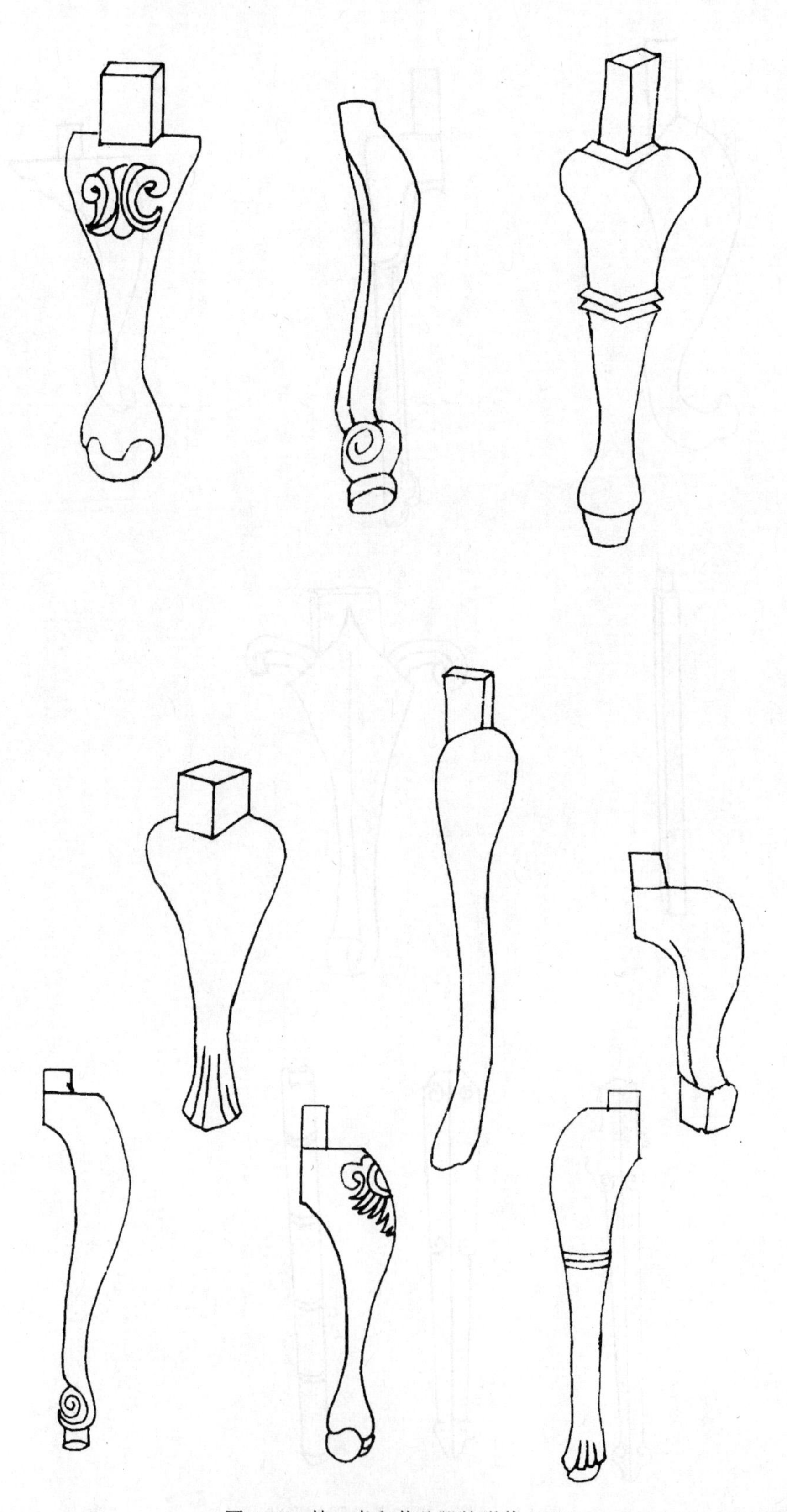

图 10-9 椅、桌和茶几腿的形状（二）

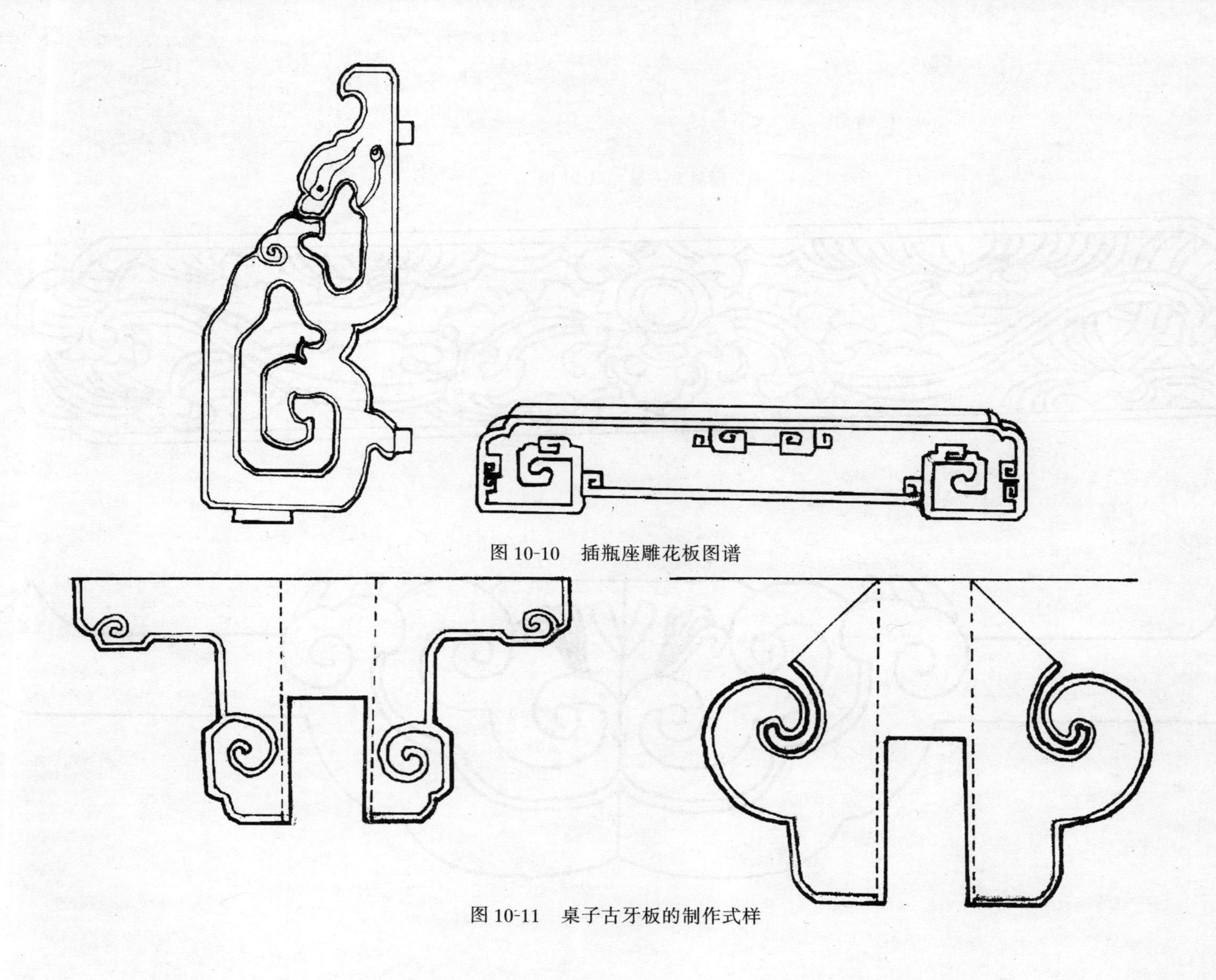

图 10-10　插瓶座雕花板图谱

图 10-11　桌子古牙板的制作式样

图 10-12　椅子靠背帽

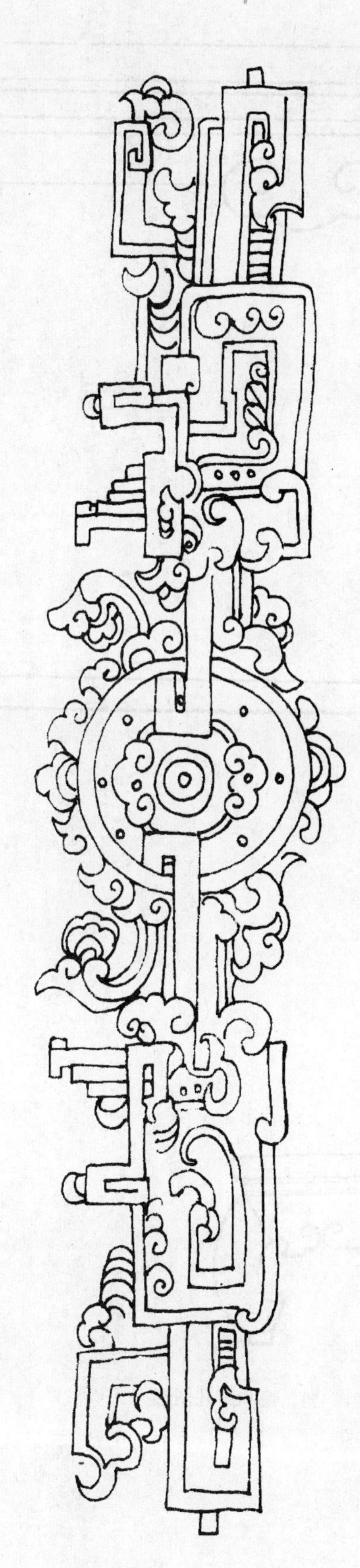

图 10-13　桌牙板硬鼓纹

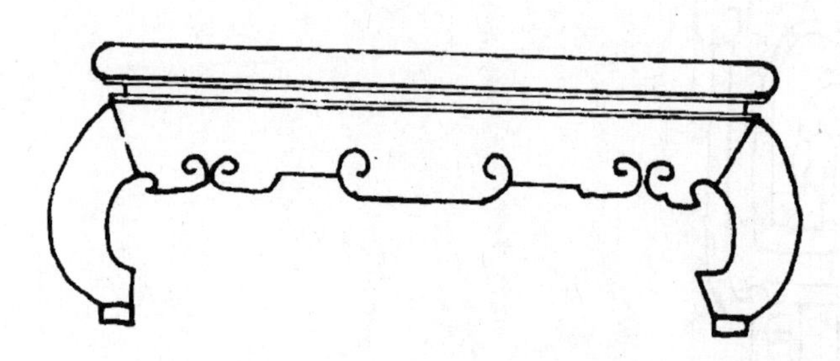

图 10-14　凳、桌和茶几图形

图 10-15　八仙人物雕刻图谱（一）

图 10-16　八仙人物雕刻图谱（二）

图 10-17　柜子门面板雕刻图谱（一）

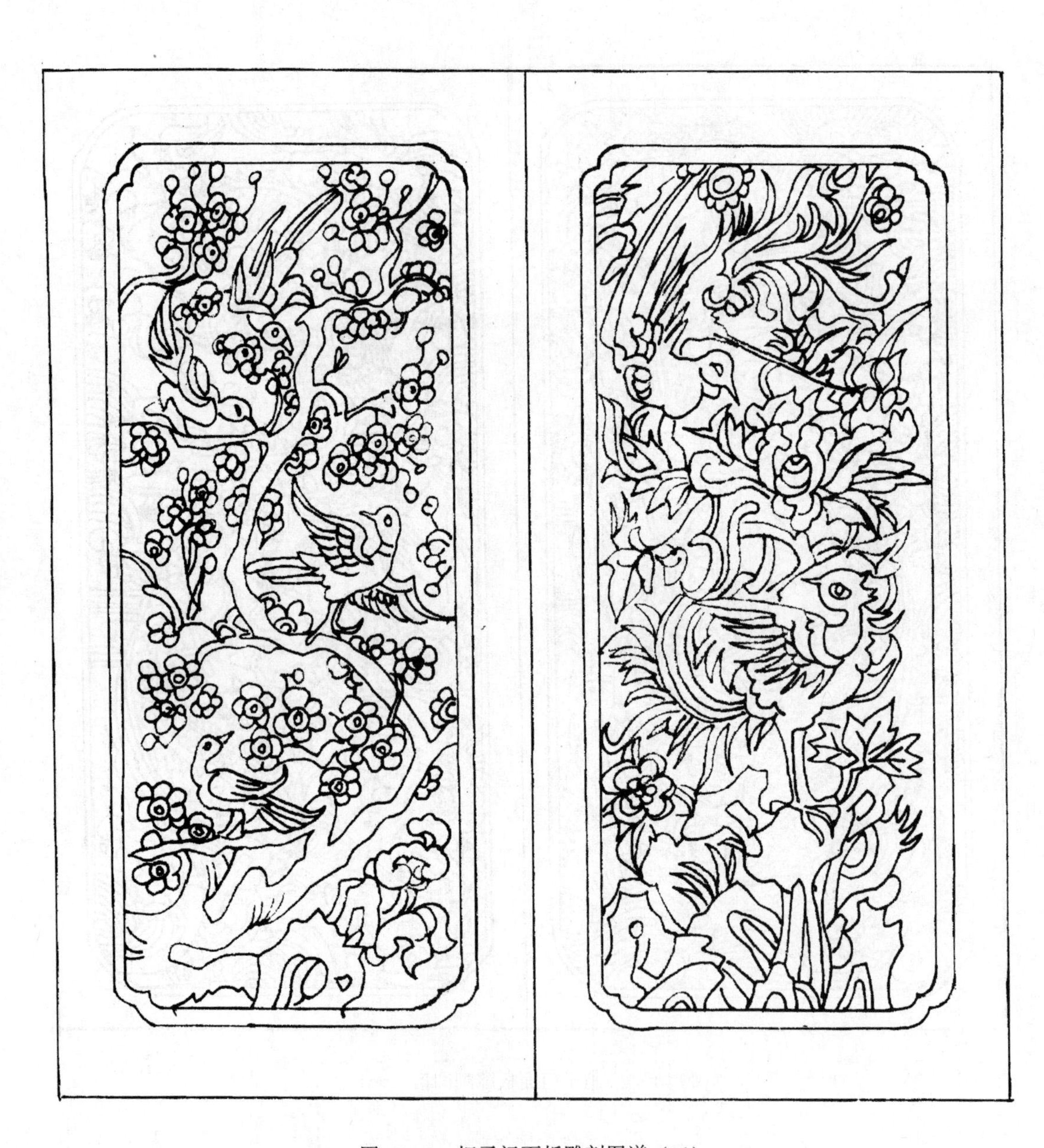

图 10-18　柜子门面板雕刻图谱（二）

图 10-19　柜子门面板雕刻图谱（三）

图 10-20　暗八仙柜雕刻图谱

图 10-21　车虎龙柜子雕刻图谱

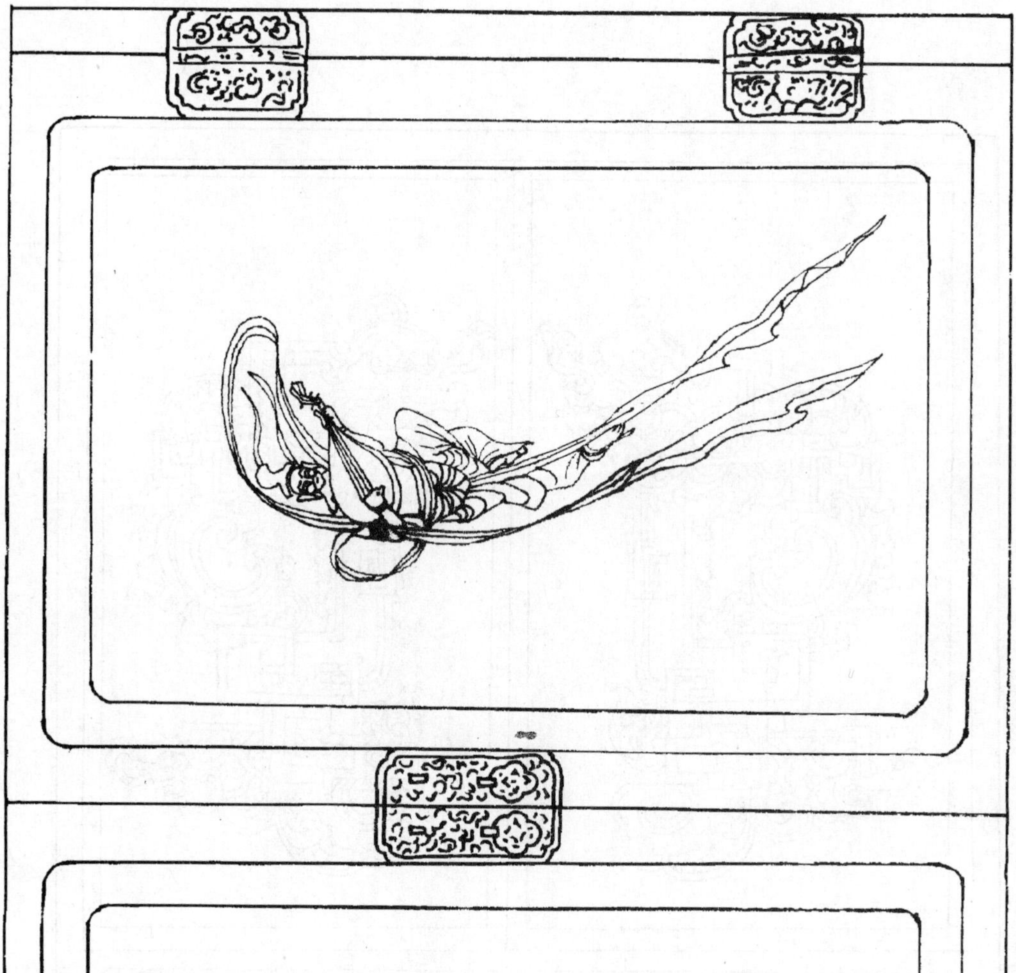

图 10-22　飞仙柜门雕刻图谱

图 10-23　椅子靠背雕刻图谱（一）

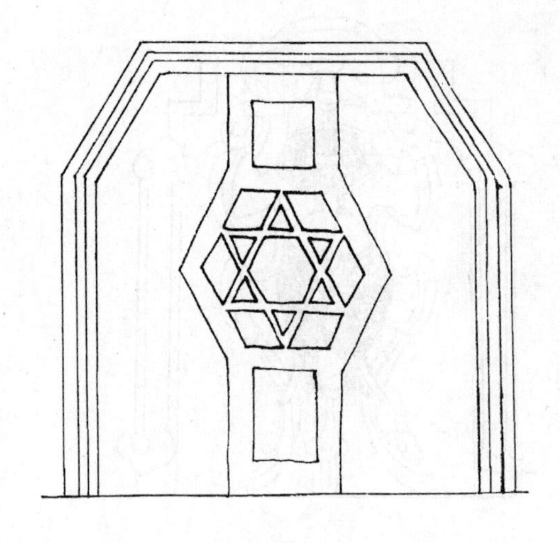

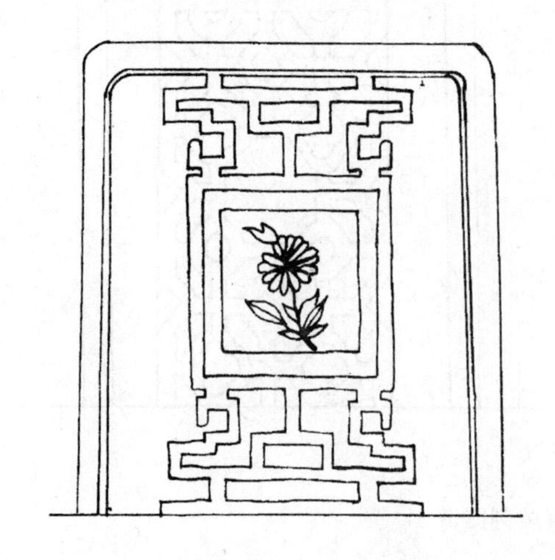

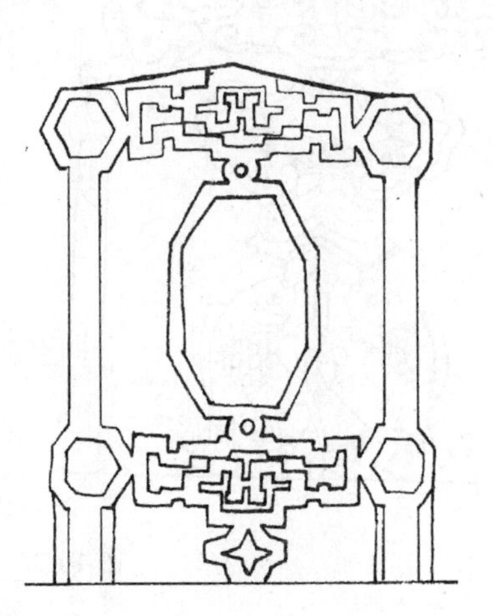

图 10-24　椅子靠背雕刻图谱（二）

图 10-25　博古柜门雕刻图谱（一）

图 10-26　博古柜门雕刻图谱（二）

第十一章　龙、凤图谱

1. 龙。传说龙是中国最大的神物，也是最大的吉祥物。几千年的历史中，民间龙的形象应用较广，从飞檐到丹陛、寺院，几乎随处可见，龙的形象多以雕刻、图绘两种形式出现。原始龙图纹以简洁的赤虎头出现，后完善了有鳞有角的牛头、蛇身、马耳、鹿角、鲤鳞、鱼翅、蜃腹、鳗尾、虎掌、鹰爪式集合型动物。常用手法以雕刻飞龙、升龙图纹最多，还衍化出许多龙的造型。民间传统皇室龙纹可以雕刻五爪；庙宇、宫殿可以雕刻五爪；百姓多为雕刻四爪，为吉祥图谱。

2. 凤凰。为传说中的瑞鸟，是百鸟之首。常见的象征吉祥的图纹，其形态特征主要是：鸡嘴、鸳鸯头、火鸡冠、仙鹤身、孔雀翎、鹭鹭腿式集合型瑞鸟图纹。表现手法：其一，常与龙在一起，构成了龙凤文化。在传统的图谱中，凤凰的应用极广，以凤或凤为主体的图纹雕刻在床头上，造型浑朴雄厚，寓有镇邪辟恶的吉祥含义。龙飞凤舞或龙凤合抱的纹图表示“龙凤呈祥”。其二，日照梧桐，用凤凰的纹图表示“丹凤朝阳”。其三，群鸟围着凤凰飞翔的纹图表示仪凤图，寓意贤者的威德；凤凰飞翔的纹图表示凤凰齐飞。

图 11-1～图 11-63 为常见的传统龙、凤雕刻图谱。

图 11-1　坐龙雕刻图谱

图 11-2　升龙雕刻图谱

图 11-3　降龙雕刻图谱

图 11-4　民间车虎如意龙雕刻图谱

图 11-5　石榴花龙雕刻图谱

图 11-6　索龙榴花雕刻图谱

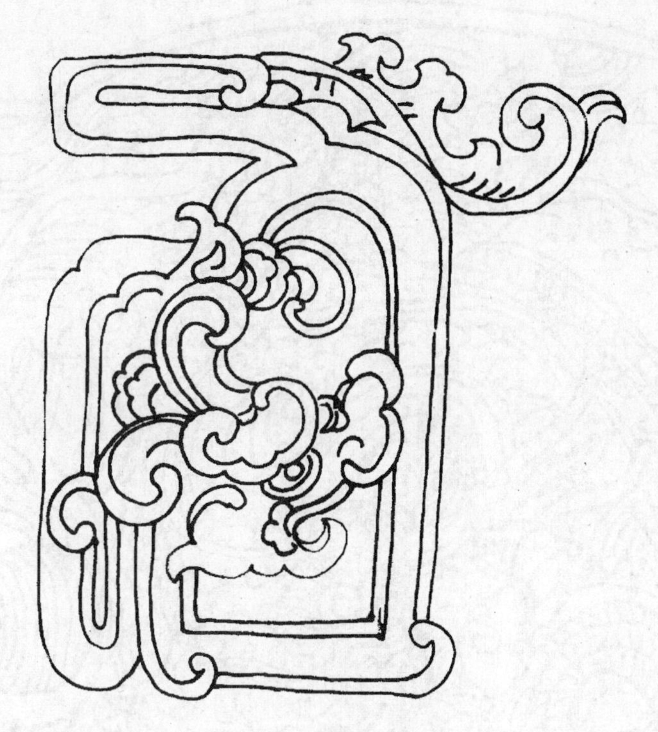

图 11-7　车虎龙雕刻图谱

图 11-8　缠绕龙雕刻图谱

图 11-9　鼓砷龙雕刻图谱（一）

图 11-10　鼓神龙雕刻图谱（二）

图 11-11 木雕雀替龙图谱

图 11-12　二龙戏珠雕刻图谱（一）

图 11-13　二龙戏珠雕刻图谱（二）

图 11-14　二龙戏珠雕刻图谱（三）

图 11-15　一龙戏珠雕刻图谱

图 11-16　宫廷戏耍龙雕刻图谱

图 11-17　软鼓阴刻龙雕刻图谱

图 11-18　卷草龙雕刻图谱

图 11-19　皇宫龙椅靠背雕刻图谱

图 11-20　龙头鱼尾山石吉祥雕刻图谱

图 11-21　如意龙雕刻图谱

图 11-22　团纹双喜龙雕刻图谱

图 11-23　团纹如意龙雕刻图谱

图 11-24　云龙戏珠雕刻图谱

图 11-25　车虎龙雕刻图谱

图 11-26　旋水龙雕刻图谱

图 11-27　草龙宝相花雕刻图谱

图 11-28　草龙寿字纹雕刻图谱

图 11-29　卷草龙纹雕刻图谱

图 11-30 如意回头龙雕刻图谱

图 11-31 龙凤呈祥雕刻图谱

图 11-32　金龙戏水雕刻图谱

图 11-33　降龙图纹

图 11-34　回头龙图纹

图 11-35　古代各种凤姿图

图 11-36　降凤雕刻图谱

图 11-37　丹凤朝阳雕刻图谱

图 11-38　升凤雕刻图谱

图 11-39　火凤雕刻图谱

图 11-40　如意站凤雕刻图谱

图 11-41　团凤雕刻图谱（一）

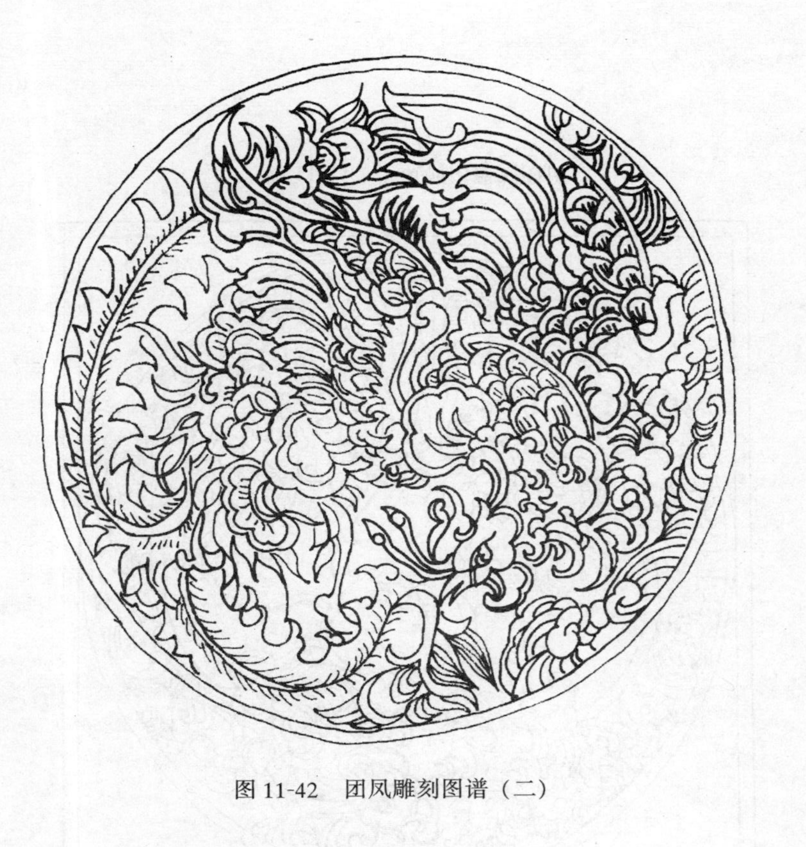

图 11-42　团凤雕刻图谱（二）

图 11-43　团凤雕刻图谱（三）

图 11-44 坐凤朝阳雕刻图谱

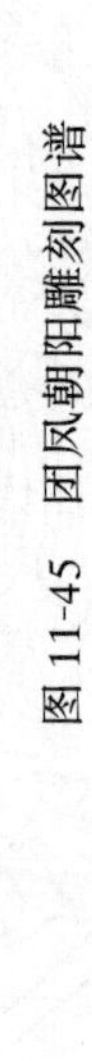

图 11-45 团凤朝阳雕刻图谱

图 11-46　双凤如意雕刻图谱

图 11-47　卷草凤雕刻图谱

图 11-48　团凤戏花雕刻图谱

图 11-49　回头凤雕刻图谱

图 11-50　草凤雕刻图谱

图 11-51　卧凤呈祥雕刻图谱

图 11-52　草凤呈祥雕刻图谱

图 11-53　花草凤雕刻图谱

图 11-54 卧凤雕刻图谱

图 11-55　回头舞姿凤雕刻图谱

图 11-56　跑凤雕刻图谱

图 11-57　飞凤回头雕刻图谱（一）

图 11-58　飞凤回头雕刻图谱（二）

图 11-59　龙凤呈祥雕刻图谱

图 11-60　喜凤雕刻图谱

图 11-61　双凤宝相雕刻图谱

图 11-62　山石水云双凤呈祥雕刻图谱

图 11-63　双草凤宝相雕刻图谱

第十二章　狮、麒麟图谱

1. 狮。人们常以此祝福官运亨通、飞黄腾达。常见的图纹有寿狮、镇宅狮、宝瓶狮、升降绣球狮、喷珠狮、母子狮、团狮、卷草狮、走狮、卧狮、金爪凤顶狮等等。爪着绣球的为雄狮，未爪绣球的为雌狮。表现在纹图上有“太狮少狮图”等；表现在建筑和家具上有“双狮绣球图”等。又有各种变形的图称“绣球锦”、“绣球纹”等。用于建筑方面还喻意镇宅避邪。

2. 麒麟。传说中的仁兽，麒为雄、麟为雌。常见的图纹有跑麒麟、坐麒麟、吐珠麒麟、戏珠麒麟、望日麒麟、团纹升降麒麟、回头麒麟等等。在民间，木雕有“麒麟望珠图”、“麒麟望日鹤祥图”和“麒麟送子图”，借以祈求早生贵子，祝颂子孙贤德。

图 12-1～图 12-28 为常见的传统狮、麒麟雕刻图谱。

图 12-1　木雕双狮

图 12-2　双狮戏绣球(常刻于桌面)

图 12-3　莲花坐狮雕刻图谱

图 12-4　母子狮雕刻图谱

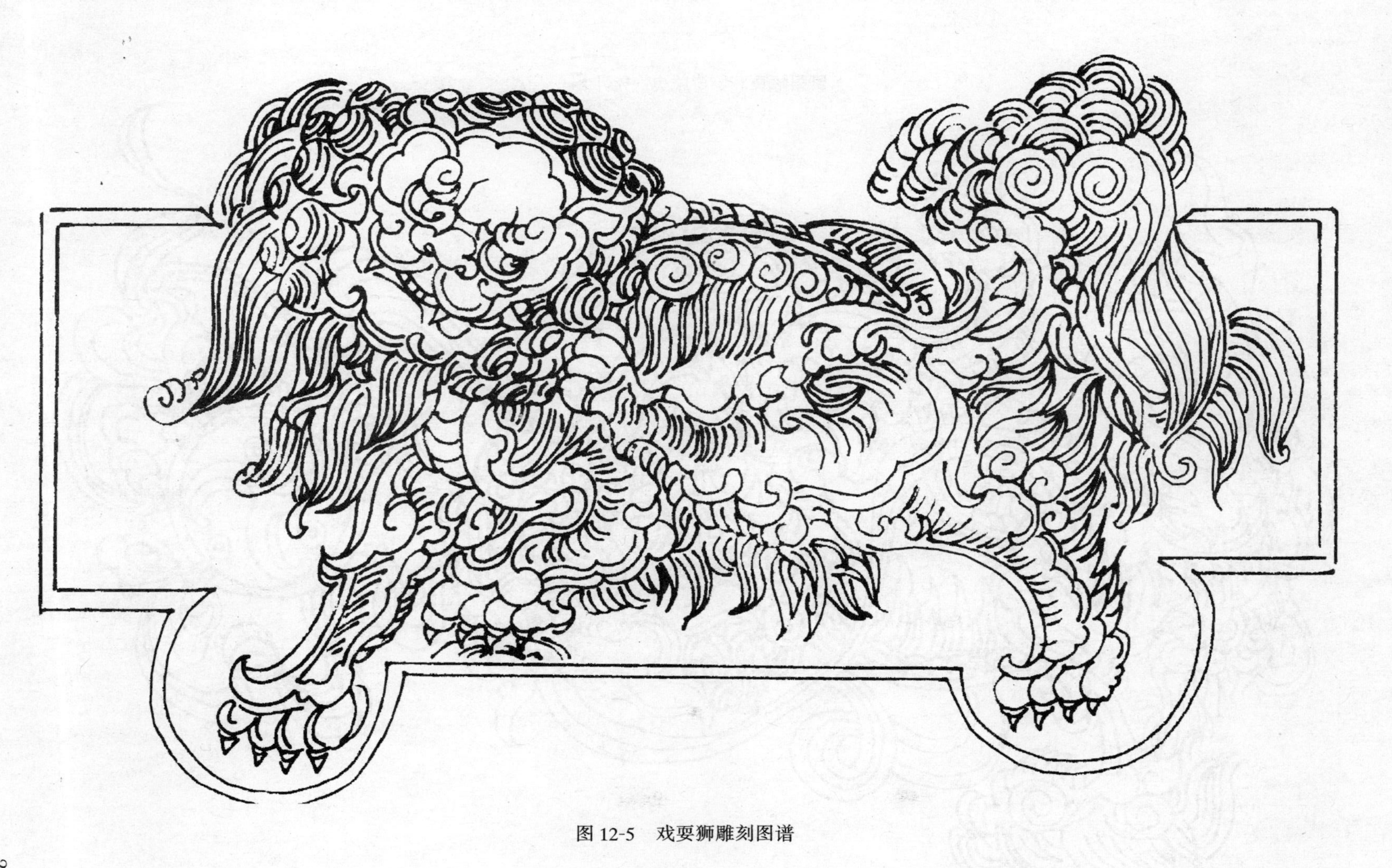

图 12-5　戏耍狮雕刻图谱

图 12-6　单狮滚绣球雕刻图谱

图 12-7　双狮图

图 12-8　团狮图

图 12-9　喷珠狮雕刻图谱

图 12-10　母子舞姿图

图 12-11　单狮戏双球雕刻图谱

图 12-12　花草狮雕刻图谱

图 12-13　三狮图(一)

图 12-14　三狮图(二)

图 12-15　卷草狮子图

图 12-16　双狮守绣球雕刻图谱

图 12-17　金爪狮头凤顶图

图 12-18　立姿狮子滚球图

图 12-19　团狮舞绣球雕刻图谱

图 12-20　坐麒麟雕刻图谱

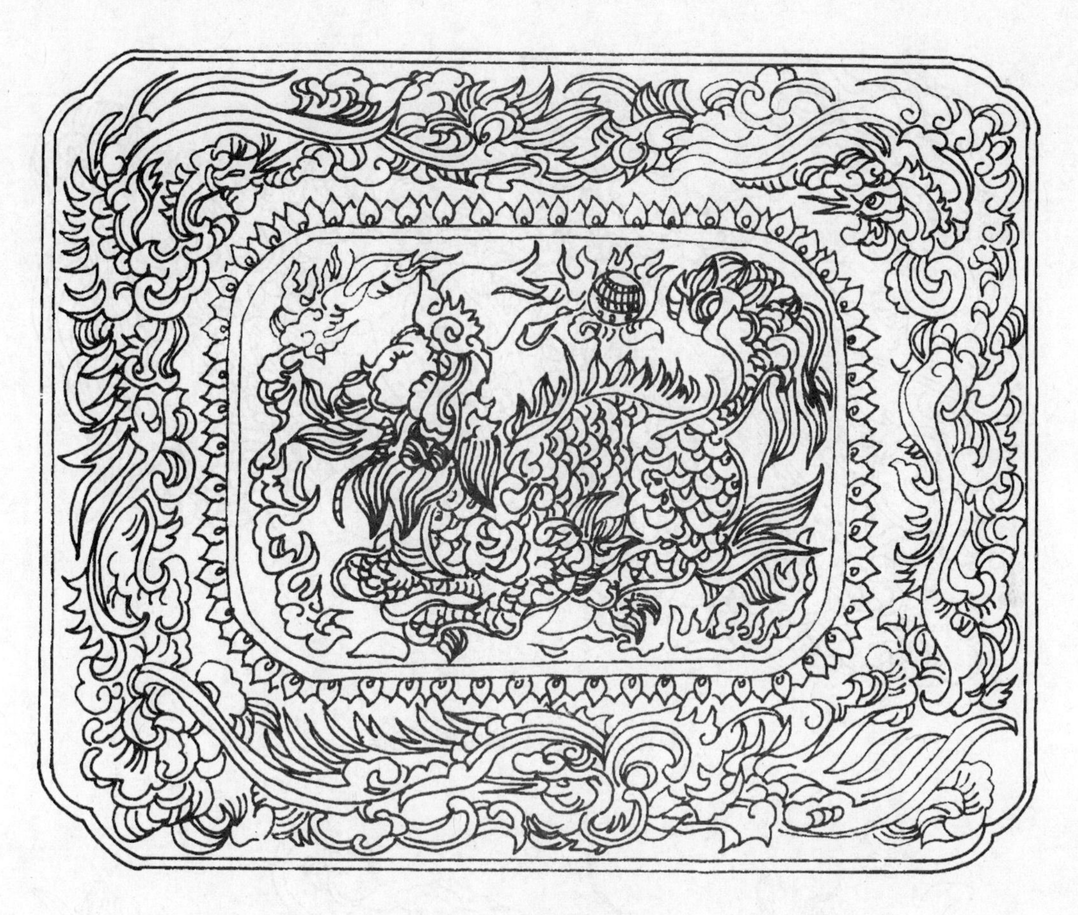

图 12-21　麒麟望珠三凤图

图 12-22　吐珠麒麟雕刻图谱

图 12-23　喷珠跑麒麟雕刻图谱

图 12-24　吐云飞麒麟雕刻图谱

图 12-25　麒麟望日图

图 12-26　水麒麟望日鹤祥图

图 12-27　麒麟戏珠图

图 12-28　奔腾麒麟雕刻图谱

第十三章　人物图谱

人物类木雕图谱包括佛像、神人、戏曲人物等，具有象征寓意。

1. 佛像。佛像多出现在寺庙中，象征神灵保佑，降福人间，积善积德，普救人生。如北方的五台山千手佛，洪洞广胜寺的释迦像和文殊像，平遥镇国寺、万国寺的木雕像。

2. 天官。天官为三官之尊，执掌赐福，民间以福星相称，常与禄星、寿星并列。经常见于旧时官衙或民居的照壁上。有“天官赐福”、“受天福禄”、“指日高升”、“加官晋爵”等。

3. 飞仙。多用团纹配图，雕于床头、落罩、框门等，象征飘然自由纳福祥瑞。

4. 八仙。八仙为民间传说道教中的八位仙人。有铁拐李、汉钟离、张果老、吕洞宾、何仙姑、曹国舅、蓝采和、韩湘子。八仙图谱常见于建筑、家具上。

5. 寿星。民间常见于门楣、神龛、挂落和家具雕刻。象征长寿、吉祥之意。

6. 神农、童子。民间常见于门楣、窗棂之上，常用“神农采药”、“耕读之家”、“麒麟送子”等。

7. 戏曲人物。多根据各戏剧片断某一场面，形成雕刻图谱。象征生活美好、四季平安、风调雨顺、名人名曲等。

8. 组合图纹。人物坐于麒麟称“麒麟送子”，人物坐于象背称“太平如意图”。

图 13-1～图 13-19 为常见的传统人物雕刻图谱。

图 13-1　团纹戏曲图

图 13-2　团纹戏曲武打图

图 13-3　戏曲镶板图（一）

图 13-4　戏曲镶板图（二）

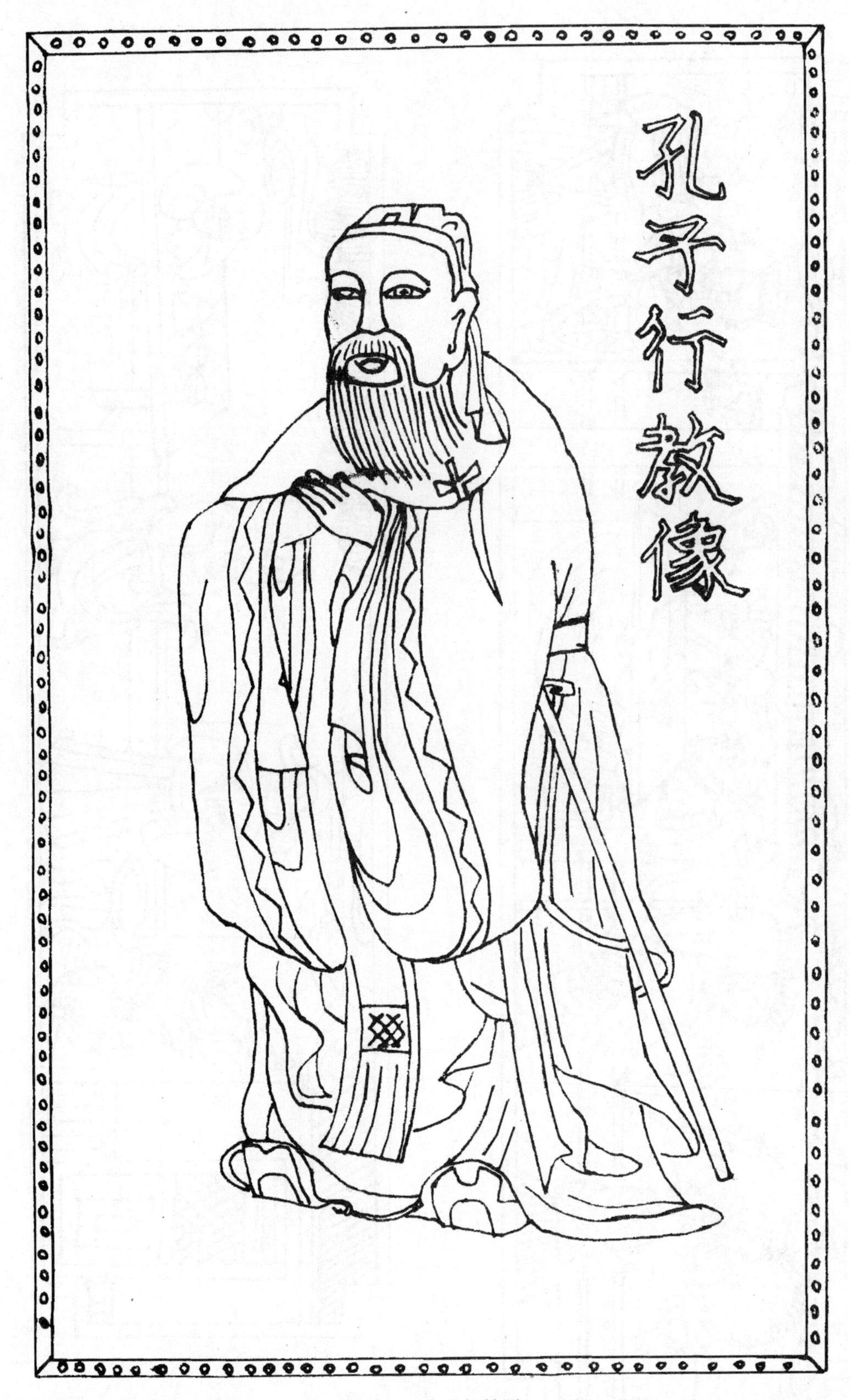

图 13-5　孔子行教图

图 13-6　天官赐福图

图 13-7　愚公移山图

图 13-8　喜上眉梢图

图 13-9　升科图

图 13-10　刘海戏蟾图

图 13-11　仙女反弹琵琶图

图 13-12　嫦娥奔月图

图 13-13　仙女图

图 13-14　飞仙图

图 13-15　吕、曹二仙图

图 13-16　八仙图（一）

图 13-17　八仙图（二）

图 13-18　望子成龙雕刻图谱

图 13-19　太平如意雕刻图谱

第十四章　鹿、猴、牛、象等图谱

动物类木雕图谱常喻为吉祥物，包括走兽、野生动物，这类吉祥物因其都会动，因此，多数以圆纹、雕塑形式出现。

1. 鹿。常表示为长寿仙兽，在多种场合用来表达祝寿、祈寿的主题，如鹿和寿星图谱就常表示祝长寿。因鹿与禄谐音，因而在吉祥图谱中鹿表示禄，一百头鹿的纹图称“百禄”。鹿和蝙蝠在一起称为“福禄双全”或“福禄长久”。鹿和路又谐音，两只鹿的纹图称“路路顺利”。鹿又谐音“陆（六）”与鹤纹结合称“六合同春”或“鹿鹤同春”。

2. 猴。是灵长类动物，善攀援。作为吉祥物来说，仅为猴、侯谐音而已。常见的纹图有猴向树上挂印表示封侯挂印；母猴背子猴，寓意辈辈封侯。

3. 牛。民间视牛为神。古有“神牛望月镜”作为镇宅避邪物。又因为牛为老君的坐骑，自古以来以农为本，牛和农业耕作关系密切，后来有“鞭春牛”，又有求吉保丰的“春牛芒神图”；还有童子骑牛吹笛的“骑牛迎春曲”和“新春牛图”等等。

4. 龟。民间称为灵物，能卜吉祥，应用颇广，或以实物出之，或以雕镂出之，或以图像刻之，是长寿的象征，有“龟鹤齐龄”的喜庆长寿纹图。龟传说是龙生九子之中气力大的一种。

5. 象。具有富贵和诚实相称的寓意，古又是平安与地位（宰相）的象征。常被视为吉祥嘉瑞，万象更新的吉祥物。图多绘于什物上，表达祈盼太平盛世的心愿。象纹图多见于钟、鼎器，也常用于家具、什器、建筑中。如表现手法上，用小孩骑象的纹图表示吉祥；用童子或仕女骑象持如意的纹图表示吉祥如意；用象背驮花瓶的纹图表示太平景象；建筑中斗拱及坐斗上的象头表示相府太平。

6. 羊。就文字角度来说，古时羊与“祥”通，所谓“羊，祥也”。羊阳谐音，因此，祝语中有“三阳开泰”，图谱是三只羊拉车坐一童子，其寓意是取其冬去春来，岁岁吉祥。还有用于岁首祝贺的纹图，其表现又多以三只羊在一起，或三只姿态各异的羊仰望太阳。

图 14-1～图 14-13 为常见的传统鹿、猴、牛、象等雕刻图谱。

图 14-1　松梅鹿寿图

图 14-2　云鹿呈祥雕刻图谱

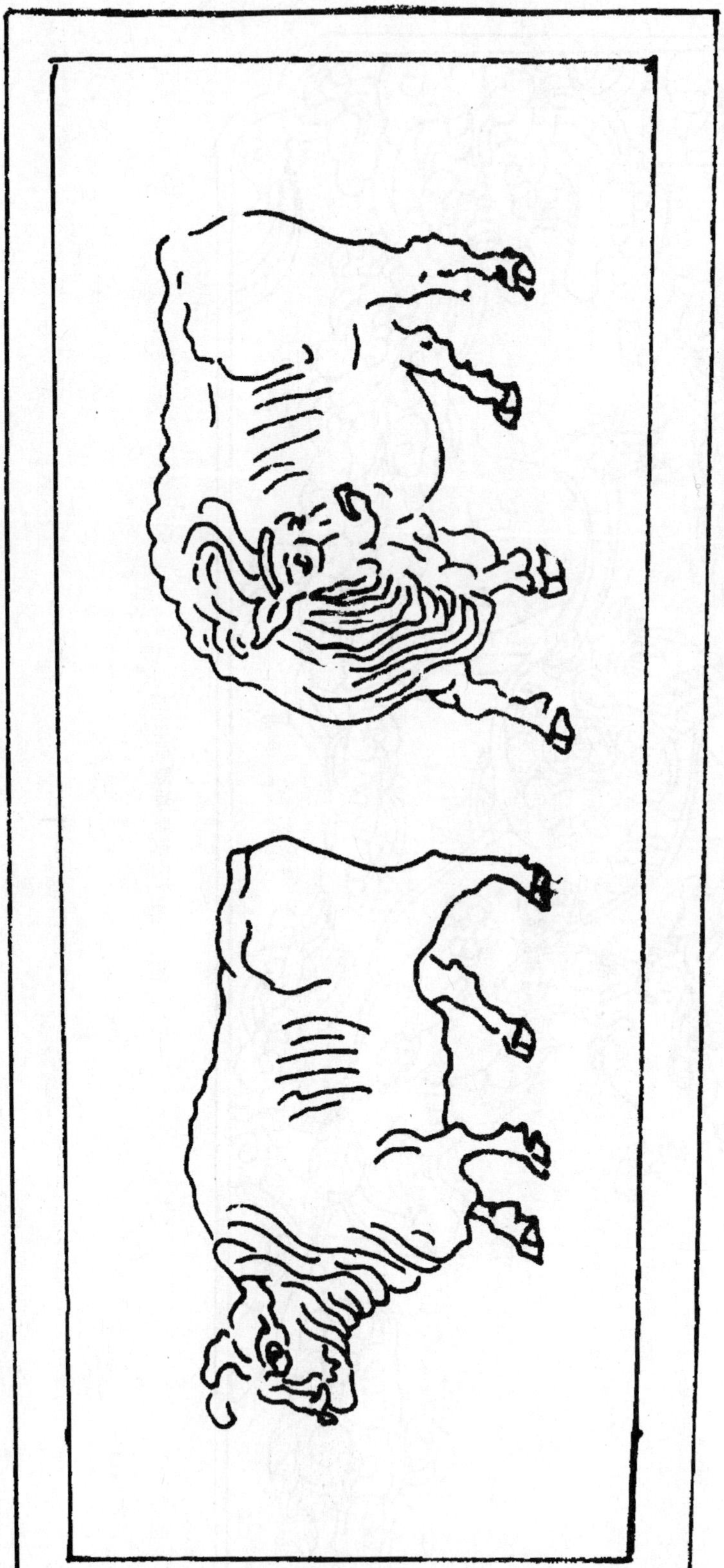

图 14-3　二牛图

图 14-4　神牛望月雕刻图谱

图 14-5　象、牛、马雕刻图谱

图 14-6　象与象头雕刻图谱

图 14-7　挂印封侯雕刻图谱

图 14-8　鼠吃葡萄图

图 14-9　回头太平象雕刻图谱

图 14-10　宝象图

图 14-11　吉祥（象）嘉瑞图

图 14-12　潮云海马图

图 14-13　水龟图

第十五章　鹤、蝙蝠、蝴蝶图谱

1. 鹤。被誉为羽族之长，称仙禽，一品鸟。其姿态是长颈、素羽、丹顶。如一只鹤立潮石的图纹表示“一品当朝”；日出时仙鹤飞翔表示“指日高升”。与松树配合称“松鹤长春”、“鹤寿松龄”，与龟配合，为“龟鹤齐龄”、“龟鹤延年”。鹤图纹多见于寝室用品和屏风，用于建筑方面的图谱有“团鹤”、“翔鹤”等。

2. 蝙蝠。因蝠与福谐音，故有俗称人生幸福如意。一般以吉祥图谱出现，一蝠喻寿，二蝠喻富，三蝠喻康宁，四蝠喻修好德，五蝠喻考终命。两只蝙蝠相对的图纹表示“福寿双全”；五只蝙蝠相对的图纹表示五福。盒中飞出五只蝙蝠的图纹为“五福和合”；一童子仰望数只飞翔的蝙蝠，或一童子捉蝠的图纹表示“纳福迎祥”；又有“福寿双全”、“翘盼福音”、“平安五福”等图纹，还有月亮和蝙蝠图构成“月月同福”的图案。建筑窗棂上的花结图谱和柜门板浮雕多用五福捧寿图。

3. 蝴蝶。因蝶与“耋”谐音，故表示长寿。《礼记》云：“七十曰耋，八十曰耋，百年曰期颐”。猫、牡丹、蝴蝶相配寓意“耋耋富贵”。

图 15-1～图 15-13 为常见的传统鹤、蝙蝠、蝴蝶雕刻图谱。

图 15-1 祥鹤图(一)

图 15-2　祥鹤图(二)

图 15-3 祥鹤图(三)

图 15-4 祥鹤图(四)

图 15-5　祥鹤图(五)

图 15-6　团鹤图(一)

图 15-7　团鹤图(二)

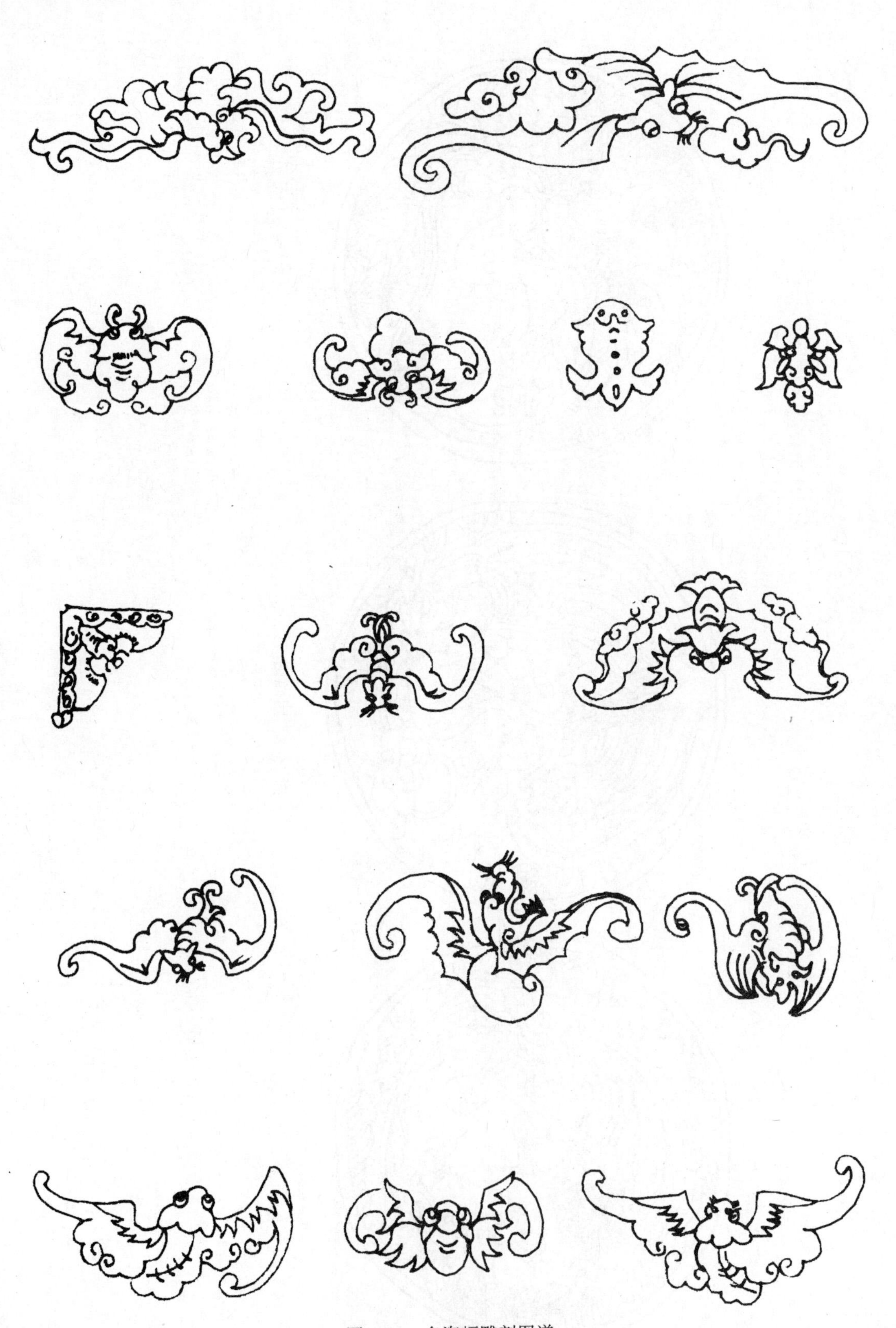

图 15-8　多姿蝠雕刻图谱

图 15-9　双钱多子福雕刻图谱

图 15-10　五福戏寿图

图 15-11　祥福图

图 15-12　寿出头雕刻图谱

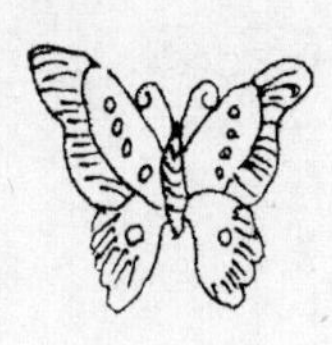
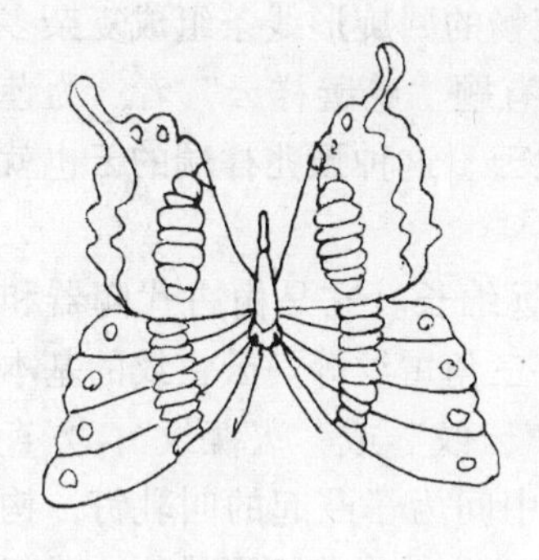

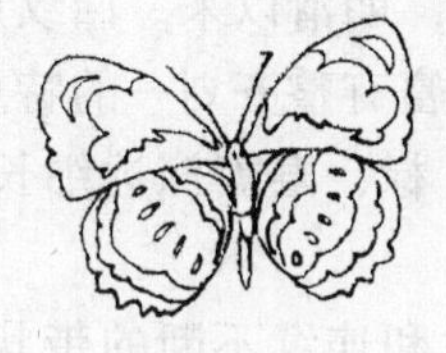

图 15-13　多姿蝴蝶图

第十六章　祥云、回纹等图谱

1．祥云。云为常见的自然现象，古人在观念中将这种自然现象加以神秘化，称某种情形的云为“祥云”。在图谱中，表现云的为“云纹”。是以云的回环状貌构成的。云端的卷曲纹图有王字云、一字云、烟云、风云、如意云、灵芝云、穿雾云等。又有“套云拐子”，为互相连接而曲折者，表示绵绵不断。“流云纹”由流畅的回旋形线条组成复杂多变的带状纹饰。“升云纹”犹如流动的上升云彩。吉祥图谱又有题“慈善祥云”者，为莲花配以慈姑叶，周围加云的纹图，此处的祥云为专门的祥瑞之云。这种预兆祥瑞的云也就是“无色云”。

2．回纹。回纹是传统寓意的纹样，其义为福寿吉祥深远绵长。它是由古代陶器和青铜器上的雷纹衍化而来的几何纹样。有云雷纹、钩连雷纹、三角雷纹等。云雷纹的基本特征是以连续的回旋形线条构成几何图谱，其中圆滑的也称“云纹”或“火镰纹”；方直的单称“雷纹”。乳钉雷纹通常是方格或斜方格内饰有雷纹，中间为一凸起的叫乳钉；钩连雷纹作斜条沟连递结，中间填以雷纹；曲折雷纹以纹组成多道狭带作曲折形排列，或粗线雷纹与细线雷纹间隔交替；三角雷纹作倒置锯齿状，连续排列。因为回纹是由雷纹中最常见的云雷纹变化而成的，故称云雷纹。因其为横竖短线折绕组成方形或圆形的回环花纹，形似回字，故称回纹。

回纹最早是青铜器和陶器的装饰纹样，明清以来，回纹用于织绣、木雕、地毯及建筑装饰上，主要用作边饰和底纹。回纹不仅富有整齐划一的特点，而且绵延丰富，更重要的是，后世的回纹具有吉祥的寓意，即福、禄、寿等深远绵长，故而民间称其“富贵不断头”。

回纹形式有单体，一反一正相连成对和连续不断的带状形，二方连续是最常见的形式，也有四方连续组合的，俗称“回回锦”。

图 16-1～图 16-9 为常见的传统祥云、回纹及山水雕刻图谱。

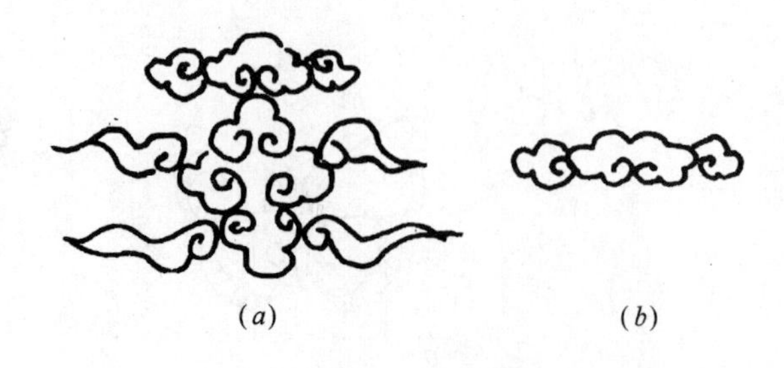

图 16-1　王字、一字云雕刻图谱

(*a*) 王字云；(*b*) 一字云

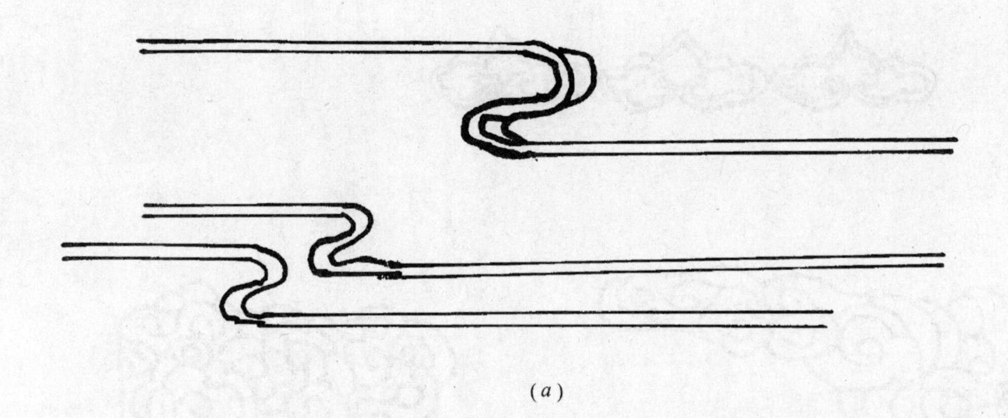

(*a*)

(*b*)

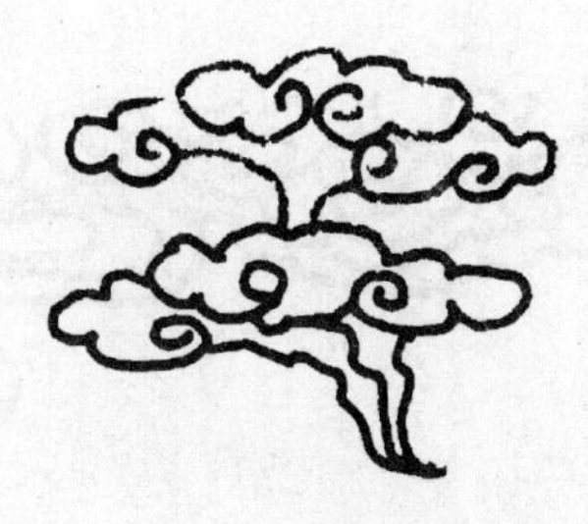

(*c*)

图 16-2　烟云、穿雾云、灵芝云雕刻图谱

（*a*）烟云；（*b*）穿雾云；（*c*）灵芝云

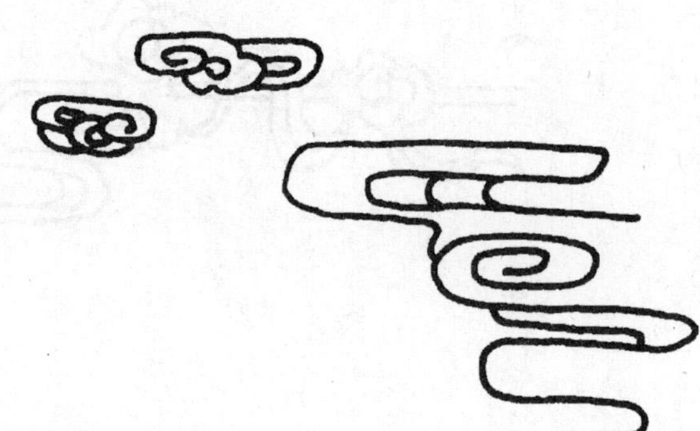

图 16-3　多种祥云雕刻图谱（一）

图 16-4　多种祥云雕刻图谱（二）

图 16-5　各种祥云带珠图

图16-6　回纹、拐子纹雕刻图谱

图 16-7　山石雕刻图谱

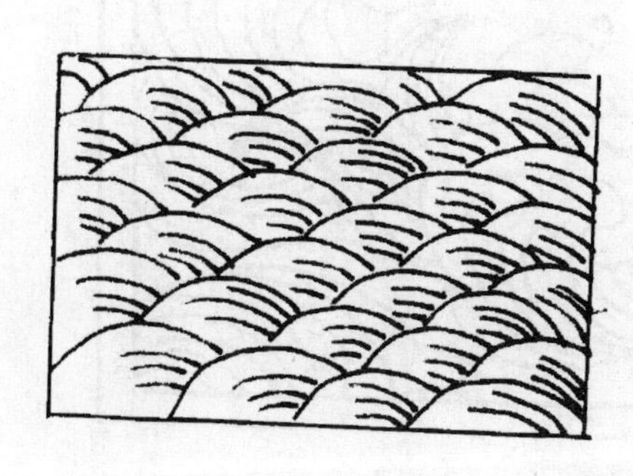
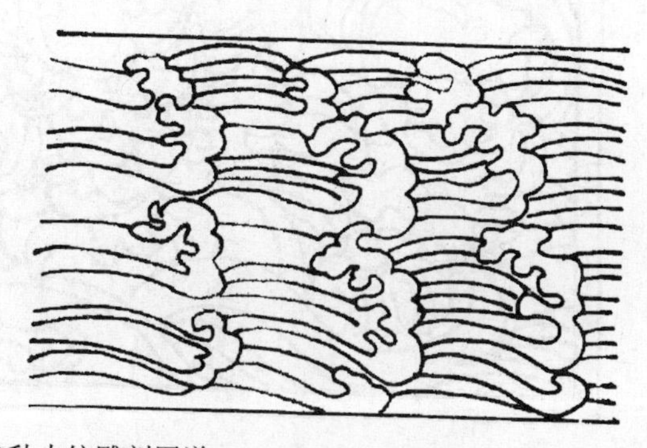

图 16-8　各种水纹雕刻图谱

图 16-9　鲤鱼跳龙图

第十七章　文字、器物图谱

文字多以喜、寿、福、万字、盘常、方胜形成其图谱，多表现于屏风、影壁（照壁）、窗棂等地方。也有变形后引深意为趋型，作为吉祥文字的咒语出现。

1. 囍。习惯称为“双喜”，是传统装饰中图符的一种。建筑、家具、什器或其它日用品上常可见这种纹图。又有变形的长或圆，表达欢庆喜悦。还有“禧”。多用于新婚嫁娶。

喜庆，是人人所盼望的，正所谓民间四喜“久旱逢甘雨，他乡遇故知，洞房花烛夜，金榜题名时”。在表吉祥方面，除喜神外，还有喜鹊、喜蛛、双喜、合欢花、菖蒲、獾、荷花等。

2. 寿。本是一个汉字，但由于人们的观念，不仅字意延伸丰富，字体也变化多端，主题仍表达“五福”之一，寿排首位。吉祥图谱有“五福捧寿”等。除此之外，还以谐音、假借等手法，创作出许多寿的吉祥物，其中有万古长青的松柏、寿可千年的龟鹤、食之延年的灵芝、仙桃、枸杞、菊花、五彩缤纷的绶鸟，还有生活中反映自然情趣的猫戏蝶等。

在寿的文字图像上已变成了吉祥符号。据统计“寿”字有300多种图形。除此之外，还有组合图谱。如万字符和寿字组成“万寿图”；如意与寿字组成“如意寿字图”；如意与寿组成“如意图万寿”；蝙蝠和寿组成“多福多寿”、“五福捧寿”等纹图。在日常生活中，这些字符、图谱常雕刻于建筑和家具什器上。

3. “卍”字符。本不是汉字，而是梵文，原为古代的一种符咒，护符或宗教标志，被认为是太阳或着火的象征，这种标志旧时译为“吉祥海云相”，它是吉祥、幸福的象征之一。

吉祥纹样中有“万字流水”借四端伸出、连续反复而绘成各种连锁花纹（多为四方连续图谱），意为绵长不断。“万字锦”的纹样，便为“万字流水”。还有与寿字配合组成“团万寿”、“万字锦”，多用于建筑、窗棂和家具等。

4. 盘常。是吉祥图符的一种，本为佛家的“八宝”之一。“八宝”有法螺、法轮、宝伞、白盖、莲花、宝瓶、金鱼、盘常，为佛家法物。也称“八吉祥”。按佛家解释，盘常为“回环贯彻，一切通明”，本身含有“事事顺、路路通”的意思。其图谱本身盘曲连接、无头无尾、无休无止，显示绵延不断的连续感，因而被民众取作吉祥符。作为连续不断的象征，盘常的适用性很强，世代绵延，福禄承袭，寿康永续，财富源源不断，以至于爱情之树的常青，都可以用它来表达和象征。

盘常的图谱在建筑、衣物上运用最广。北方农村民居的木窗棂、纱门多有以盘常为镂花或框架。盘常有单独应用的，有二方连续的、有作角花的，还有变形的双盘常、梅花盘常、万代盘常、方胜盘常、套方胜盘常等。还有将其外廓线形变化成葫芦模样者，有的则与几何形状化的篆体寿字组成花边。

5. 方胜。吉祥图符的一种。古人认为的八件宝物，其数多于八，其物诸如宝珠、古钱、玉磬、祥云、犀角、红珊瑚、艾叶、蕉叶、铜鼎、灵芝、银锭、如意、方胜，任取其中八种即为“八宝”，这些图谱多应用于建筑、家具、什器等。

6. 如意。为人人皆知的吉祥物，它不仅以实物的形式出现，而且还造成了工艺和传统图谱。如意端头称“如意头”、“如意结”，多为心形、芝形、云形，在建筑、家具、什器上多有取其形式者。栏杆上端、桌椅腿脚、箱柜饰角花等应用十分广泛。除此之外，还有与其它物品组成的纹图，如瓶中插如意，或以如意形为耳的纹图叫“平安如意”；有的图谱常用柿子（或狮子）出现，称之为“事事如意”；除此之外，还有“吉祥如意”、“和合如意”等。

7. 古钱。是古代的铸币。古钱与蝙蝠的纹图叫“福在眼前”；古钱与喜字谓之“喜在眼前”；“金玉满堂”为古树枝上挂古钱。钱，古称泉，泉与全同意，因此，蝙蝠衔着用绳穿起来的两枚古钱称“福寿双全”。古钱的形意图谱多表现在窗棂色垫和八仙桌的围板雕刻中。

8. 瓶。古代的瓶，大体有三种，一是汲器，二是炊具、三是酒器。用于陈设的瓷质花瓶宋代以后才开始流行。作为吉祥物主要是瓶的谐音，“平”，取“平安”之意。如瓶中插如意表示“平安如意”；花瓶中插入三只戟，旁边配上芦笙，叫做“平升三级”；花瓶中插玉兰花或海棠花称“玉堂和平”。瓶还有形意图谱，如花瓶一半式样，常常加雕饰于镜屏柱旁被称为：“单瓶座”。

9. 暗八仙的器物类。暗八仙是指八位仙人的器物造型。其多用于建筑中，也常出现在家具上（见第十章中八仙桌的制作图样）。

(1) 葫芦：李铁拐的宝物药葫芦，传说可吸尽大海之水。

(2) 鱼鼓：张果老的宝物鱼鼓和毛驴，传说听了它的声音可以了解前生后世的事情。

(3) 阴阳板：曹国舅的宝物阴阳板，传说听了它的声音可起死回生。

(4) 荷花：何仙姑的宝物荷花，传说因何仙姑是八仙中唯一的女仙，用荷花作法宝可使人复生和长生不老。

(5) 芭蕉扇：汉钟离的宝物芭蕉扇，传说可避大风大雨。

(6) 宝剑：吕洞宾的宝物宝剑，传说每遇到妖怪可自动出鞘除妖。

(7) 花篮：韩湘子的宝物花篮，可吸尽全海水，配以仙桃，可使人长寿。

(8) 笛子：蓝采和的宝物笛子，叫顺风笛。可顺风千里找知音。

图 17-1　北京故宫“道德堂”刻字

除了暗八仙以外还有八宝和文房四宝。

八宝：轮、罗、伞、花、盖、罐、鱼、常。

文房四宝：琴、棋、书、画（卷）。

文房四宝的用具：纸、墨、笔、砚。

图 17-1～图 17-22 为常见的文字、器物雕刻图谱。

图 17-2　北京故宫福寿木屏风

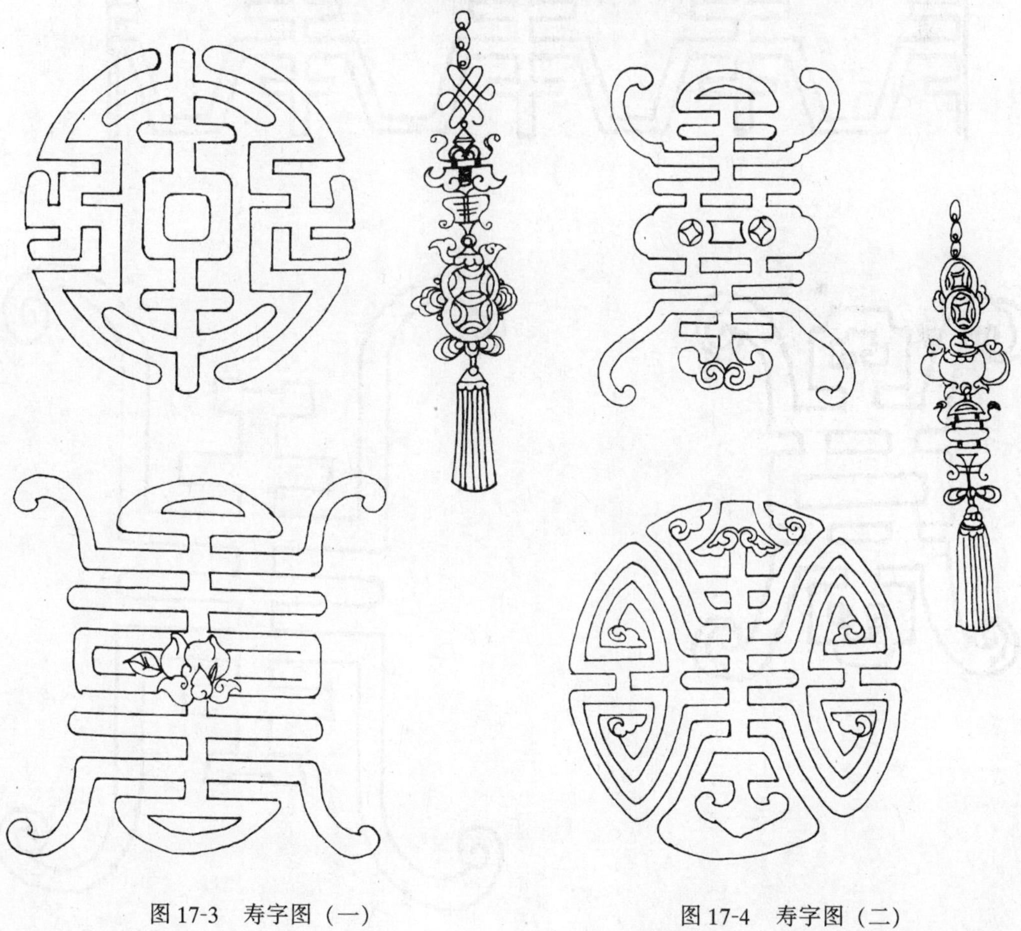

图 17-3　寿字图（一）

图 17-4　寿字图（二）

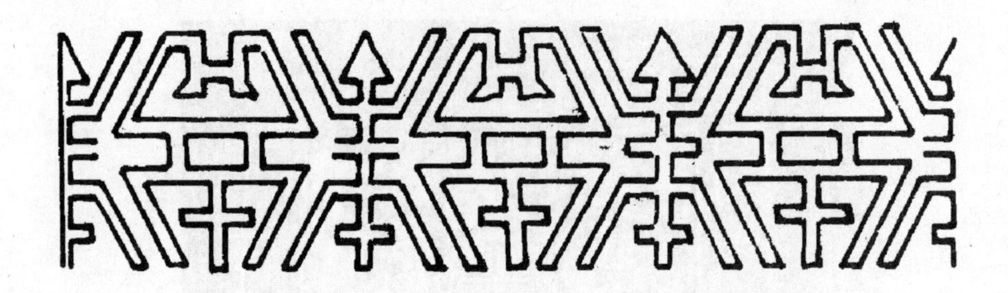

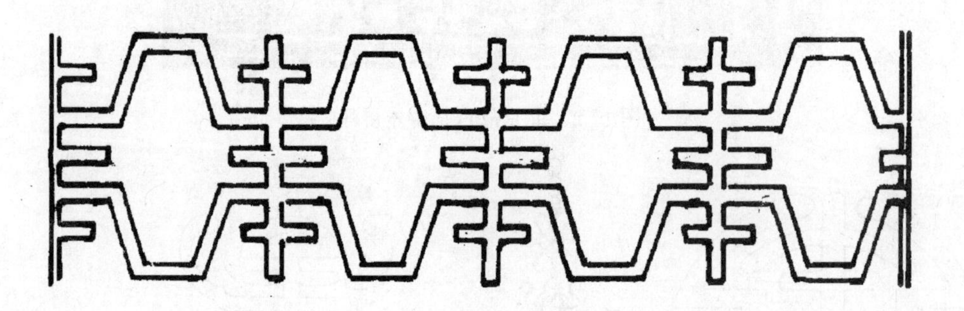

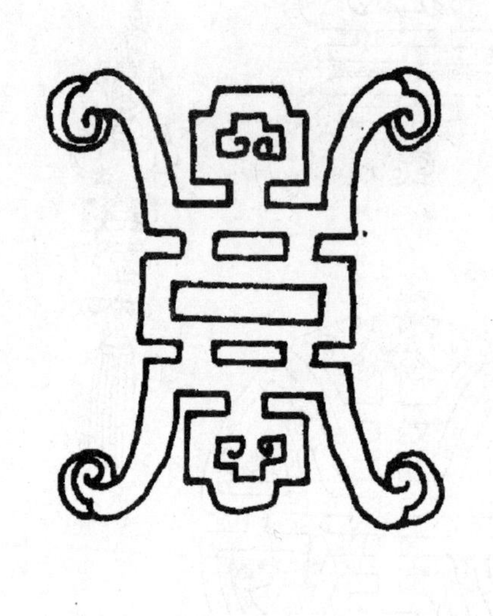

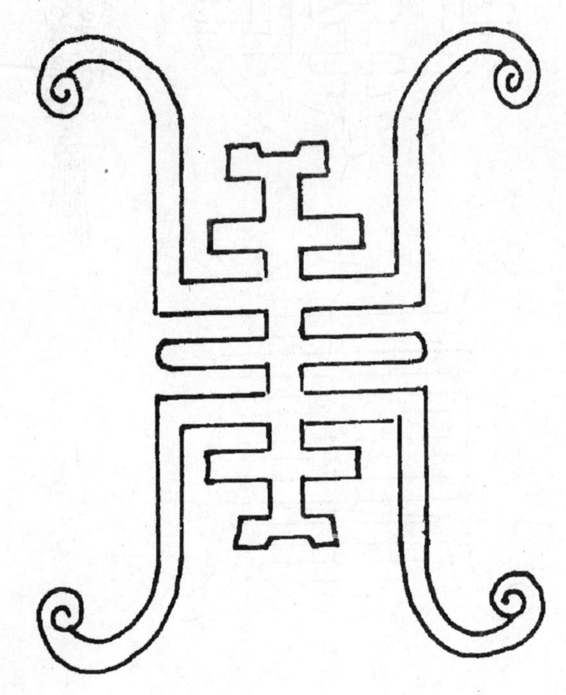

图 17-5　寿字图（三）

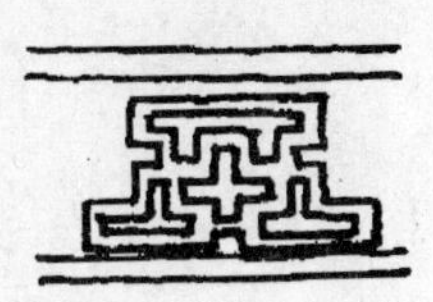

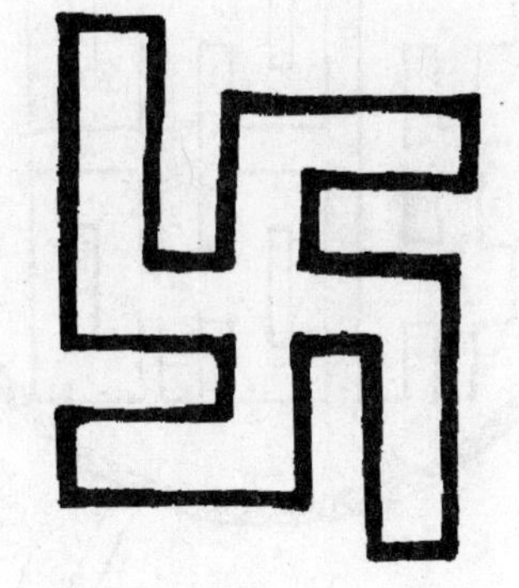

图 17-6　文字图形

图 17-7　双喜图

图 17-8　万字图

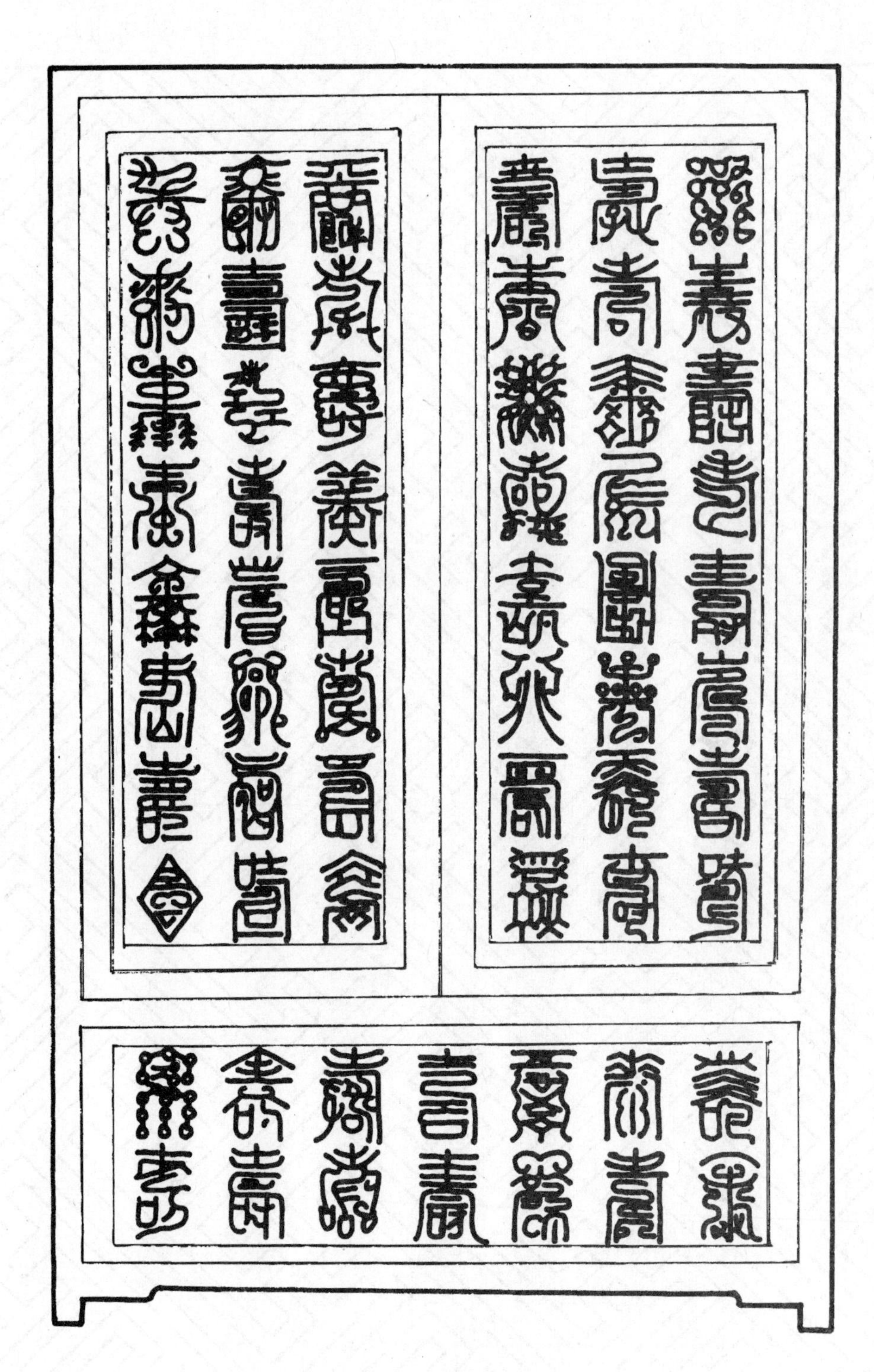

图 17-9　百寿柜面图

图 17-10　百福柜面图

图 17-11　单钱寿雕刻图谱

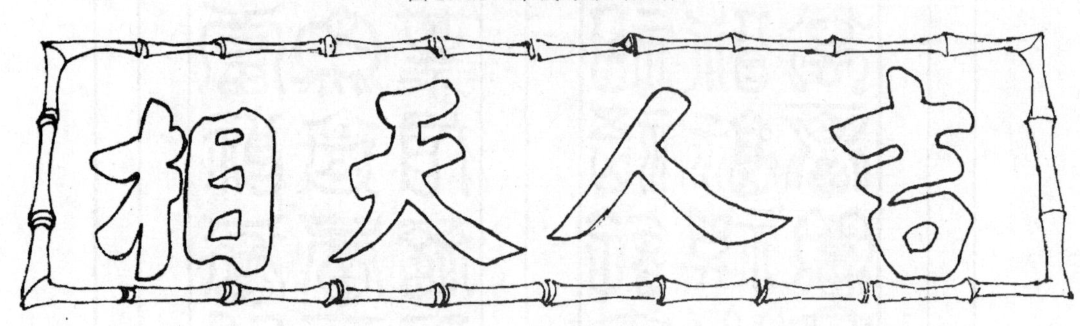

图 17-12　文字图纹

图 17-13　花草寿字图

图 17-14　方胜蝙蝠吉祥图

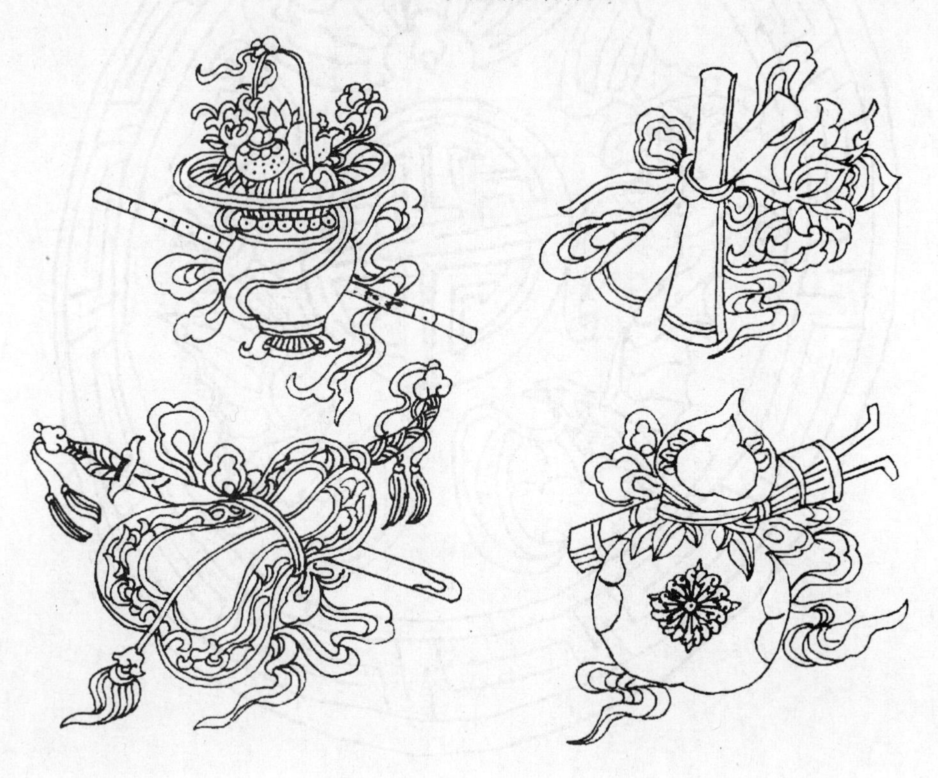

图 17-15　暗八仙雕刻图谱

图 17-16　福寿图

图 17-17　五福团寿图

图 17-18　双钱寿图

图 17-19　八宝寿

图 17-20　和合二仙如意图

图 17-21　喜寿图（一）

图 17-22　喜寿图(二)

第十八章　花鸟、鱼虫图谱

这类图谱是以植物花草为原型，或者引申意义。多以花草纹图出现，或者配以鸟鼠类动物，形成一定的吉祥图谱和寓意。

1. 竹。以其高洁的品行为主题，构成常青(清洁)寓意的吉祥图谱，广泛运用于生活中。松、竹、梅的纹图谓之“岁寒三友”；松、竹、梅、月和水的纹图称“五清图”；松、竹、萱草、兰花、寿石的纹图称“五瑞图”；绘天竹和南瓜或加长春花的纹图表示“天长地久”或“天地长春”；绘天南竹和灵芝表示“天然如意”；竹还谐音“祝”，吉祥图谱“华封三祝”，就是竹子和其它两种吉祥花草或两只小鸟的纹图，其图谱多表现于屏风上。

表现在家具上的有竹节腿，还有竹节线形雕成的拉框，和把整个框腿做成竹节状的椅子及桌子。

2. 桃。俗称仙桃、寿桃。凡祝寿的主题离不开桃，如多只蝙蝠和桃的纹图表示“多福多寿”；蝙蝠、桃和两枚古钱的纹图表示“福寿双全”；仙人持桃或立于桃树下的纹图称“蟠桃献寿”；桂花与桃或桃花的纹图称“贵寿无极”。除此之外，“瑶池集庆”都离不开桃。其图谱多出现于门楣和窗棂的色垫上。

3. 石榴。作为吉祥物是多子多福的象征。如“榴开百子”，佛手、桃、石榴谓之“华封三祝”等。多出现于建筑雀替、隔扇和挂落中。

4. 梅。以品格为上，称其有四德：“初生为元、开花如亨、结子为利、成熟为贞”。又说梅花五瓣，象征五福，及快乐、幸福、长寿、顺利、和平。在建筑、什器、家具上均可见到。

5. 荷（莲）花。与佛教关系密切，所以佛座称“莲台”，佛寺称“莲宇”，僧人所居为“莲房”，袈裟称“莲花衣”，莲花形的佛龛称“莲龛”。佛教中的“莲花三喻”指的是“为莲故华”、“华开现莲”、“华落莲成”，用来比喻发展和兴盛，因此莲花图谱成为佛教的标志，凡有关佛教的偶像、器物、建筑都以此为装饰。民间纹图中有“一品清廉”、“莲花挂头”、“本固枝荣”等。多用于建筑和家具镶板上的图谱。

6. 牡丹。人称花王、国色天香、富贵花。因此，常被用作吉祥图谱的重要题材。如“官居一品”、“富贵长春”、“孔雀回头看牡丹”等。除此之外，牡丹、寿石和桃花谓之“长命富贵”；牡丹和水仙表示神仙富贵；牡丹和十个古钱表示“十全富贵”。这些纹图多出现在家具、什器、建筑等中。

7. 月季。由于它四季常开，故特别受人爱戴、厚重。在木雕中用月季为题材，一则象征四季，二则象征长春。如花瓶中插月季花寓意“四季平安”；天竹、南瓜、月季寓意“天地长春”；白头翁鸟栖寿石旁的月季上寓意“长春白头”；葫芦和月季寓意“万代长春”。

8. 葫芦。为藤本植物，藤蔓绵延，果实累累，籽粒繁多，故被视作祈求子孙万代的吉祥物。因此，葫芦的蔓上结有数个葫芦的纹图称“子孙万代”，因此，多在建筑的挂落和家具雕刻中借以表示人们的愿望。

9. 喜鹊。古时候称“神女”。木雕中喜鹊是吉祥瑞鸟，广泛用于家具、建筑花结、什器等。如两只喜鹊相对表示“喜相逢”或“双喜”；喜鹊踏梅梢表示“喜上眉梢”；喜鹊与三个桂圆表示“喜报三元”。

10. 鱼。人们认为是吉祥物，大都因其谐音而来，以鲤鱼、金鱼为贵。如几个爆竹或童子、莲花和鱼的纹图，表示“连年有余”；两条鱼为“双鱼吉庆”；将鱼鳞绘成花纹称“鱼鳞锦”，在建筑屋顶的斗拱昂、什器上应用较广。金鱼因其锦鳞闪烁，仪态稳重、沉浮自如、翩翩多姿，被称为“金鳞仙子”、“东方圣鱼”。金鱼谐音金玉，数尾金鱼的纹图吉祥图谱叫“金玉满堂”。还有“鱼跃龙门”，“跃”意指跃上龙门为仙而成龙，故称为“金鳞仙子”的鱼为活跃、奔腾、吉庆的圣鱼。

11. 宝相花。古代吉祥纹样之一。一般以某种花卉（如牡丹、莲花）为主体，中间镶嵌形状不同，大小粗细有别的其它花叶。尤其是花的花蕊和花瓣基部，用圆珠作规则排

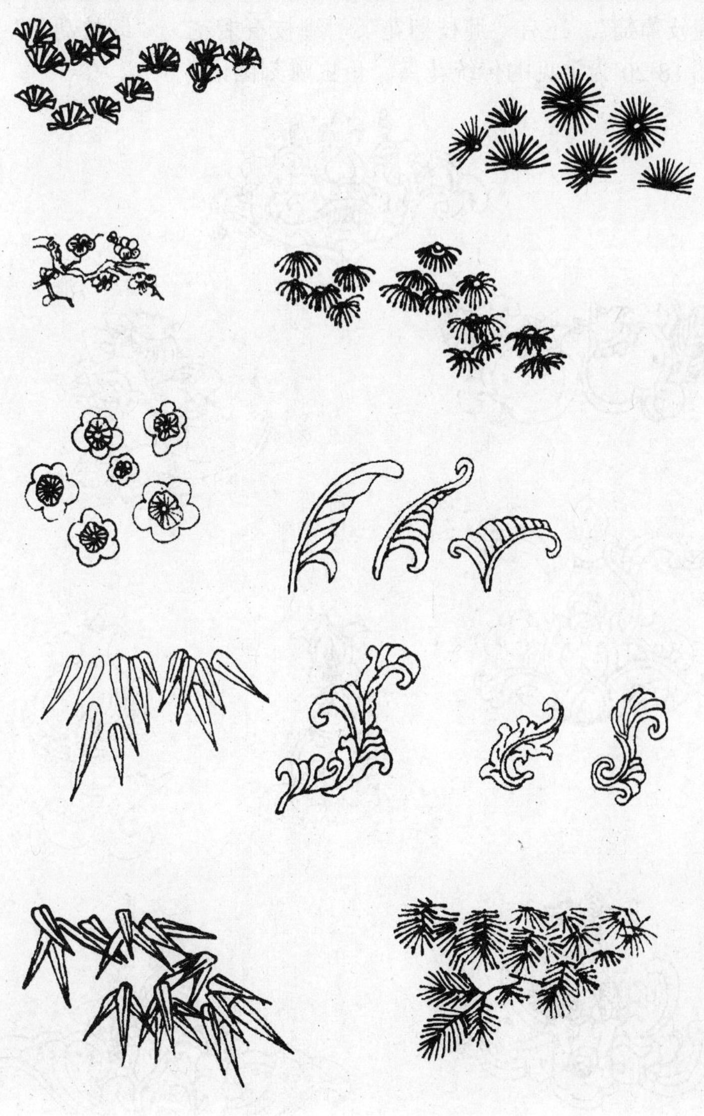

图 18-1　松、竹、梅、花叶雕刻图谱

列，恰似闪闪发光的宝珠，再加上多层次退晕色，显得珠光宝气、富丽华贵，故称“宝相花”。

宝相花使用范围极广，在传统的建筑、家具、金银什物，以及石刻、木雕等都可以见到宝相花的纹样。宝相花纹多为平面团花，但也可见到椭圆状，不规则形的，也有立式雕刻纹样。

12．缠枝纹。以花草为基础综合而成的一种写意纹样。缠枝纹的原型是各种藤萝、卷草，诸如常青藤、扶芳藤、紫藤、金银花、爬山虎、凌霄、葡萄等。这些植物的共同的特点是藤蔓绵延、缠绵不绝，或枝干细软、细叶卷曲，寓意吉祥的缠枝纹就是由这些植物的形象提炼概括变化而成。这种图谱结构韵律连绵不断，故而寓有生生不息、千古不绝、万代绵长的意义。其应用极广，如建筑雕刻、家具雕刻、什器雕刻等。多以二方、四方或多方连续为组织形式，常作边饰纹样。如以莲花组成的缠枝纹称“缠枝莲花”；以牡丹、葡萄组成的称“缠枝葡萄”，还有“缠枝菊花”、“缠枝石榴花”、“缠枝葫芦”等。

图 18-1～图 18-20 为常见的传统花鸟、鱼虫雕刻图谱。

图 18-2　各形石榴雕刻图谱

图 18-3　各种叶子雕刻图谱

图 18-4　各形菊花雕刻图谱

图 18-5　金鱼戏水图

图 18-6　多姿鱼雕刻图谱

图 18-7　龟、鱼、蟾雕刻图谱

图 18-8　多姿鸟雕刻图谱

图 18-9　团纹图（一）

图 18-10　团纹图（二）

图 18-11　宝相花图（一）

图 18-12　宝相花图（二）

图 18-13　宝相花图（三）

图 18-14　宝相花图（四）

图 18-15　孔雀牡丹图

图 18-16　莲子图

图 18-17　松鹤山石图

图 18-18　孔雀戏花图

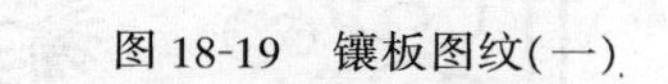

图 18-19　镶板图纹(一)

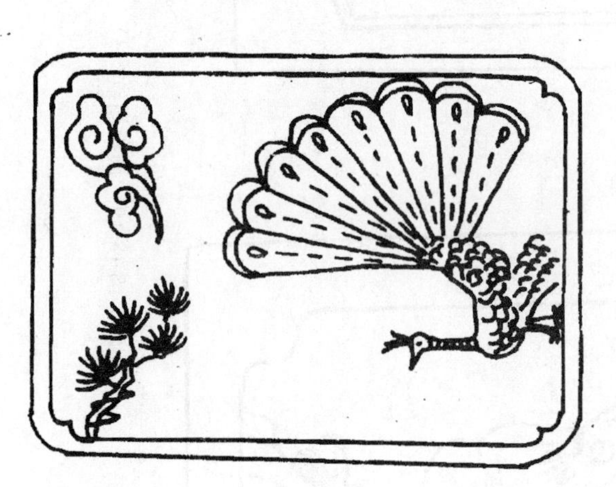

图 18-20　镶板图纹(二)

附录3　传统木雕艺术图片

山西平遥镇国寺宋元代木雕像

山西应县木塔

山西平遥镇国寺三佛殿斗拱

山西平遥镇国寺天王殿斗拱

山西阳泉林里关帝庙斗拱

木雕柱头

山西洪洞广胜寺木雕挂落

山西阳泉大阳泉村戏台（木雕雀替——二龙戏珠）

山西阳泉林里关帝庙木雕挂落

山西阳泉王家大院木雕挂落

山西灵石王家大院木雕窗

山西灵石王家大院门上窗木雕

山西灵石王家大院门框木雕

木雕与彩绘

山西祁县乔家大院碑楼

山西祁县乔家大院深浮雕

门槛板木雕——二龙戏珠（北京故宫）

门槛板木雕——龙凤呈祥（北京故宫）

窗格雕花

窗棂花结

梁端五蝠寿

寿字镶板

万寿无疆

寿字如意窗

钱形寿

卷草寿轿顶

寿字窗

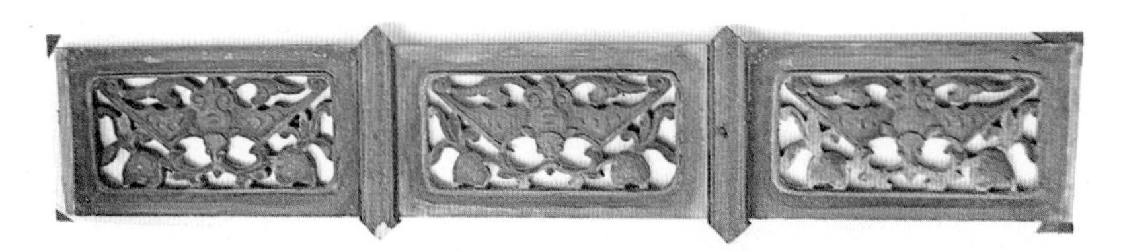

福寿雕板

寿字

暖阁雕花窗

莲花垫枋木雕

万字雕刻

车虎头硬鼓寿

鹿鹿通寿吉祥如意

门楼雕花

寿星献寿图

垂柱雕花

龟花结

棋盘宝瓶图

辈辈封侯

串枝花草

三狮绣球图

芝牛望月

清代暖阁木雕

串枝福平、石榴

柜面木雕——龙戏水

柜面木雕——祥凤

便柜插板门雕花

木雕恭喜牌

古便柜

古博柜

木雕桃盒

清式官帽椅

硬鼓木雕桌椅

踏板——天圆地方

两节柜

神牛望月

花儿雕花

木雕龙椅

后　　记

1970年，我高中毕业回乡后，跟木工师傅学徒三年。1973年10月，考人阳泉师范学校，后又参加大专函授学习，毕业于山西教育学院。前后曾从事八年多的木工制作。

多年来，我一直从事教育管理工作。由于行政事务繁忙，很少有时间进行木工制作，但出于对家具制作的执着爱好，在尽可能的情况下抽时间亲手制作，平时还尽量收集有关资料或设计些好的家具样式。1997年撰写的《三晋古木雕艺术》一书，是我从古木雕艺术的发展和艺术欣赏方面进行思考和研究的结果。该书出版后，受到了有关专家和美术爱好者的关注。专家们提出有必要对传统技术进行全面整理与挖掘。我也深感自己应根据切身的体验，对传统木工雕刻技术进一步研究，以完善我国传统木工雕刻的制作技术。我觉得这样做，一方面对木工雕刻的木材理论、加工技能等方面进行深入挖掘和研究，有利于我国传统木工雕刻技术的继承和发展。另一方面，如果能将这一拙作奉献给专业学校的学生和爱好木工雕刻的人们，或为这方面的专家、学者提供一些挖掘匠心的资料，使他们从中受到启发，我也就心满意足了。

实践是认识的源泉，是认识发展的动力，也是检验认识正确与否的标准。在撰写《木工雕刻技术与传统雕刻图谱》的过程中，我力求达到木材理论和木工雕刻技术相结合，集实用技术与艺术为一体，最终达到继承和发展传统木工雕刻技术的目的。需要特别说明的是，第二篇“传统雕刻图谱”中龙、凤、狮、麒麟等内容大部分是山西民间艺人、高级工艺美术师、阳泉市文物管理员张虎林同志的手工摹画，是他多年来从北京、五台山、太原、河北、阳泉等地收集的资料。张虎林同志从小学艺，画龙画凤画狮运笔如神，活龙活现。这些资料大多为精品佳作，可为木雕爱好者提供珍贵的资料。

本书写作，首先应感谢的是我的师傅张伶。他一辈子从事木工制作，年轻时在建筑、家具、木模等方面就有所建树，被称为一方名师。我便是他口传身授的数名徒弟之一。他对技术精益求精，对徒弟毫无保留的可贵精神是我们学习的榜样。我还要感谢：我的老师刘成福先生，对本书的体例和文字方面给予的指导；阳泉市市长郭良孝同志和阳泉市美术院院长、著名画家杨建国同志对本书给予的关怀和支持；阳泉市委副书记孙水生同志为本书作序。

本书出版前，中央工艺美术学院教授、中国明式家具研究会会长陈增弼先生给予了指正。

值此，我对所有关心和提供帮助这本书出版的同志们致以真切的谢意。

由于写作水平有限，书中错漏不足之处难免。恳请这方面的专家、学者和广大读者予以指正。